江南园林

建筑设计

何建中 著

江苏人民出版社

前 言

江南园林名闻天下，有关的著述甚丰，但大多数偏重于园林的历史沿革与审美艺术方面，涉及园林建筑设计方面的却是寥若晨星，而且多着重于环境、布局、空间等艺术方面，具体的建筑设计，尤其是施工图设计方面很少论及。明末计成著《园冶》有屋宇、装折等的描述，但时代相隔久远，书中当时使用的有些名称与一些苏州方言，现在已无法看懂。文体又为明代的四六骈文，与现代语言距离较大，有些地方文意模糊不清，虽经注释，但仍令人费解。《园冶》书中虽附有图样，主要是窗格、栏杆、门窗洞、漏窗等，但也只是示意，仅在式样上可作参考，仍较简单，离设计要求仍有一定距离。近代又有"南方中国建筑之唯一宝典"《营造法原》问世，对苏南建筑述录甚详。但囿于它是在类似于匠家记录的姚承祖先生原稿的基础上增编而成，不是从设计角度出发，而且许多地方已不符合现代的情况与建筑设计的要求，比如丈量制度、材料的供应以及构件规格的表示等已完全不同于现在。如过去尺度计量用的是鲁班尺，而非现在通用的公制米尺，木材材积按围径（即周长）计算，梁柱等构件尺度亦用围径表示。因为所记均为匠师的经验，缺乏科学的计算，所以关于木架构件用料大小的规定不一，而且还可打九折至六折，故构件的大小尽有出入，伸缩范围过大，令人有无所适从之感。现在已有人开始注意到这些问题，但谈到江南古典园林建筑构造，几乎都是复述《营造法原》，仍没有完整的论述江南园林建筑设计的专著。

随着我国经济的高速发展，人民生活水平不断提高，风景园林及景观建设亦欣欣向荣，江南园林建筑的设计任务愈益增多，《营造法原》的再版、园林建筑工程实例图书的畅销，说明了有关园林建筑设计的书籍需求旺盛。由于当今社会生活压力很大，存在着急功近利的浮躁心态，又因计算机及网络技术迅猛发展，复制现成的图纸已是轻而易举，容易使有些没有经过中国古建筑系统学习的人们不去积极钻研专业书本，凭着对中国古建筑的一知半解就进行设计工作。况且现在仿古建筑结构多为钢筋混凝土，堆筑起来简单。弄一个大屋顶，或许再加几朵斗栱，"忽悠"外行不是难事。有些人胆子大，只要是仿古建筑，不管汉、唐、宋、明、清何种式样，都敢包接。于是图纸上和工程上问题层出不穷，如号称某地的"古建专家"设计的亭子，屋顶构造完全牛头不对马嘴，不知所云；有的仿木檐柱很粗壮，径高比达到 1/7，已是石柱的比例；有的宋式转角铺作，却照抄补间铺作；有的斗栱用材选得很小，与建筑极不相称；有的斗栱与柱不在同一中线上；有的椽子不直接钉在桁条上，而是钉在桁条上附加的一根无用的小木枋上；有的不是将角梁放置在桁条上，而是直接从额枋上平出；有的屋角生出太长，起翘十分怪异；有的屋面整个呈圆弧状，而不是举架；有的翼角起翘不是圆顺的曲线，几乎成为折线；有的将应该置于桁条上的枕头木放在飞椽之上等。至于存在的问题却让施工单位"按常规"或"按经验"去解决，把责任推得一干二净。鉴于此，笔者感到实有编撰此书的必要，希望能对园林建筑设计事业有所裨益。本书也是笔者学习、研究《营造法原》再结合设计工作实践中的一些体会编写而成的，不当之处，欢迎批评指正。

在编写过程中，深感类似《营造法原》这样在图中标明测绘数据，可供人们做一些定量分析的专著已成绝响，许多有关园林的著作中所发表的测绘图堪称精美，但不列出具体数据，有的仅附比例尺，有的甚至连比例尺也没有，这些耗时经年，花费了大量人力、物力而得到的许多测绘数据却不能与公众共享，甚为可惜。

本书图纸整理及绘制得到同事施心炜的大力支持，在出版方面也得到江苏省建筑园林设计院有限公司安怡总经理、姜新院长的支持，在此表示深切的感谢。

著者

2014 年

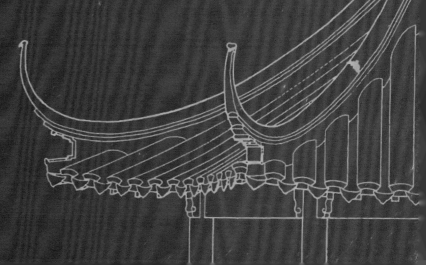

目 录

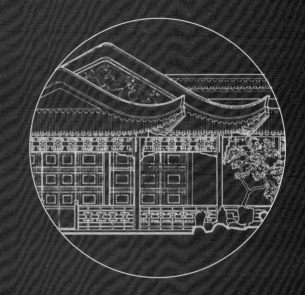

江南园林发展概况

江南泛指长江以南，历代所指的范围不同，现代是指江浙一带。

江南园林是指分布在长江三角洲江浙一带，主要是江苏的长江沿岸，苏南的太湖地区，上海、浙江的杭嘉湖地区与浙东宁绍以及安徽靠近苏南等处的以私家园林为主的古典园林。

江南气候温和、水量充沛、物产丰盛、山明水秀、交通便利，为园林的兴建提供了优越的自然条件。江南地区历史悠久、经济发达、人文荟萃，又为造园准备了全面的社会背景、深厚的文化内涵。

江南园林最早发端于春秋时期的帝王苑囿台榭，如吴有姑苏台，越有游台等。

晋室南迁，江南的经济、文化得到发展，自东晋至南朝三百年间，园林兴造不断。东晋时即有许多私家园林兴建，如苏州顾辟疆园，首开江南私家园林之例。《世说新语·简傲》载一则故事："王子敬（献之）自会稽经吴，闻顾辟疆有名园，先不识主人，径往其家。值顾方集宾友酣燕，而王游历既毕，指麾好恶，傍若无人。顾勃然不堪曰：'傲主人，非礼也；以贵骄人，非道也。失此二者，不足齿之伧耳。'便驱其左右出门。王独在舆上回转，顾望左右移时不至，然后令送著门外，怡然不屑。"此使顾辟疆园闻名于世。谢安在南京"又于土山营墅，楼馆竹林甚盛"（《晋书·谢安传》）。纪瞻亦在南京乌衣巷建宅园，"馆宇崇丽，园池竹木，有足玩赏焉"（《晋书·纪瞻传》）。南朝刘宋戴颙"乃出居吴下。吴下士人共为筑室，聚石引水，植林开涧，少时繁密，有若自然"（《宋书·戴颙传》）。刘勔在南京钟山之南建园，"勔经始钟岭之南，以为栖息。聚石蓄水，仿佛丘中，朝士雅素者，多往游之"（《宋书·刘勔传》）。沈庆之"居清明门外，有宅四所，室宇甚丽，又有园舍在娄湖"（《宋书·沈庆之传》）。《宋书·徐湛之传》载："广陵城旧有高楼，湛之更加修整，南望钟山。城北有陂泽，水物丰盛，湛之更起风亭、月观、吹台、琴室，果竹繁茂，花药成行。"庾诜有"十亩之宅，山池居半"（《南史·隐逸·庾诜传》）。梁代徐勉"中年聊于东田开营小园者"（《梁书·徐勉传》）。沈约"立宅东田，瞩望郊阜"（《梁书·沈约传》）。

一些近郊的风景游览地由于文人名流经常聚会，便具有公共园林的性质。如会稽（今浙江绍兴）的兰亭，由于一次有王羲之、王徽之、王献之、谢安、谢万、孙绰、孙统、郗昙、桓伟等江南名流的雅集盛会而著名。王羲之的《兰亭集序》记述了这次修禊活动的盛况："永和九年，岁在癸丑，暮春之初，会于会稽山阴之兰亭，修禊事也。群贤毕至，少长咸集。此地有崇山峻岭，茂林修竹，又有清流激湍，映带左右，引以为流觞曲水，列坐其次。虽无丝竹管弦之盛，一觞一咏，亦足以畅叙幽情。"兰亭是在极幽美的自然山水园林中的人工建筑，也是一处公共园林。

南朝园林与前代不同，它以自然风光为园林主体，园林作为一种精神享受和寄托。其规模也由大入小，以有限空间来容纳无限之自然。作为一种艺术品类已日趋成熟，但仍比较粗放而质朴。江南园林实滥觞于六朝。

唐代经济发展、政局稳定，形成了空前繁荣兴盛的局面。由于唐代建都长安，政治中心北移，江南地区的私家园林已非六朝之鼎盛，但由于大运河的开凿，扬州一带水陆交通发达，经济繁荣，时有"扬一益二"之誉，园林的兴建亦不在少数。唐代扬州裴谌的"樱桃园"已具"楼台重复，花木鲜秀"，"似非人境"的境界（《太平广记·裴谌》）。官府林苑有郡圃，圃中有杏花数十亩，时人称圃为"杏邨"或"杏花邨"。有"玉钩亭"、"赏心亭"等。常氏"南郭幽居""绿水接柴门，有如桃花源"（李白《之广陵宿常二南郭幽居》）。"郝氏园"则"鹤盘远势投孤屿，蝉曳残声过别枝；凉月照窗欹枕倦，澄泉绕石泛觞迟"（方干《旅次扬州寓居郝氏林亭》）。"周师儒家园""居处花木楼榭之奇，为广陵甲第"（罗隐《广陵妖乱志》）。苏州隋唐时私家园林有约略二十处，陆龟蒙的故宅"虽在城市，而有山林深寂之趣。"昔皮袭美尝称，"鲁望所居，不出郛郭，旷若郊墅，故名"（见陈植、张公弛选注《中国历代名园记选注》之文征明《王氏拙政园记》注①）。韦应物在唯亭筑山庄，还有"孙驸马园"、"孙园"等。官署园林则有郡治园林及"齐云楼"、"初阳楼"等。唐大历中滁州刺史李幼卿有别业在义兴（宜兴）玉潭，名曰"蒙溪幽居"。湖州城东南雪溪白苹洲为颜真卿任刺史时"始剪榛导流，作八角亭以游息焉。"后人又加修葺，"乃疏四渠，浚二池，树三园，构五亭，卉木荷竹，舟桥廊室，泊游宴息宿之具，靡不备焉"（白居易《白苹洲五亭记》）故成为一方胜地。

五代时，钱镠踞吴越，"国富兵强，垂及四世，……宫馆苑囿，极一时之盛"（归有光《沧浪亭记》）。建有"南园"、"东墅"、"金谷园"等。朱长文《乐圃记》云："始钱氏时，广陵王元璙者实守姑苏，好治林圃，其诸从徇其所好，各因隙地而营之，为台、为沼，今城中遗址，颇有存者，吾圃亦其一也。"

北宋时，江南的经济、文化都得以保持着发展的势头，南宋偏安江左，政治文化中心再度南移，江南成为全国最发达的地区，私家园林更为兴盛。临安（杭州）私园遍布城内外，西湖"沿堤大小园囿、水阁、凉亭不计其数。"据《都城纪胜》、《梦粱录》所记载约有五十余处。真是"一色楼台三十里，不知何处览孤山。"《吴兴园林记》专门记述了湖州的园林三十六处，较有代表性的有南北沈尚书园、俞氏园、赵菊坡园、叶氏石林等。嘉兴有岳珂的"金陀园"。绍兴的"沈园"因南宋诗人陆游著名的《钗头凤》词而闻名。平江（苏州）及其附近之私家园林有五十多处，有苏舜钦的"沧浪亭"、朱长文的"乐圃"、梅尧臣的"梅都官园"、蒋堂的"隐圃"、史正志的"渔隐园"、范成大的"石湖别墅"、李弥大的"道隐园"、朱勔的"同乐园"、梅宣义的"五亩园"、章楶的"桃花坞别墅"、范仲淹后人的"范家园"等。"沧浪亭"是江南地区留存至今时代最早的园林，原为吴越中吴军节度使孙承佑的旧园。见于记载的尚有"依绿园"、"小隐堂"、"秀野亭"、"蜗庐"、"藏春园"、"招隐堂"、"昼锦园"、"南园"、"张氏园池"、"西园"、"郭氏园"、"千株园"、"五亩园"、"何仔园亭"、"北园"、"翁氏园"、"孙氏园"、"洪氏园"、"陈氏园"、"郑氏园"、"东陆园"、"杨氏"等处。昆山有盛德辉的"依绿园"、镇江有沈括的"梦溪"、岳珂的"研山园"，海陵（泰州）有许氏"南园"、真州有"东园"，

欧阳修曾为它们作过记。在扬州欧阳修建"平山堂"、"无双亭"、"美泉亭"，苏轼建"古林堂"，此外尚有"丽芳园"、"壶春园"、"万花园"、"静慧园"、"朱氏园"、"申申亭"等。瓜洲有"临江亭"、"迎波亭"等。

唐宋时随着山水诗文、山水画的发展，园林风格趋于细致、精美。

元代，在蒙古灭南宋统一全国时，社会生产力受到很大的破坏，严重地影响了园林的发展，全国范围内只有少量的造园活动，但在苏州地区造园尚不少，约有四十处，其中城中不足十处。苏州有"狮子林"、"绿水园"（即朱勔故墅）、"松石轩"、"小丹丘"等，吴县（今苏州吴中区）光福有徐达左的"耕渔轩"，吴江同里的"万玉清秋轩"，玉峰（昆山）顾仲英的"玉山佳处"，常熟有曹氏"陆庄"、"梧桐园"，归安（湖州）有赵孟頫的"莲庄"、闵廷举的"聚芳亭"，无锡倪瓒筑的"清閟阁"，冯桂芬《耕渔轩记》记："'耕渔轩'，在元、明间，与倪氏'清閟阁'，顾氏'玉山佳处'鼎峙而三。"扬州有赵氏的"明月楼"、熊汉卿的"江风山月亭"、"平野轩"、成廷珪的"居竹轩"等。

明初，社会、经济均处在战乱后的恢复时期，明太祖朱元璋禁止建造宅园，《明史·舆服志》规定："功臣宅舍之后，留空地十丈，左右皆五丈，不许那移军民居止。更不许宅前后左右多占地，构亭馆、开池塘，以资游眺。"江南地区赋税又较重，要占朝廷赋税的三分之二，这不免影响了园林的发展。至明中叶，随着经济的恢复和发展，园林建设才又繁荣起来，这种势头一直保持到清末。明清时期江南地区经济、文化之发达冠于全国，园林也达到极盛。明代苏州园林有园貌记载下来的约有二百六十处，数量与艺术水平都是空前的。在城区约一百四十处，王献臣的"拙政园"、徐时泰的"东园"、范允临的"天平山庄"、赵宦光的"寒山别业"等，都是当时"声闻煊赫之名园"。王世贞《游金陵诸园记》记录金陵（南京）有园林三十六处。以明朝开国功臣徐达后裔魏国公家族几个园林为著，"度必远胜洛中"。太仓有园五十多处，《娄东园林志》记载就有十三处，所谓"园林之盛，甲于东南。"以

王世贞的"弇山园"最为著名。常熟有约四十处，昆山约三十处，吴江八处。祁彪佳《越中园亭记》记录绍兴当时就有园林一百八十八处，加上前代考古一百处，历代有近三百处园林胜地。祁彪佳的"寓园"也在其列。明代扬州见于记载的约有二十余园，郑氏兄弟均有园，郑元嗣之"五亩之宅、二亩之间"及"王氏园"，郑元勋之"影园"，郑元化之"嘉树园"，郑侠如之"休园"，都是当时的名园。仪征汪士衡有"痩园"、汪士楚有"荣园"，如皋冒辟疆有"水绘园"等。上海有潘允端的"豫园"、顾名世的"露香园"等。无锡惠山"环惠山而园者，若棋布然"（王稚登《寄畅园记》），最著名的有秦氏之"寄畅园"、邹氏之"愚公谷"等。

清初，李斗在《扬州画舫录》里引刘大观语："杭州以湖山胜，苏州以肆市胜，扬州以园亭胜。"康熙时扬州有八大名园，"王洗马园"、"卞园"、"员园"、"贺园"、"冶春园"、"南园"、"郑御史园"（影园）、"篠园"。由于康熙、乾隆皇帝南巡，多次临幸驻跸，扬州的绅商穷极物力，大肆修建园林，以供宸赏。自瘦西湖至平山堂一带，更是"两岸花柳全依水，一路楼台直到山。"此时扬州的大小园林为数近百，是扬州园林的极盛时期。这种鼎盛的状况维持极短，三四十年后就败落了，成为了"楼台倾毁，花木凋落"，"几成瓦砾场"。扬州工匠的技艺很高超，钱泳在《履园丛话》里云："造屋之工当以扬州为第一，……此苏杭工匠断断不能也。"

元明时期文人绘画得到极大地发展，不可避免对园林也产生了重大的影响。明清园林较唐宋更为精致、细腻，追求诗情画意，文化内涵、文学趣味更为突出。同时涌现出许多造园高手，如张南垣、张然父子、戈裕良等。还有造园理论著作问世，以计成的《园冶》、李渔的《一家言》、文震亨的《长物志》为有代表性的三部著作。

清末战乱，园林多毁于兵燹，现存的古典园林大都在同治、光绪年间重修或新建。主要在苏州、扬州、上海、南京、杭州、嘉兴等地，荟萃了中国园林之精华。清末苏州园林有一百七十多处，解放初期尚有大小园林一百多处，现在保存完整的尚有五十多处。扬州至20世纪60年代保存得较完整的园林大小有三十处。南京、上海、杭州等地均还有园林留存。较著名园林的列表如下（表1）：

表1 江南各地现存主要古典园林

省	市	县（区）	园 名	备 注
江苏	苏州	市区	拙政园、留园、沧浪亭、狮子林、网师园、怡园、耦园、环秀山庄、艺圃、畅园、鹤园、壶园、残粒园、拥翠山庄、曲园、听枫园、半园、天平山庄、西园（戒幢律寺）	
		吴江	退思园	
		常熟	燕园、曾园（虚廓居）	
	扬州	市区	个园、何园（寄啸山庄）、片石山房、小盘谷、二分明月楼、蔚圃、匏庐、萃园、余园、珍园、芳圃（平山堂西园）、逸圃、怡庐	
	泰州	市区	乔园	
	南通	如皋	水绘园	
	无锡	市区	寄畅园	
	常州	市区	近园、未园	
	南京	市区	瞻园、煦园	
上海		市区	豫园	
		嘉定	古漪园、秋霞圃	
		青浦	曲水园	
		松江	醉白池	
浙江	杭州	市区	西泠印社、郭庄（汾阳别墅）、刘庄、高庄	
	嘉兴	海盐	绮园	
	湖州	南浔	小莲庄	
	绍兴	市区	沈园	

苏州虎丘、扬州瘦西湖、平山堂、南京莫愁湖、杭州西湖、嘉兴南湖烟雨楼、绍兴兰亭等属公共园林。

童寯先生在《江南园林志》中言："江南园林，论质论量，今日无出苏州之右者。"洵为至论，至今不移。本文也将以苏州园林为重点，兼及其他园林。

江南园林代表着中国园林艺术的最高技艺，达到了登峰造极的水平，并对皇家园林产生深刻的影响。早在明代北京园林就开始模仿江南园林，例如米万钟（字仲诏）在海淀所构"勺园"就饱含江南情调，沈德符说："米仲诏进士园，事事模仿江南，几如桓温之于刘琨，无所不拟。"明末清初小说《醉醒石》第十五回说明末北京锦衣卫的王锦衣"在顺城门西，近城收拾个园子。内中客厅、茶厅、书厅都照江南制度，极其精致。"清初，北京的一些宅园是聘请江南造园名家来营建，如康熙时大学士王熙的"怡园"和冯溥的"万柳堂"就是江南著名造园能手张南垣之子张然营造和改建的。贾胶侯的"半亩园"由著名造园家李渔参与规划。

康熙、乾隆皇帝六下江南，对江南园林十分欣赏，在皇家苑囿里模仿江南园林。一是引进江南园林的造园手法，在园林里大量使用游廊、拱桥、亭桥、舫、榭、粉墙、漏窗、洞门、花街铺地等。二是在园林里的景点中再现江南园林的主题，如圆明园有直接仿杭州西湖景点的苏堤春晓、曲院风荷、平湖秋月、断桥残雪、南屏晚钟、雷峰夕照、柳浪闻莺、花港观鱼、三潭印月、双峰插云等。还有坦坦荡荡仿杭州玉泉观鱼，慈航普渡仿浙江天台山，文渊阁仿宁波天一阁，西峰秀色仿杭州花港观鱼，坐石临流摹写绍兴兰亭曲水流觞的构思，鱼跃鸢飞及北远山村取法于扬州瘦西湖。静明园有玉峰塔影仿镇江金山寺塔，竹炉山房仿无锡惠山听松庵。避暑山庄有双湖夹镜仿杭州西湖里外湖处的长堤，芝径云堤仿西湖苏堤。文津阁仿宁波天一阁，上帝阁（金山亭）仿镇江金山，烟雨楼仿嘉兴烟雨楼，永祐寺舍利塔仿南京报恩寺塔。清漪园（颐和园）昆明湖仿杭州西湖，西堤仿西湖苏堤，凤凰墩仿无锡黄埠墩，小西泠一带仿扬州四桥烟雨。西苑琼花岛的漪澜堂再现镇江北固山的"江天一览"的胜概。西苑、静寄山庄（盘山）与避暑山庄内均有千尺雪，是仿苏州寒山别业之千尺雪。三是直接仿建江南名园。在北京长春园、承德避暑山庄和天津蓟县盘山静寄山庄内仿建狮子林。圆明园内的安澜园仿海宁陈氏安澜园；长春园内的如园仿南京瞻园；清漪园的惠山园（谐趣园）仿无锡寄畅园。

江南园林的特色

江南园林的特色可以概括为"小巧玲珑"、"因地制宜"、"布局自由"、"格调高雅"、"诗情画意"、"工艺精湛"。

一、小巧玲珑

江南园林以私家园林为主,大多为城市宅园,故规模不大,现有园林规模大者如拙政园约为 62 亩（1 亩 ≈ 666.7 m²,下同）,由中部原拙政园、东部的归田园居与西部的补园三园合并而成。规模小者如苏州环秀山庄仅亩余。最小的残粒园仅 140 m²。表 2 为一些园林的占地面积,凡占地 1 ha 及以上的为大型园林,3000 m² 至 1 ha 的为中型园林,3000 m² 以下的为小型园林。过去私家园林规模还曾稍大,苏州历史上最大的私家园林是北宋时章粢之的"桃花坞别墅",占地 700 亩,拙政园初建时也有 200 余亩,无锡西林有池广数百亩,高士奇江村草堂 300 亩,海宁安澜园 100 亩。但与皇家园林相比只能是小巫见大巫了。如清朝皇家园林"圆明园"占地 5200 亩,"颐和园"占地 4350 亩,"避暑山庄"占地 8460 亩。江南园林空间虽然很有限,但并不让人感到局促、逼仄,感观上园林的空间要比实际大许多。建筑、池水、叠山等,不追求体量庞大,而求小巧自然、有山林野趣。建筑尺度也较小,能与环境协调,比较得当。大体量的建筑也较少,大型厅堂面宽仅在 20 m 左右,进深为 10 多米,与皇家园林的建筑不可同日而语。亭榭等小型建筑更为小巧,如怡园的六角螺髻亭,边长仅 1.02 m,留园东部之八角亭边长更为 0.75 m,它们造型轻盈空透,结构用料较小,柱较细、梁较小,屋顶翼角高翘,显得轻巧活泼,不像北方建筑比较凝重。建筑形式无定制,富有变化。建筑空间开敞流通,隔而不死,互相穿插、渗透。

二、因地制宜

《园冶》云:"高方欲就亭台,低凹可开池沼;卜筑贵从水面,立基先究源头,疏源之去由,察水之来历。""入奥疏源,就地凿水,搜土开其穴藏,培山接以房廊"。"高阜可培,低方宜挖"等。一再强调的就是要因地制宜。李渔也提倡:"创造园亭,因

地制宜,不拘成见"。许多园林建造时就遵循了这条原则,如文征明在《王氏拙政园记》里记曰:"居多隙地,有积水亘其中,稍加浚治,环以林木。"王心一在《归田园居记》中自述:"地可池,则池之;取土于池,积而成高,可山则山之。池之上,山之间可屋则屋之。"周密在《吴兴园林记》中的"叶氏石林"记曰:"左丞叶少蕴之故居,在卞山之阳,万石环之,故名。"童寯先生《江南园林志》论:"万石非人力所能尽致,盖多因山有而经营之耳。正如《如五总》志所云:'叶少蕴既辞政路,结屋雪川山中。凡山中有石隐于土者,皆穿剔表出之。久之,一山皆玲珑空洞,日挟策其间,自号石林山人。'"都说明要充分利用地理条件。无锡寄畅园之山水地形也是因地制宜而得,据《江南理景艺术》:"明初宣德年间（1426-1435）,巡抚周文襄发现惠山寺左前侧地势低注,缺青龙形胜,随令掘地堆土成阜,以促成该寺'四灵'地势完形。其后秦金购得此地,因之作为园内山池,所费少而收效大,是十分明智的决策。"

三、布局自由

江南园林多为宅园,地处城市,城内人口密集,房屋密布,寸土寸金,基地往往呈不规则状,园之布局也顺应地形、地势展开,自由灵活。建筑随宜布置,无轴线,以不对称为根本原则。正如《园冶》所云:"因者:随基势高下,体形之端正,碍木删桠,泉流石注,互相借资;宜亭斯亭,宜榭斯榭,小妨偏径,顿置婉转,斯谓'精而合宜'者也。""惟园林书屋,一室半室按时景为精。方向随宜……"。建筑与山池树石融为一体,园景如同一幅幅水墨山水画,佳山妙水层出不穷、变幻无尽。游于其间,赏心悦目,"清气觉来几席,凡尘顿远襟怀"。而北方园林的规划布局中,建筑布置工整,中轴线、对景线运用较多,故风格显得凝重、平稳。尤其是廊之转折多直角,与南方随意弯曲不同,正是《园冶》所谓:"古之曲廊,俱曲尺曲。今予所构曲廊,之字曲者,随形而弯,依势而曲。"园中的一石、一木、一花、一池、一亭、一榭,其大小、高低、疏密、远近都要安排得宜。郑元勋《影园自记》云:"一花、

表 2　江南古典园林面积表

序号	名称		总面积		水池面积	备注
	地区（市）	园名	m²	亩	m²	
1	苏州	拙政园	48 000	62	8100	中部 18.5 亩、西部 12.5 亩
2		留园	20 000	30	1100	
3		狮子林	11 100	15	900	包括祠堂
4		沧浪亭	11 000	16	125	园内水面
5		网师园	4000	8	390	包括苗圃、厅堂
6		耦园东园	2200	4	210	
7		艺圃	3600	5	500	
8		怡园	5500	9	600	
9		环秀山庄	2000	1	190	整修前
10		鹤园		2.8		
11		畅园	1000	1		
12		壶园	300			
13		残粒园	140			
14		五峰园		2.5		
15		曲园	200			
16		拥翠山庄		1		
17		天平山庄	20 000			
18		吴江退思园	2500		1100	
19		常熟燕园	3000	4		
20		曾园		20		
21	无锡	寄畅园	10 000			
22	常州	近园	5200			
23	南京	瞻园	8000			
24		煦园	14 000	20		
25	扬州	个园	10 880	15		
26		何园（寄啸山庄）	14 000			
27		小盘谷	1300			
28		平山堂西园	17 000			
29	泰州	乔园（日涉园）	12 000			核心区 1500 m²
30	南通	如皋水绘园	1560			
31	上海	豫园	20 000	30		
32		嘉定古漪园		10（初时）		清末 27 亩，现在 90 亩
33		秋霞圃	5300			现在 45.36 亩
34		松江醉白池		16		现在 90 亩
35		青浦曲水园		30		
36	杭州	郭庄（汾阳别墅）	9800			
37		西泠印社	7100			
38	嘉兴	海盐绮园		14.8		
39	湖州	南浔小莲庄	17 400		6700	

注：表中数字均为约数，主要源自《苏州古典园林》、《江苏文物志》、《江南理景艺术》、《苏州园林》及互联网等。

一竹、一石，皆适其宜，审度再三，不宜，虽美必弃。"说明造园必须处处加以推敲、精心安排。

四、格调高雅

爱好风雅，反对流俗是当时文人士大夫生活情趣的核心，也是社会所标榜的准则，更是造园艺术的标准之一。文震亨在《长物志》里云："故韵士所居，入门便有一种高雅绝俗之趣。"又说："若徒侈土木，尚丹垩，真同桎梏樊槛而已。"李渔在《一家言》中云："主人雅而取工，则工且雅者至矣；主人俗而容拙，则拙而俗者来矣。"他造园反对"亭则法某人之制，榭则遵谁氏之规，勿使稍异"，"立户开窗，安廊置阁，事事皆仿名园，纤毫不谬"的陈腐俗套。《园冶》也提倡遵雅屏俗，这一思想贯穿全书，如"俗则屏之，嘉则收之"、"制式新番，裁除旧套"、"探奇合志，常套俱裁"、仰尘"多于棋盘方空画禽卉者类俗"、户槅"古之户槅……亦遵雅致，故不脱柳条式"、"栏杆信画而成，减便为雅"、"门窗磨空……斯为园林遵雅"、"今之方门，……雅致可观"、"历来墙垣，凭匠作雕琢花鸟仙兽……市俗村愚之所为也，高明而慎之"等。

江南园林色彩素雅。建筑色彩柱、梁以及装修等

木构部分不用比较鲜艳的大红大绿，也很少施青绿彩画，多用栗色、莘莘色等低纯度的复色，屋顶用灰黑色的蝴蝶瓦，墙用白色或细清水砖墙，门窗洞常用细清水砖边框。在绿树繁花的掩映下，显得十分明快、淡雅。正如陈从周先生在《苏州园林概述》中所说："此种色彩，其佳处是与整个园林的轻巧外观、灰白的江南天气、秀茂的花木、玲珑的山石、柔媚的流水，都能配合调和，予人的感觉是淡雅幽静。"

江南名园均能"创异标新"，不落俗套，各具特色。如拙政园以江南水乡风光著称，留园以建筑空间见长，环秀山庄以假山闻名，寄畅园以泉取胜，个园以四季假山著名等。

五、诗情画意

江南园林追求诗情画意，园名、园中景点、建筑大量运用匾额、楹联点景，可令人浮想联翩，余意不尽。明代张岱《与祁世培书》中云："造园亭之难，难于结构，更难于命名。盖命名俗则不佳，文又不妙。"又如《红楼梦》里所说："偌大景致，若干亭榭，无字标题，也觉寥落无趣，任有花柳山水，也断不能生色。"故园名、匾联等往往是以撷取名家著作、诗词之意或即景自撰来命名。如寄畅园，王稚登《寄畅园记》说："用王内史诗，园所由名云。"拙政园，乃园主王献臣引晋潘岳《闲居赋》中"此亦拙者之为政也"而命名。扬州影园因"地盖在柳影、水影、山影之间"，由董其昌书额"影园"（郑元勋《影园自记》）。匾额如拙政园远香堂取周敦颐《爱莲说》"香远益清"之意。与谁同坐轩，取自苏轼《点绛唇·杭州》"与谁同坐，清风明月我"。楹联如沧浪亭之"清风明月本无价，远山近水皆有情"是集欧阳修《沧浪亭》和苏舜钦《过苏州》诗句而成。扬州平山堂"衔远山吞长江其西南诸峰林壑尤美，送夕阳还素月当春秋之交草木际天"乃集范仲淹《岳阳楼记》、欧阳修《醉翁亭记》、王禹偁《黄冈竹楼记》、苏轼《放鹤亭记》之句。这些园名、匾额、砖刻、楹联，还有许多书画、书条石等，都是由名家所书，是珍稀的墨宝，翰墨书香使园林突显出古朴和雅致。

园林植物、花卉赋予人格意义，比拟高洁。如松苍劲而刚健、梅凌寒而报春、竹挺直而心虚，寒冬不凋，傲霜斗雪，被誉为"岁寒三友"。荷花因周敦颐之《爱莲说》中"出淤泥而不染，濯清涟而不妖"而比为"君子"。拙政园远香堂正是夏日赏荷之地，扬州的西园曲水也有成片的荷花。网师园看松读画轩前的黑松高大挺拔。怡园有梅林。竹在园林中应用更是广泛，无园不栽竹，沧浪亭玉玲珑、拙政园悟竹幽居、豫园九狮轩等建筑旁都有成片的竹林，个园正是以竹而命名。在墙角、小院、窗畔等处，无处不见竹。此外，菊，傲霜怒放，被称为"花中隐士"。兰，独处空谷，"不以无人而不芳"，也被誉为"君子"。

六、工艺精湛

江南之建筑造型轻巧、精美，技艺十分精湛，大木梁架有扁作、圆料之分，扁作梁架装饰性很强，梁似宋《营造法式》之月梁，有剥腮、挖底等，梁身上有雕刻，梁下有梁垫，梁垫常镂空雕作金兰、佛手、牡丹纹样，梁头常刻作云头。山尖处常有山雾云、抱梁云等雕饰。贡式梁架还把梁本身做成软带状突起弯曲。即使较简单的圆料，也对梁架进行部分加工，梁下或挖底，童柱成上小下大状，又立于梁上。这与北方纯用矩形料又较平直的梁架明显不同。此外江南园林建筑大量应用"翻轩"，有"茶壶档"、"弓形"、"一枝香"、"船篷"、"菱角"、"鹤颈"等各种做工精细的轩，这是北方所没有的，能给人以精巧、细致之美感。

装修方面门窗槅扇、栏杆、挂落等图案纹样种类丰富，题材活泼，尤其槅扇图案千变万化，它们构成了园林建筑玲珑、秀丽、多姿的外观。室内常用飞罩、落地罩、屏门、纱槅、博古架等分隔空间，家具及陈设既实用，又起到装饰作用，它们用料考究，制作精良，有的本身就是一种工艺品。

墙上漏窗形状多变，图案花纹灵活多样、题材丰富，光影变化生动，成为点缀园景的有力手段。

花街铺地以砖、瓦、石片、瓷片、缸片等铺设，组成图案精美、色彩丰富的各种地纹。

细清水砖、砖雕的普遍应用，砖刻门楼的精细雕工、优美造型，都表现出江南工匠的高超技艺。

江南园林建筑设计

江南园林大部分是宅园,是住宅的延伸。为满足园主人在园林中居住、读书、游憩、宴饮等生活需要,园林中建筑数量多,建筑密度高,中小园林建筑密度达到30%以上,大型园林也达到15%以上。同时,建筑也具有审美功能,它既是赏景之地,也是园林造景的重要手段。建筑在园林中有举足轻重的地位,以其轻巧多变的造型、素净明快的色彩、精美大方的装修,与假山、水池、花木等有机组合成优美的园林景色。

一、建筑设计的指导思想与原则

(一)指导思想

明末计成在世界造园学最古名著《园冶》中即提出兴造园林应"虽由人作,宛自天开",这也应是我们今天园林建筑设计的指导思想。

中国古典园林是自然风景山水园林,与欧洲古典园林风格迥异,欧洲园林讲究轴线对称、几何图形,显示人工的力量。而中国园林是追求自然意趣,利用天然,施以人巧。人们要在园内漫步、徜徉,所谓"日涉成趣"。故忌规则、对称,排斥"刀山剑树、炉烛花瓶"式的排列,尽量避免人工造作的痕迹。

(二)原则

设计原则主要有以下五条。① 和谐原则。从总体上建筑应与所处环境协调、和谐共处。园林主题应是山水景观,建筑不能喧宾夺主,应与山水融为一体,相互衬托,相得益彰。② 因地制宜原则。要充分利用基地的地形、地貌与周围的环境,"高方欲就亭台,低凹可开池沼。"利用原有水面可减少土方工程,善于借用园外的优美景观。对地形可根据需要做局部改造,但不能大动干戈,铲高填洼,以致基地面目全非。③ 生态原则。要保护、利用基地植被,《园冶》云:"斯谓雕栋飞楹构易,荫槐挺玉成难。"对生长多年、高大的乔木,要尽可能地保留,不能轻易砍伐。那些树种较好、姿态优美的古树更为宝贵,必须精心保护充分利用。④ 美的原则。园景须优美、丰富,步移景异。建筑单体必须比例良好、造型优美、轻盈通透。⑤ 人文原则。造园要高雅,摒弃俗规,要有文化内涵。不能落入建筑务求高大、装饰必须华丽、叠石只肖动物等俗套,不能矫揉造作、夸耀斗富。

二、总平面设计

(一)基本布局

江南园林布局自由灵活,不拘一格,基本格局是山—水—建筑。童寯先生在《江南园林志》里说得好:"园之布局,虽变幻无穷,而其最简单需要,实全含于'园'字之内。今将'園(园)'字图解之:'口'者围墙也。'土'者形似屋宇平面,可代表亭榭。'口'字居中为池。'仌'在前似石似树。园之大者,积多数庭院而成,其一庭一院又为一'园'字也。"确实如此,中小园林一般以水池为中心,建筑、山石、花木环池布置,大型园林为避免"务宏大者,少幽邃",必须将园划分成若干景区,它们是基本格局的重复。但景区的划分要主次分明,富有变化、对比,各区要有自己的风景主题和特色,忌雷同。

厅堂为园内的主要建筑,作为全园的活动中心,所在也是全园的主要景区、主要空间。布局首先要选定厅堂的位置,即《园冶》所云:"凡园圃立基,定厅堂为主。"厅堂多位于园内适中地点,朝向以南为佳,"先乎取景,妙在朝南。"面对厅堂设置水池、山石、花木等对景。厅堂与水池间或设置平台,如拙政园远香堂、留园涵碧山庄、怡园藕香榭、退思园退思草堂、煦园漪澜阁;或紧贴水边,如拙政园三十六鸳鸯馆、瞻园静妙堂、豫园卷雨楼等。无论建筑还是平台都不宜离水面过远,以免与水面不能有机结合,比如怡园藕香榭的平台就显得过高,与水面结合不够自然。厅堂一侧或南或北布置水池,池后设假山,如水池较大,则在池中立山,所谓"池上理山,园中第一胜也。"山池以在厅堂之北的居多,这样假山朝南向阳,山石的形态、纹理、质地、色泽等显得清晰,立体感很强。拙政园、留园、豫园等均采用此种布局。山池在厅堂之南时,看到的是假山的北面,由于处在阴影中,山体显得比较平板,立体感不强,此时更需注意山的轮廓的起伏,丘壑的虚实。这种布置如艺圃、狮子林荷花厅南假山、瞻园静妙堂南假山等(图2.1-1 ~ 图2.1-26)。

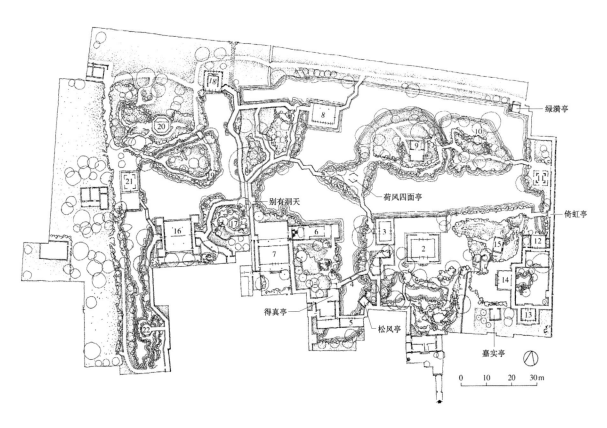

1.腰楼　2.远香堂　3.倚玉轩　4.小飞虹　5.小沧浪　6.香洲　7.玉兰堂　8.见山楼　9.雪香云蔚亭　10.北山亭　11.梧竹幽居　12.海堂春坞　13.听雨轩　14.玲珑馆　15.绣绮亭（以上属中部）　16.三十六鸳鸯馆、十八曼陀罗馆　17.宜两亭　18.倒影楼　19.与谁同坐轩　20.浮翠阁　21.留听阁　22.塔影亭（以上属西部）

图 2.1-1　拙政园平面图

亭

石林小屋

盛宅旧址

清风池馆

可亭

祠堂旧址

活泼泼地

闻太樱香轩

至乐亭　　舒啸亭

0　10　20　30m

1.大门　2.古木交柯　3.曲溪楼　4.西楼　5.濠濮亭　6.五峰仙馆　7.汲古得绠处　8.鹤所　9.揖峰轩　10.还读
我书处　11.林泉耆硕之馆　12.冠云台　13.浣云沼　14.冠云峰　15.佳晴喜雨快雪之亭　16.冠云楼　17.伫云庵
18.绿荫　19.明瑟楼　20.涵碧山房　21.远翠阁　22.又一村

图 2.1-2　留园平面图

江南园林建筑设计

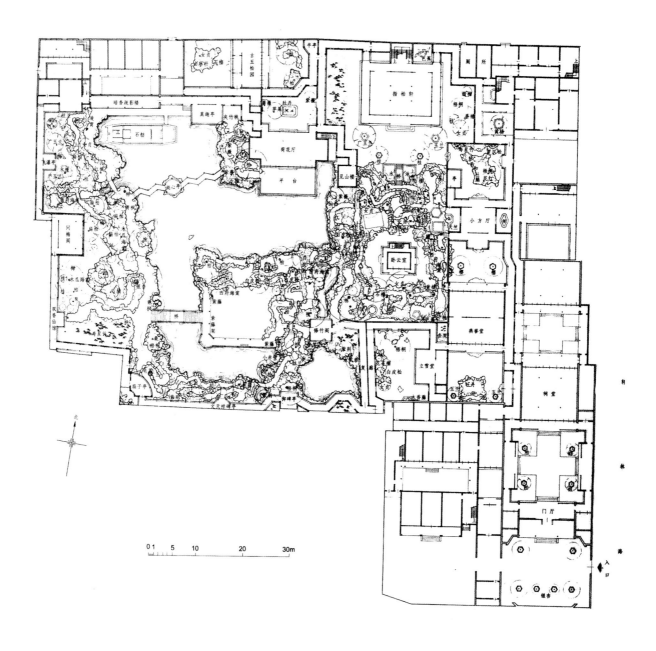

图 2.1-3 狮子林平面图

图 2.1-4 沧浪亭平面图

江南园林建筑设计

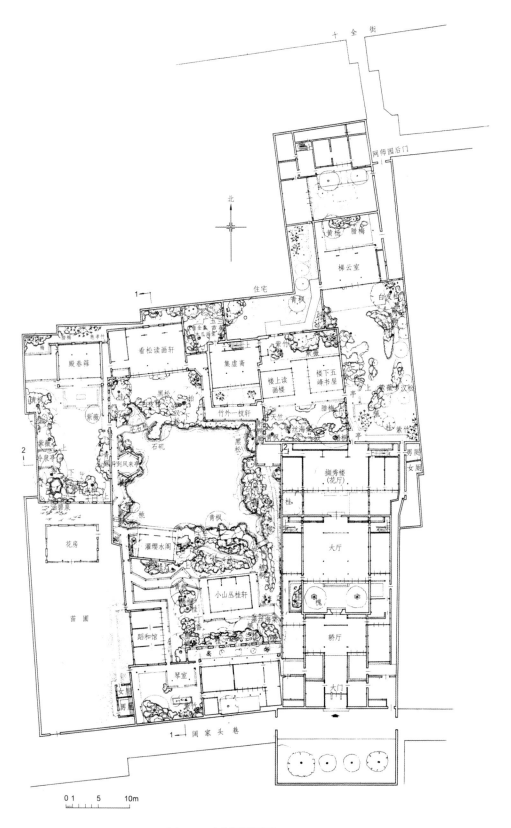

图 2.1-5 网师园平面图

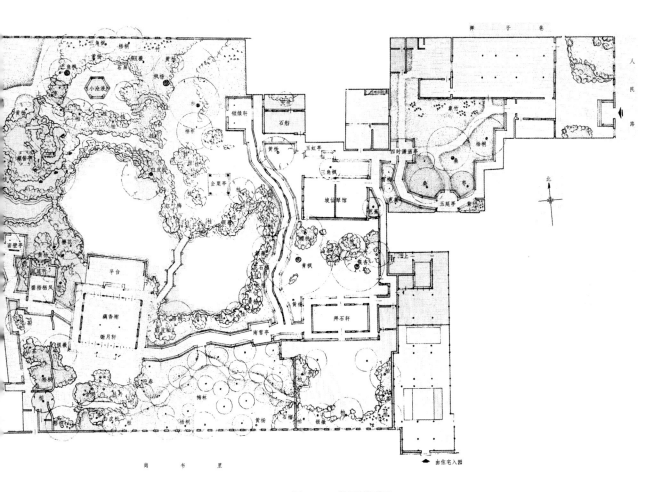

图 2.1-6　怡园平面图

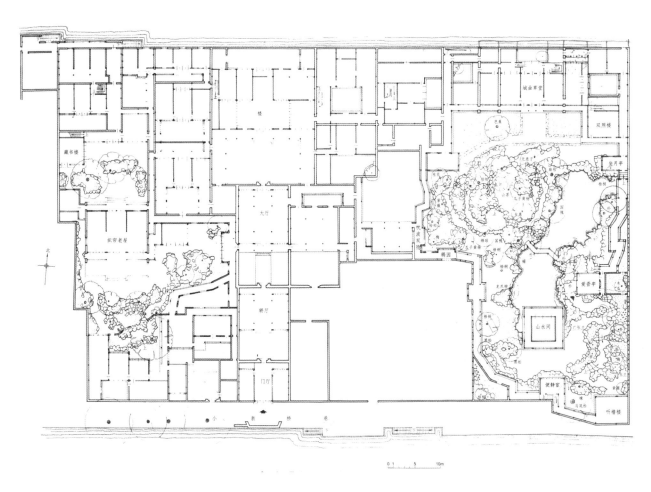

图 2.1-7 耦园（东园）平面图

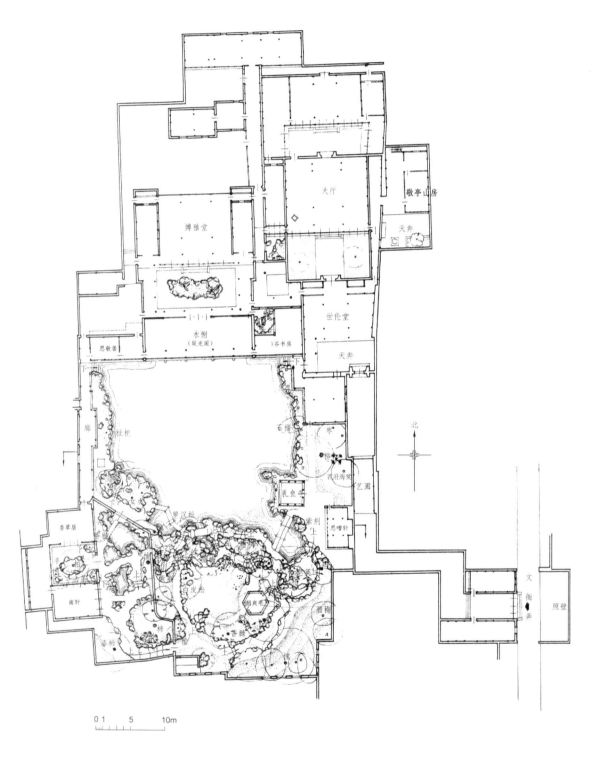

图 2.1-8　艺圃平面图

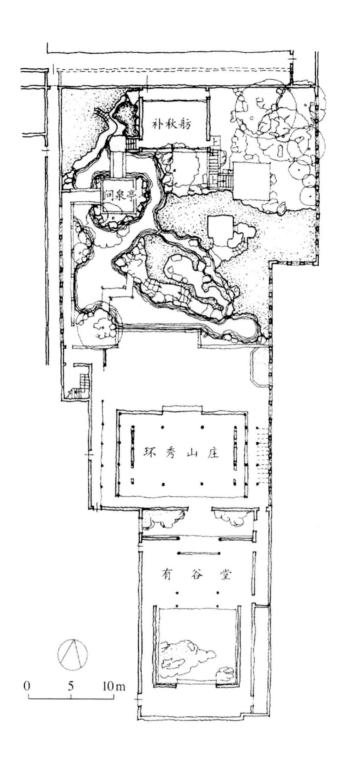

图 2.1-9 环秀山庄平面图

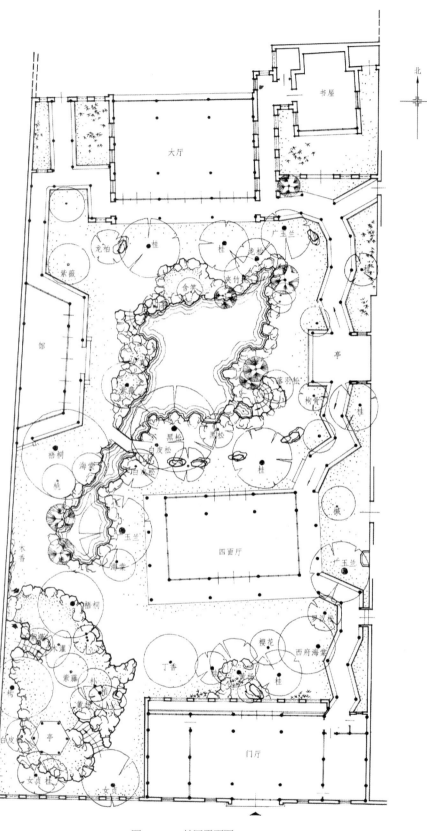

北

书屋

大厅

龙柏 桂 桂 龙松 广玉兰

紫薇 含笑 束竹

馆 亭

矮棕松

枸骨 桂

东篱

黑松 罗汉松

白皮松 罗汉松 桂

梧桐 白皮松

海棠 桃 桂 四面厅

玉兰 藏

木香 玉兰

海棠

梧桐

木槿

紫藤 林 罗汉松

樱花 西府海棠

木槿 藤 亭 丁香 桂

白皮

女贞桂

女贞 门厅

图 2.1-10 鹤园平面图

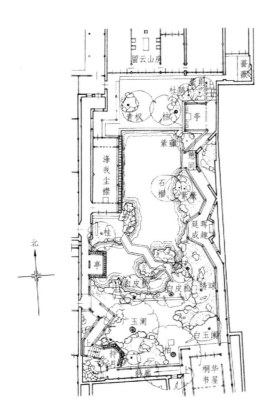

图 2.1-11 畅园平面图

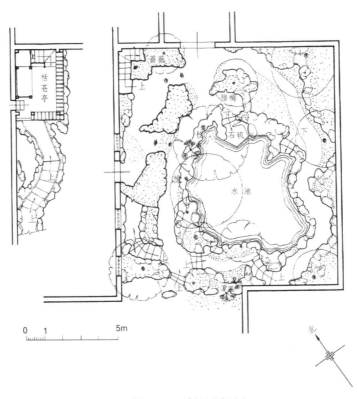

图 2.1-12 残粒园平面图

图 2.1-13　退思园平面图

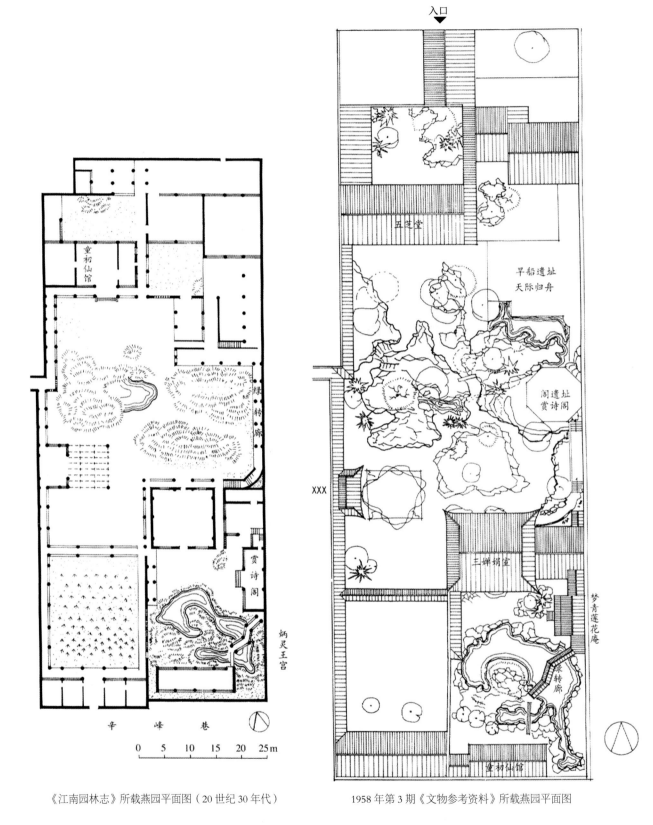

《江南园林志》所载燕园平面图（20世纪30年代）　　　　1958年第3期《文物参考资料》所载燕园平面图

图 2.1-14　燕园平面图

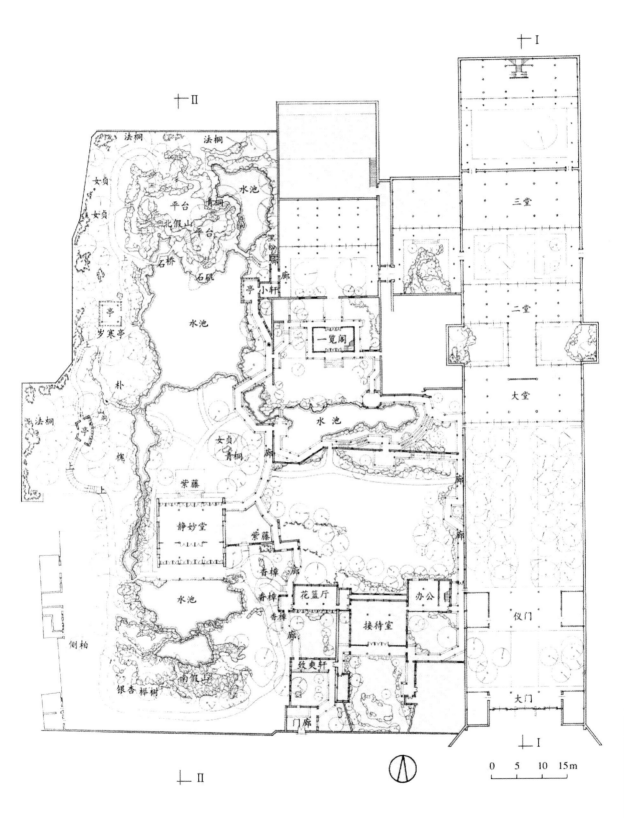

图 2.1-15　瞻园平面图

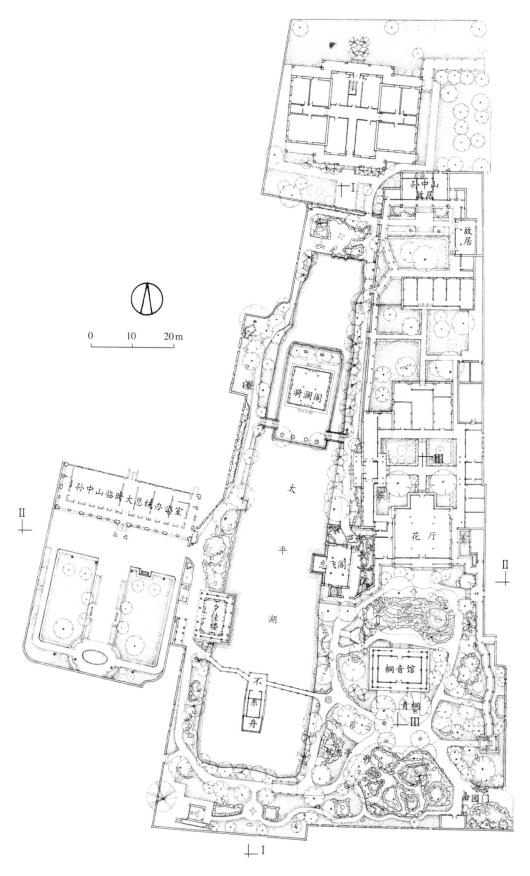

图 2.1-16 南京煦园平面图

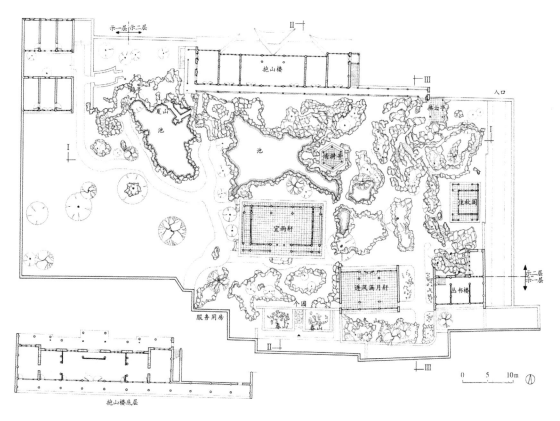

图 2.1-17　扬州个园平面图

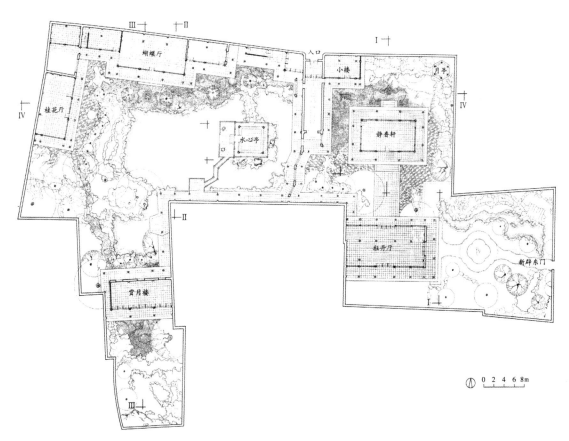

图 2.1-18　扬州何园（寄啸山庄）平面图

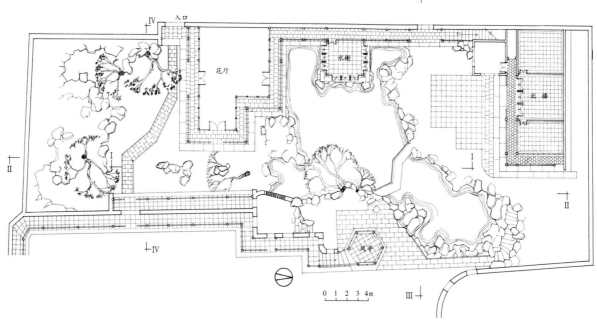

图 2.1-19 扬州小盘谷平面图

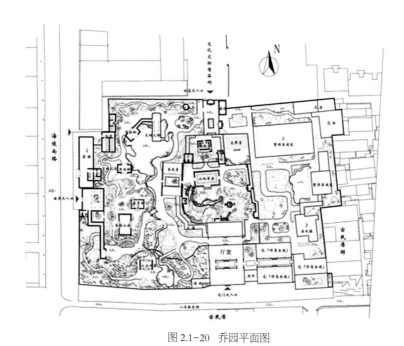

图 2.1-20 乔园平面图

图 2.1-21 寄畅园平面图

萃修堂
亦舫
万花楼
戴宝楼
学圃
望江亭
井亭
点春堂
会心不远 两宜轩
挹秀亭
九狮轩
打唱台
快楼（延爽阁）
仰山池
渐入佳境
静宜轩
仰山堂
九狮池
会景楼
和煦堂
三穗堂
老君殿
涵鮨亭
会景池
玉华堂
听涛阁
得月楼（绮藻堂）
积玉池
湖心亭
玉玲珑
缠杨春榭（上藏书楼）
环龙桥
涵碧楼
凤凰亭
静观
可以观
观涛楼
学翠亭 列有天
还云楼 延清榭 船舫
戏台

0 10 20m

图 2.1-22 豫园平面图

I

水榭

水杉 构树

香樟

濯影轩

滴翠亭

II

II

I

0 5 10 15m

图 2.1-23 绮园平面图

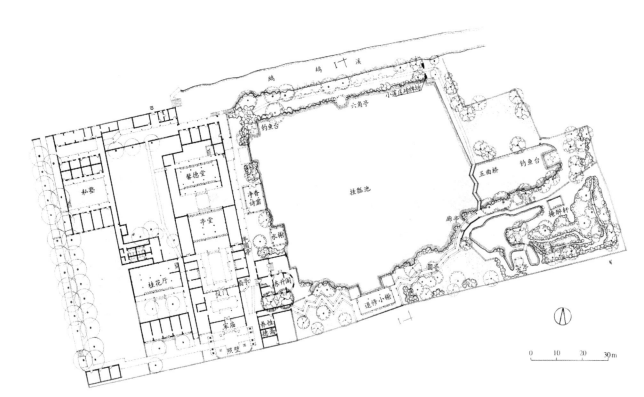

图 2.1-24 小莲庄平面图

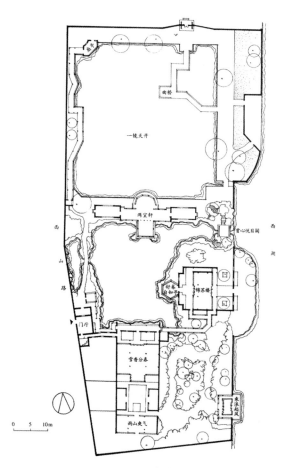

图 2.1-25 郭庄平面图

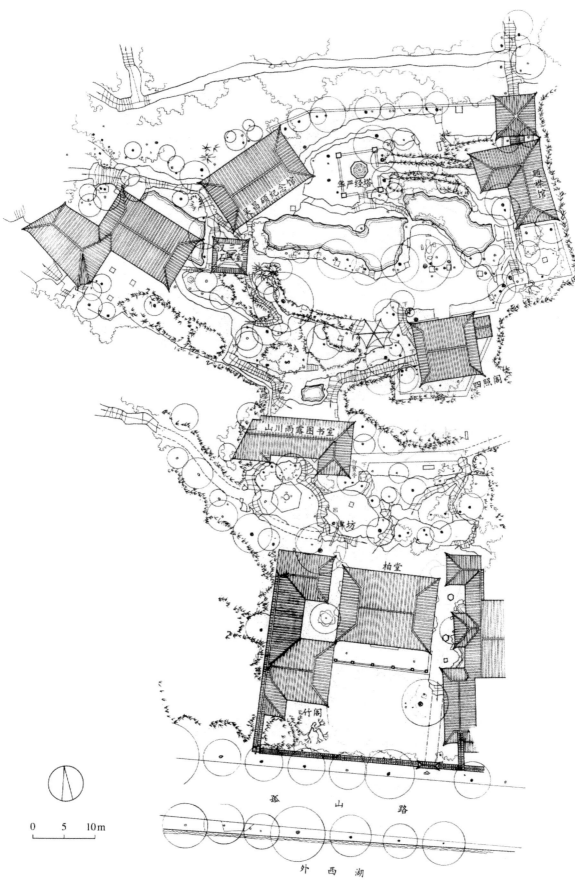

图 2.1-26 西泠印社平面图

园中池面布置要有聚有分，聚分结合。聚能使水面显得辽阔，给人以开敞明朗的感觉。分则萦回环抱，在池岸、花木、建筑的掩映下，构成幽曲的景色。小园因面积有限，应以聚为主，大园可多分，但不能平均，要有大有小，使主次分明。水池的形式多样，以狭长者居多。要按地形、水池大小和周围环境因地制宜，综合处理。

通常作为园中主景的假山高度一般在 4 ~ 7 m，如环秀山庄假山高 7.2 m，视距在 12 ~ 35 m 左右。拙政园远香堂至雪香云蔚亭约 34 m（图 2.1–27）、留园涵碧山庄至可亭约 35 m（图 2.1–28）、怡园藕香榭至小沧浪约 32 m（图 2.1–29）、狮子林荷花厅至假山约 18 m（图 2.1–30）、网师园看松读画轩至濯缨水阁及黄石山约 31 m（图 2.1–31）、沧浪亭明道堂至沧浪

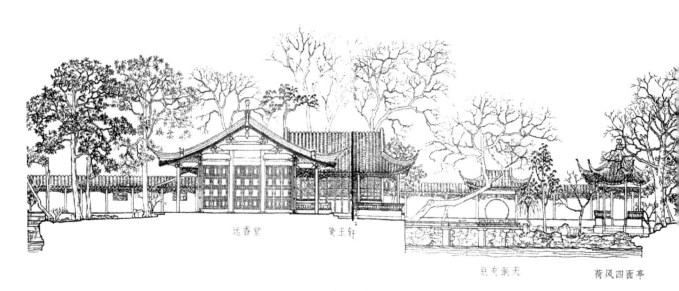

图 2.1–27　拙政园剖面图

涵碧山房

亭约 13 m（图 2.1-32）、环秀山庄自补秋山房至主峰约 15 m（2.1-33）。扬州假山个园湖石山高约 6 m、黄石山高约 9 m，视距约 30 m。何园山高约 6 m，最高石峰约 9 m，视距约 24 m。小盘谷山高约 4 m，峰高约 9m，视距约 16 m。瞻园南假山高约 6 m，视距不到 20 m。豫园大假山高约 14m，宽近 60 m，深约 40 m，视距约 30 m。一般视距为假山高度的 2 ~ 5 倍，视距过大，假山就显得矮小。以独立石峰为主景的地方，观赏距离多在 20 m 以内，如留园自林泉耆宿之馆至冠云峰约 18 m（图 2.1-34）（据自《苏州古典园林》、《扬州园林》、《豫园》等）。

图 2.1-28 留园剖面图（1）

江南园林建筑设计

小沧浪

文天祥碑亭　扇子亭

双香仙馆　桥　问梅阁

图 2.1-30　狮子林剖面图

图 2.1-29 怡园剖面图

藕香榭

葵花厅   古五松园

江南园林建筑设计

琴室　　　　　　　　小山叢桂軒　　　　　　　濯纓水閣

0　　　　　5　　　　　10 M

图 2.1-31　网师园剖面图

明道堂　　　　　　　清香馆　　　　　　　　沧浪亭

0　1　　　5　　　　10m

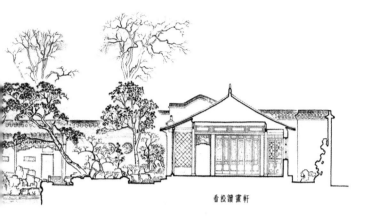

香松讀畫軒

面水軒

沧浪胜迹坊

图 2.1-32 沧浪亭剖面图

补秋山房

0 1   5m

图 2.1-33　环秀山庄剖面图

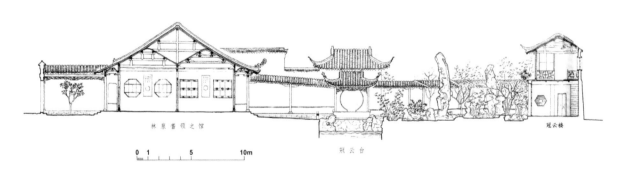

林泉耆硕之馆

0 1   5   10m

联云台

冠云楼

图 2.1-34　留园剖面图（2）

山的位置、形状、大小、高低也应根据需要，结合环境来设置。山的体量须与所处空间相称，与水池的大小相配合。山的位置不应在建筑的中轴线上，可略偏。可避免构图呆板而有失活泼。

在厅堂周围和山池之间点缀亭榭楼阁，或布置庭院和其他小景区，并用蹊径和回廊联系起来。

大、中型园林的基本布局均如此，但也不是所有的园林都必须如此，如寄畅园的山与水池均为南北走向，平行设置，不与嘉树堂正对，这是由于顺应惠山地形的关系，此布局正说明园林设计应因地制宜。又

如寄啸山庄，假山设在池西并向南延伸，不与楼厅成为对景。小型园林因面积有限，或以池为主，如畅园；或以山为主，如环秀山庄。

（二）疏密得宜

厅堂、山、池确定后，园林布局就有了骨架，然后再安排其余建筑，即"择成馆舍，余构亭台。"唐代柳宗元在《永州龙兴寺东丘记》中曰："游之适，大率有二：旷如也，奥如也，如斯而已。"故建筑布局要疏密得宜。疏者即平面布局与空间相对开阔、疏朗，密者则密集、幽深。须疏中有密，密中有疏，则两者

互为对比，互相衬托，相得益彰。使空间有大小、开合、高低、明暗等变化，又互相穿插、渗透、流动。空间和景物不断变化，使游人感觉内容十分丰富。如拙政园中部远香堂是活动中心，环以山池林木，池水广阔浩淼，是主要景区。而西侧的小沧浪水院一带，亭廊棋布，组成水院，环境怡静。东侧由枇杷园、听雨轩、海棠春坞等组成的小庭院，空间富于变化。这两组院落衬托，加强了远香堂主厅的地位（图 2.2-1）。又如

留园主要厅堂五峰仙馆和林泉耆宿之馆，都高大宏敞，庭院也宽敞。两厅之间安排了揖峰轩、还我读书处等小建筑庭院，它们的空间既有分隔，又相互渗透（图 2.2-2）。网师园以水池为中心，池水明净，形成广阔空间，而潲和馆、琴室一区，空间狭仄封闭，走廊蟠回婉转，环境幽深曲折。北部的看松读画轩、集虚斋、殿春簃等书楼、画室各成庭院隐现于树石之间，是疏密得宜的精品之作（图 2.2-3）。

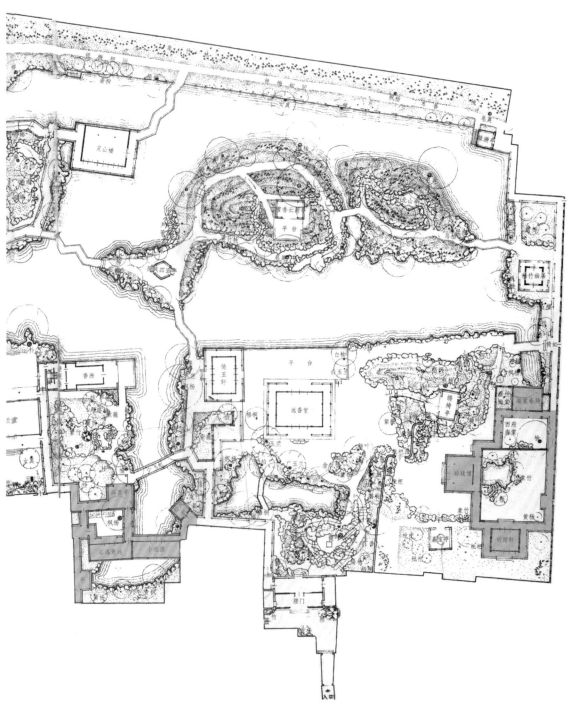

图 2.2-1　拙政园布局分析图

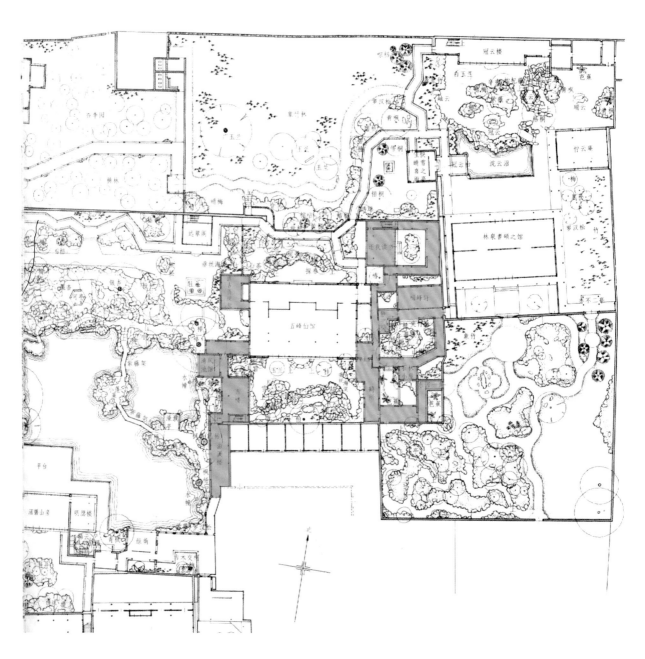

图 2.2-2　留园布局分析图

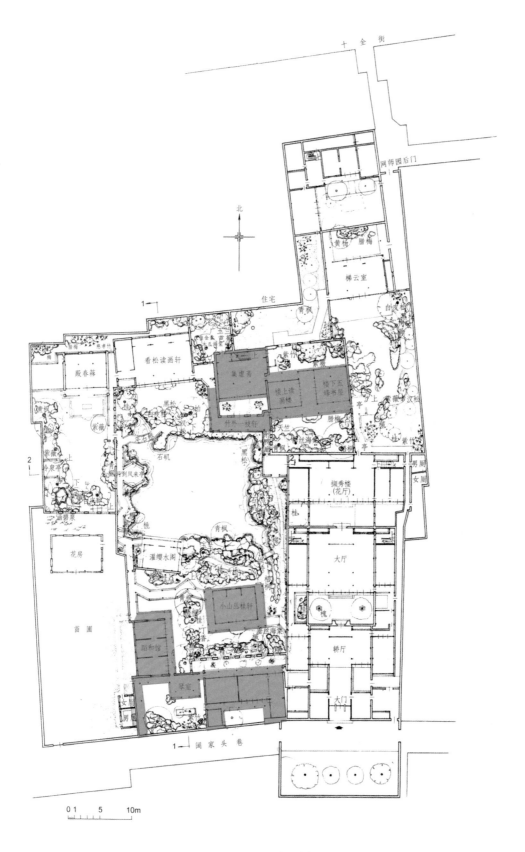

图 2.2-3 网师园布局分析图

楼、阁一般多位于园的四周或半山半水之间，如《园冶》所云："楼阁之基，依次定在厅堂之后，何不立在半山半水之间，有二层三层之说？下望上是楼，山半拟为平屋，更上一层，可穷千里目也。"如拙政园见山楼、倒影楼，留园曲溪楼、西楼、明瑟楼，网师园集虚斋、读画楼，个园抱山楼，何园蝴蝶厅，豫园万花楼、藏宝楼、快楼、听涛阁，煦园夕佳楼，寄畅园凌虚阁等均位于园或景区之四周。豫园卷雨楼在三穗堂后、藏宝楼在点春堂后（见各园平面图）。楼以二层为多，三层的较少。楼阁如作为重要的对景，应位于明显突出的主要景区，其造型应较复杂多变，如豫园卷雨楼三间楼房，中一间向北突出，下层北、东、西三面设廊，北廊架于水上，东侧为一小阁，立面前后错落，高低参差，翼角高举(图2.2-4)。有的阁楼处于较隐蔽的位置，则成为配景，形式以简洁为好，能与环境协调，避免喧宾夺主。如留园西楼、远翠阁、还我读书处等（图2.2-5）。杭州西泠印社四照阁就是建在山坡上，坡下看是二层楼，坡上看是平房（图2.2-6）。

图 2.2-4　豫园卷雨楼

图 2.2-5　留园远翠阁

图 2.2-6　西泠印社四照阁剖面

楼阁建在水边的位置，一是临池，如拙政园澄观楼（香洲后楼）、倒影楼、豫园卷雨楼。二是楼前有平台，如留园明瑟楼。这些建筑体态应轻巧、秀丽，体量可大可小，如豫园卷雨楼（图 2.2-4）、拙政园倒影楼（图 2.2-7），虽一大一小但均能与水面空间平衡。三是居于园中一角，如留园曲溪楼，体量虽不小，但造型简洁，与周围池岸、花木、建筑构成优美景色。四是退离池边，如网师园集虚斋，退离水面留出小庭院，前面临池设竹外一枝轩这种低小、透空建筑作为过渡，以增加层次、丰富园景。五是建在水中，如拙政园见山楼。为强调对建筑的亲水性，尽量降低地面和层高，它的地面标高在拙政园中部各建筑中为最低，底层净高 2.63 m，楼层檐口高 2.2 m。

亭榭的设置，《园冶》说得很明白："花间隐榭，水际安亭，斯园林而得致者。惟榭只隐花间，亭胡拘水际，通泉竹里，按景山颠，或翠筠茂密之阿；苍松蟠郁之麓；或借濠濮之上，入想观鱼；倘支沧浪之中，非歌濯足。亭安有式，基立无凭。"榭现在一般称为水榭，与水面的配合有几种类型：① 凌跨水上，如拙政园小沧浪；② 部分在水上、部分在岸上，如网师园濯缨水阁、耦园山水间、艺圃水榭等；③ 紧邻水边，如拙政园倚玉轩、留园绿荫轩、退思园菰雨生凉榭、煦园忘飞阁、小盘谷水榭、寄畅园先月榭、绮园水榭等。亭更可建于山顶、山洼、山麓、竹里、林下、水边、池中、花间、路旁、院内，对环境的适应性极强。

斋、馆、房、室等作书房之用，需安静、幽雅，则应选偏僻所在，"随便通园，令游人莫知有此。"如留园还我读书处、狮子林古五松园、沧浪亭翠玲珑、网师园殿春簃等。

廊在园林中必不可少，它往往"随形而弯，依势而曲。或蟠山腰，或穷水际，通花渡壑，蜿蜒无尽。"

布局须注意山、池、建筑各部比重不可过于平均，这样易造成相互之间缺乏对比，主题不突出。如怡园，山比环秀山庄大而不见其雄奇，水比网师园广而不见其辽阔。又如苏州鹤园三座厅堂——门厅、四面厅、大厅，大小、朝向都类似，缺少变化，未能突出主体（以上见各园平面图）。

图 2.2-7　拙政园倒影楼

（三）曲折有致

自然式山水风景园林必然产生不规则的山池、道路、墙垣等，江南园林更是追求曲折、迂回。钱泳在《履园丛话》里说："造园如作诗文，必使曲折有法。"曲折的布局可以增加园景的深度，避免一览无余的弊病。建筑、山池、花木、道路、围墙等不作规则式的几何图形，而是曲折有加，尤其是建筑群的组合，常常纵横交错、凹凸有致、前后参差、高低错落。寄啸山庄有七间长楼，中间三间前突，两翼各两间后退，形成俗称的蝴蝶厅。豫园卷雨楼三间两层，北面临水设水阁一间，东面有一梯形平面的小暖阁。小盘谷主体建筑花厅、耦园东园城曲草堂、个园丛书楼都作曲尺形平面。拙政园三十六鸳鸯馆在四角增四个攒尖顶耳室，沧浪亭翠玲珑由三座平面形状和大小均不相同的小轩垂直相连而成（见各园平面图图）。看山楼则为前亭、后楼的组合。拙政园小沧浪水院由小沧浪、小飞虹、得真亭、松风亭垂直、鼓斜围合而成（图2.3-1）。留园曲溪楼、西楼与清风池馆组合前后、高低错落（图2.3-2）。有的建筑甚至还随地形呈不规则形，如杭州西泠印社的山川雨露图书室、环朴精庐、题襟馆等是不完全直角矩形。尤其是环朴精庐，由两座房屋组成，其中一座完全是不规则形（图2.3-3）。建筑过于平直，会显得比较生硬、呆板，如艺圃五间水榭，就缺少变化，不够生动（图2.3-4）。拙政园水池北面，池岸和围墙都显得平直，比较单调（图2.3-5）。西部塔影亭南的围墙大部分暴露在外，没有处理也是一个不足（图2.3-6）。

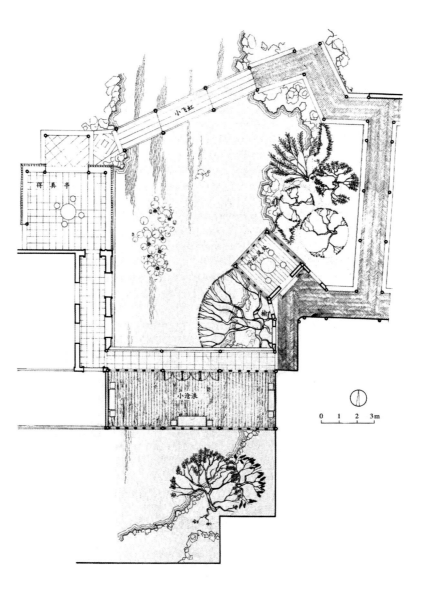

图2.3-1 拙政园小沧浪水院平面

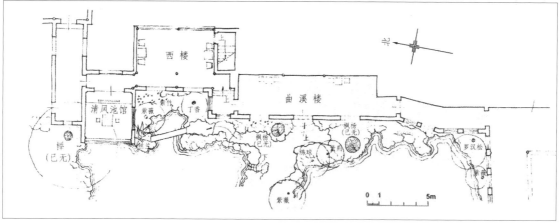

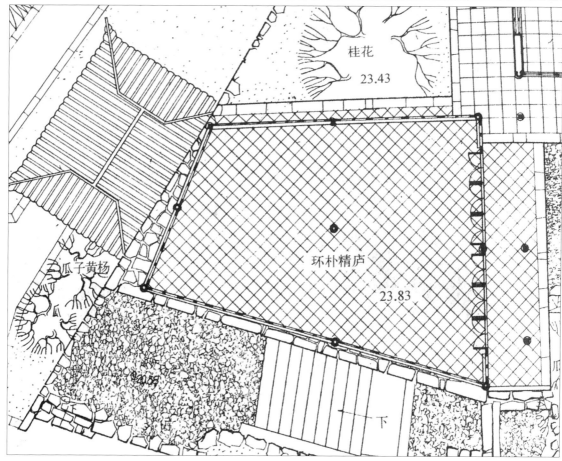

1   2.3-2   留园曲溪楼一带
2   2.3-5   拙政园水池北岸
3   2.3-2   留园曲溪楼一带平面图
4   2.3-3   西泠印社环朴精庐平面图

江南园林建筑设计

图 2.3-4　艺圃水榭

图 2.3-6　拙政园塔影亭西南墙面

在园林建筑中，廊最富曲的特色，廊"宜曲宜长则胜"，江南园林里少见笔直的长廊，廊多蟠曲纡回，高下起伏，多作"之"字曲，角度任意。人们在廊中漫步，步移景异。

园路也不取直达捷径，而是迂回曲折，正是"门内有径，径欲曲。"登山之径更是盘旋回环，上下起伏。跨越水池、溪涧亦多用曲桥，自一二折至三四折不等，简洁明快。水池也很少做规则方正的形状，而是曲折、婉转。水池常常做出水口和水湾，池岸也凹凸不平，划分池面空间用曲桥，造成水源深远的感觉。建筑、道路、山径、桥梁等构成了游览路线，一般游览路线作环形设置，环池或环山，将池边、山边的各观赏点串联起来。更大的园林则再加上一条或几条登山跨水的路线，透迤曲折延长了游览路程，增加了风景画面。顺着游览路线信步，登楼上山可俯瞰全园或远眺园外；过桥越涧则贴近水面，因水得景；徜徉池畔可观赏池水浩森，山石嶙峋；闲步小院能感受庭院深深，花厅明亮，书斋幽静。空间不断变换，景物各有特色，一幅幅画面不断地展现在游人面前目不暇接。

（四）造景有方

造园其实就是造景，将自然山水概括、提炼、浓缩后复现于园林中，呈现出优美的画面。故茅元仪《影园记》中说："园者，画之见诸行事也。"童寯先生也在《江南园林志》中，将"眼前有景"列为评定园之难易高下的三个境界之一。

通常在各观赏点有意识地组织景面，形成各种对景。随着游览路线曲折地展开，步移景异。在游人前进方向和甫入门、转折等空间转换处以及由门窗框处看到的景物最能引人注意，所以对景的构成主要从这些方面着手。

在主要景区，空间开阔、景物深远，各观赏点互为对景。在主要观赏点的厅堂、楼阁前呈现的是山水主题园景，有峰峦丘壑、平湖幽涧、古树修篁、楼台亭榭，恰如一幅水墨渲染的中堂。如拙政园远香堂北，平岗小坂、水面开阔、竹树茂盛，显现一派明净自然的江南水乡风光（图2.4-1）。寄畅园从嘉树堂南望，山重水复、深林绝涧，如处幽谷之中（图2.4-2）。瞻园静妙堂南，山体环抱、峰峦参差、峭壁陡立、瀑布碧池、树木葱笼，俨然真山（图2.4-3）。

图2.4-1 拙政园远香堂北望

图 2.4-2 寄畅园嘉树堂南望

江南园林建筑密度很高，建筑组合常以院落形式出现，由墙垣、房屋、山石等围合成各种院落。在一些厅堂斋馆前的庭院，空间有限，景面较小，院内墙垣常为白粉墙，在白墙前设花坛、树木、峰石等，即"以粉壁为纸，以石为绘。"这类画面犹如中国画的条幅、横批。如留园五峰仙馆前院，倚靠南墙掇假山，山上峙立石峰，石峰四周配植松竹花木（图 2.4-4）。拙政园玉兰堂前有一株高大的玉兰，还有一棵桂花树，沿南墙布置花台，缀以竹石，景物疏朗（图 2.4-5）。乔园山响草堂前凿小池，池南堆假山，山上古柏虬枝，小亭翼然，显得生动、活泼（图 2.4-6）。拙政园小沧

图 2.4-3 瞻园静妙堂南望

浪水院，北院由亭、廊、桥围合而成，向北眺望，水势浩渺、景色深远（图 2.4-7）。此外还有一些建筑周围的小天井或游廊曲折处都留出一角，常常仅用芭蕉、竹丛、湖石峰点缀，构成一幅幅竹石小景，就像中国画的小品。如留园古木交柯小院，南面的粉墙衬托着

一株虬曲苍劲的古柏与巨丽鲜妍的山茶交柯连理，这是处理高墙下的狭窄小院的优秀范例。可惜古柏后来枯死，景色大减（图 2.4-8）。又如拙政园小院中的小景（图 2.4-9），留园静中观处的窗景（图 2.4-10）等，这些庭院、小景在江南园林中比比皆是，举不胜举。

2.4-4　留园五峰仙馆南院透视图

图 2.4-4　留园五峰仙馆南院

江南园林建筑设计

1	2
3	
4	

1　2.4-5　拙政园玉兰堂前院
2　2.4-6　乔园山响草堂前院
3　2.4-7　小沧浪水院北望
4　2.4-8　留园古木交柯小院

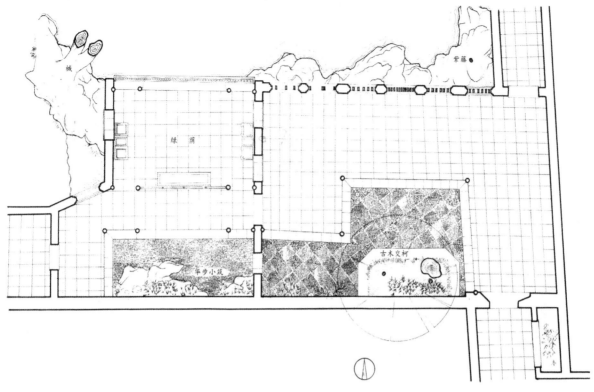

平面图

剖面图

续图 2.4-8　留园古木交柯小院

图 2.4-9 　拙政园小景 　　　　　　　　　　　　　图 2.4-10 　留园静中观小院

对景也是相对的，作为观赏点的建筑常常也是被观赏的对象，成为他处的对景，它们互为对景，互相衬托，形成错综复杂的交叉对景。如拙政园中部，荷风四面亭与梧竹幽居、远香堂、倚玉轩、小飞虹、香洲、别有洞天、见山楼、雪香云蔚亭等都可互为对景（图2.4-11）。网师园之濯缨水阁、月到风来亭、竹外一枝轩、射鸭廊等也都互为对景（图2.4-12）。

借景是江南园林丰富园景、突破园界的传统手法，《园冶》有云："借者，园虽别内外，得景则无拘远近，晴峦耸秀，绀宇凌空，极目所至，俗则屏之，嘉则收之。"又云："夫借景，林园之最要者也。如远借、邻借、仰借、俯借、应时而借。"借景既称借，应非园内所有，乃属园外之"嘉"景，收为我用。"远峰偏宜借景，秀色堪餐。"苏州诸园往往借景西南远山及虎丘。如沧浪亭看山楼就是远看西南群山，留园西部山上可远借虎丘及西南远山。寄畅园西借惠山，使园内假山似是惠山延伸之一麓（图2.4-13），南借锡山，峰上龙光塔倒映于池中，景色极佳（图2.4-2）。苏州沧浪亭，园内仅一小水池，基本有山无水，但园外水面却很宽广，通过一段复廊"剪来半幅秋波"，使外面的水面与里面的土阜连成一气，形成"崇阜广水"的特色（图2.4-14）。杭州郭庄，远借苏堤六桥烟柳，近瞰西湖万顷湖光（图2.4-15）。拙政园西部之宜两亭，西部前为补园，与拙政园分开，亭上可观两园景色，可谓邻借（图2.4-16）。拥翠山庄在虎丘二山门内，抬头仰见虎丘塔，即为仰借（图2.4-17）。豫园大假山上望江亭"视黄浦吴淞皆在足下"。寄畅园之

凌虚阁，"水瞰画桨，陆览彩舆，舞裙歌扇，娱耳骋目，无不尽纳槛中。"即可俯视园外停泊河塘之游船和道上往来之乘轿，靓妆艳服，皆倚槛可见，都是俯借之例。西泠印社位于孤山，在四照阁上或题襟馆前平台上眺望西湖，真是"纳千顷之汪洋，收四时之烂漫。"春、夏、秋、冬四时景色尽收眼底，可称应时而借（图2.4-18）。但是随着城市的发展，宅园四周及整个城市已是高楼林立，园林反成了景观之洼地，登高已不能望远，无法远借。如沧浪亭看山楼已无山可看（图2.4-19），豫园外的楼房贴园而建，望江亭也无江可望（图2.4-20），乔园外更有大楼、烟囱突兀耸立（图2.4-21），围墙根本遮挡不住，无法摒除，此类例子比比皆是，大煞风景。

（五）尺度恰当

建筑的体量、形态必须与环境协调、相宜，才能取得良好的布景效果。这也是园林建筑设计中的难题，体量的确定没有现成的公式可套用，全凭设计者的经验与对尺度的掌握。江南园林小巧玲珑，应避免将建筑体量做得过大而造成空间壅塞、局促，更不能将园林建筑做成宫殿、庙宇的尺度。如果对体量把握不准，建筑则应宁小勿大。

网师园（图2.5-1）的水池仅约20 m见方，390 m²，它的亭、阁、轩、榭，尤其是近水者都有小、低、透的特点，使水池显得比实际宽广。可以用池边的一些相应建筑来做比较，网师园的建筑尺度较拙政园普遍为小（表3）。

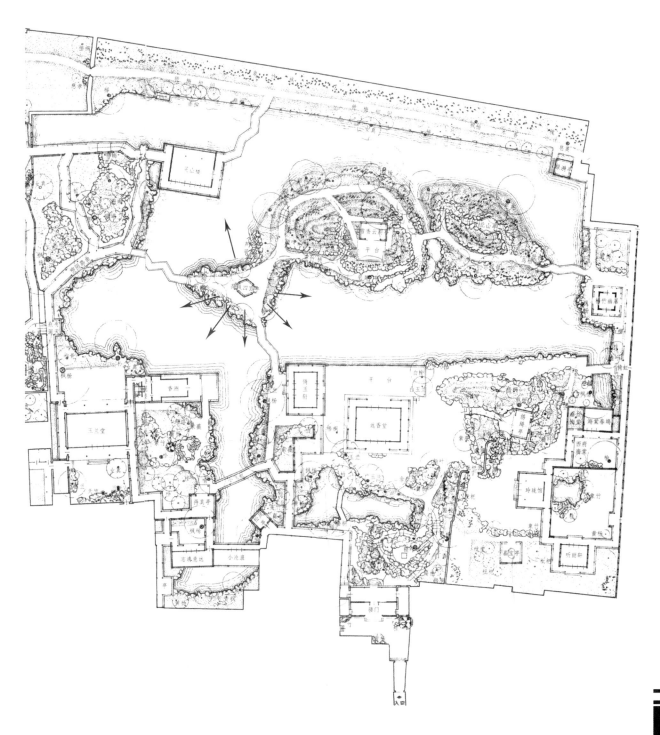

图 2.4-11　拙政园荷风四面亭景观分析

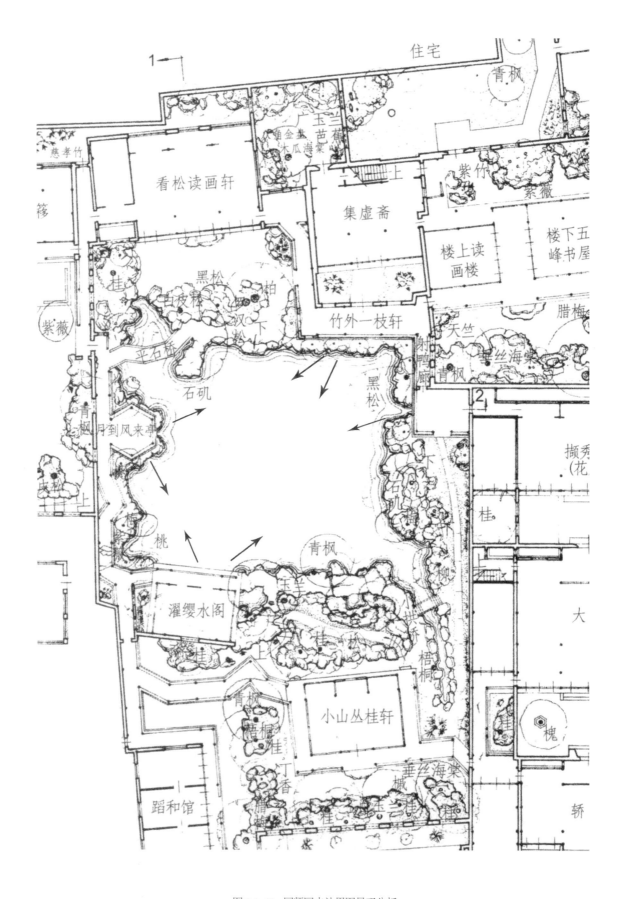

图 2.4-12 网师园水池周围景观分析

图 2.4-13　寄畅园借景惠山

图 2.4-14　沧浪亭借景园外水面

图 2.4-15　郭庄借景西湖

江南园林建筑设计

059

图 2.4-16 拙政园宜两亭东望中部

图 2.4-18 西泠印社题襟馆前望西湖

图 2.4-17 虎丘拥翠山庄仰借虎丘塔

图 2.4-19 沧浪亭看山楼南望

图 2.4-20　豫园外楼房

图 2.4-21　乔园外烟囱、大楼

江南园林建筑设计

表3　亭尺寸表（m）

拙政园		网师园	
远香堂	12.66×10.19	小山丛桂轩	10.35×7.10
倚玉轩	10×7.6	濯缨水阁	6.71×5.30
别有洞天亭	2.9（边长）	竹外一枝轩	9.6×2.6
梧竹幽居亭	5.36（边长）	月到风来亭	2.0（边长）
宜两亭	2.06（边长）		
荷风四面亭	1.8（边长）		

图 2.5-1　网师园水池全景

图 2.5-2　网师园水池东面山墙

但是水池东侧的住宅区域（大厅及撷秀楼）的高大硬山墙仍暴露在园内，虽经处理，在一定程度上破除了墙面的僵直平板感，但未能根本改变其弊端（图2.5-2）。

而有的建筑体量尺度过大，如拙政园西部的三十六鸳鸯馆体形硕大，馆本身面阔三间13.16 m，进深13.74 m，加两个耳室共面阔约20 m许，从水平面起檐高约7 m。由于基地狭窄，被迫向北挑出水面，以致池面被挤压，池面进深仅约27 m，失去辽阔之势，感到局促、逼隘（图2.5-3）。扬州个园抱山楼，七间一字排开，体量不小而且平直，有压迫空间之感（图2.5-4）。又如浙江绍兴兰亭之御碑亭，八角重檐，高12.5 m，但亭前距流觞亭仅20 m左右，庞然大物立于眼前有喧宾夺主之势（图2.5-5）。常熟曾园竹里馆紧邻琼玉楼，体量也过大（图2.5-6）。

在山上建亭阁，其体量也不应过大，宜小巧玲珑，如体量过大，假山似乎成了亭阁的基座，失却挺拔、高峻的气势。一般设在假山上的亭体量都不大，如豫园六角望江亭边长约1.2 m，面积不到4 m²；怡园的六角螺髻亭边长仅1.02 m（图2.5-7）；小盘谷之风亭边长1.6 m，何园月亭边长在1.15 m左右。狮子林问梅阁体量颇大，与山石、树木不尽相称（图2.5-8）。

虽然有宁小勿大之说，但也不是要求园林建筑都要做得小，而是要根据环境空间尺寸之不同而区别对待，

该大的则大，唯合宜为要。如豫园卷雨楼，体量可谓不小，但造型复杂、多变，更显得轻盈、活泼（图2.2-4）。苏州西园水池为戒幢律寺的放生池，水面较为广阔，约40 m×70 m，边长达5 m的六角重檐之"月照潭心"湖心亭屹然立于池中，倒影映于明净的水面，构成生动的画面（图2.5-9）。有时还特意将较小的房屋处理得像宏构巨制，如留园的曲溪楼进深仅3.3 m，楼下本作为过道用，两层之体量能与池面相称，但进深较浅，如作双坡屋顶，屋面就会显得过小，所以就做成单面坡，加大了屋面，给人感觉就像一座进深较大的建筑（图2.5-10）。又如畅园之涤我尘襟，建筑并不大，它长向沿池，但把歇山屋顶的山面做在长向，感觉它不仅是原来的一座小屋，而是较大房屋的一端伸入了园内。扬州片石山房也有异曲同工之妙（图2.5-11）。

高大的体量如果与环境、空间发生矛盾时，解决的办法主要有：① 将高大的建筑不安排在池边，适当退后。如网师园的集虚斋、五峰书屋均退离池边，前面留出庭院，临池建竹外一枝轩、射鸭廊等小巧通透的建筑，形成空间过渡。② 将较大的建筑置于池的一角，让它处于非主要、醒目的地位。如留园曲溪楼位在水池的东侧，在花木的掩映下，显得宁静、优雅。③ 变化体型，化整为零。耦园城曲草堂是一组重檐的楼厅，体量较大，其东南角突出成曲尺形，内辟三处小院，使整个建筑得以化整为零，得以软化。

图 2.5-3　拙政园三十六鸳鸯馆

图 2.5-4　个园抱山楼

图 2.5-5　兰亭御碑亭

图 2.5-6　曾园竹里馆

图 2.5-7　怡园螺髻亭

图 2.5-8　狮子林问梅阁

图 2.5-9　西园月照潭心湖心亭

江南园林建筑设计

图 2.5-10　留园曲溪楼

图 2.5-11　扬州片石山房

（六）小中见大

江南园林占地较小，又多为城市宅园，比较封闭，因此突破这种局限，让人从小中见大，感觉园林要比实际的大，这也是江南园林的特色与成就之一。

主要采用的手法有的在上文已提及，这里还要再强调一下。① 欲扬先抑。《长物志》云："凡入门处必小委屈，忌太直。"入门后到达主要景区前的空间应较小、较暗、较封闭，来强调、突出主要空间的宏大、明朗、开阔。如留园从园门进入，经过曲折的长廊和两个小院，通过几个形状、明暗不同的小空间的曲折、转换，到达绿荫时，面对水池、假山，便觉豁然开朗，山池显得分外开阔（图 2.6-1）。《红楼梦》第十七回至十八回"大观园试才题对额 荣国府归省庆元宵"，大观园落成，贾政等人前去观看，一开门"只见迎面一带翠嶂挡在前面。……贾政道：'非此一山，一进来园中所有之景悉入目中，则有何趣。'"拙政园正是如此，穿过住宅间夹弄里的原园门，经曲折小巷入

腰门，迎面是一座黄石假山，恰如屏障使人不能看到主要山池的景色（图 2.6-2）。从腰门一侧循廊转入主要景区，才看到一派江南水乡风光。② 善于借景。就是将园外佳景收入园内，视觉上打破了园界的限制。如上一节所述借景之例，寄畅园、沧浪亭等均是江南园林的佳作，也是经典的范例。③ 园景深邃、层次丰富。园中的景面近、中、远景层次分明，重重叠叠、十分丰富。如拙政园从小沧浪水院北望，层层建筑、树木、池岸等组成景色深邃的画面（图 2.4-7）。又如留园揖峰轩、石林小屋一带有 6、7 个小院，通过门窗洞使重重小院空间互相穿插、叠合，在很小的面积里却能达到庭院深深深几许的效果（图 2.6-3、图 2.6-4）。④ 曲折幽深。江南园林大量运用曲径、曲桥、曲廊等，迂回曲折，延长了游览路线，变化了观景的角度，达到步移景异、路径悠长，景色无穷的效果。水池的池岸也是凹凸不平，并形成水口，给人以源远不尽之意。

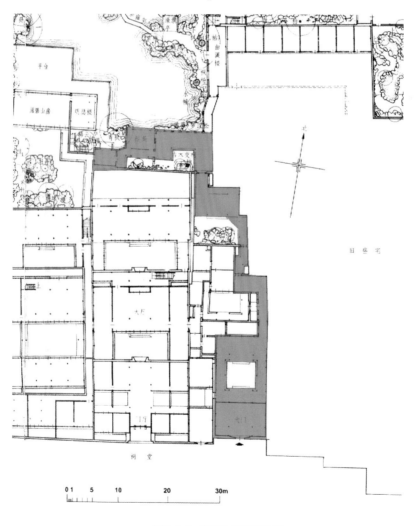

图 2.6-1 留园入口平面分析

图 2.6-2　拙政园远香堂南黄石假山

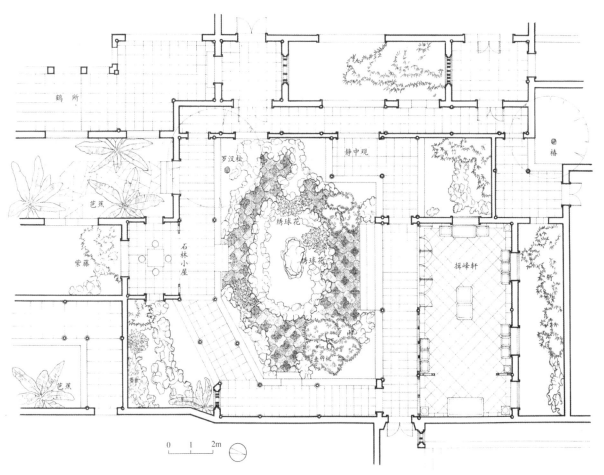

图 2.6-3　留园石林小院平面

实景图1

实景图2

2.6-4　留园揖峰轩周围院景

江南园林建筑设计

三、单体设计

（一）建筑类型

园林建筑常见的类型有：厅、堂、轩、馆、斋、室、房、楼、阁、榭、舫、亭、廊等。此外还有的称为簃、庵、居、精舍等。这些名称如何解释？相互之间有什么区别？是否每一名称就是一种建筑类型？先看看古人是如何解释这些名称的。

厅，《康熙字典》引《集韵》："古者治官处谓之听事。"《广韵》："厅，屋也。"李斗《扬州画舫录·工段营造录》"厅事，犹殿也。"

堂，《康熙字典》引《说文》："殿也，正寝曰堂。"《演义》："当也，谓当正向阳之宇也。"《园冶》解释："堂者，当也。谓当正向阳之屋，以取堂堂高显之义。"

轩，《园冶·屋宇》："轩式类车，取轩轩欲举之意，宜置高敞，以助胜则称。"

馆，《园冶·屋宇》："散寄之居，曰'馆'，可以通别居者。今书房亦称'馆'，客舍为'假馆'。"

斋，《园冶·屋宇》："斋较堂，惟气藏而致敛，有使人肃然斋敬之义。盖藏修密处之地，故式不宜敞显。"

室，《园冶·屋宇》："古云，自半已后，实为室。"《扬州画舫录·工段营造录》出："正寝曰堂，堂奥为室。"

房，《园冶·屋宇》："《释名》云：房者，防也。防密内外以为寝闼也。"

楼，《园冶·屋宇》："《说文》云：重屋曰'楼'。《尔雅》云：陕而修曲为'楼'。言窗牖虚开，诸孔慺慺然也。造式，如堂高一层者是也。"

阁，《园冶·屋宇》："阁者，四阿开四牖。"

榭，《园冶·屋宇》："《释名》云：榭者，籍也。籍景而成者也。或水边，或花畔，制亦随态。"

亭，《园冶·屋宇》："《释名》云：'亭者，停也。所以停憩游行也。'造式无定，自三角、四角、五角、梅花、六角、横圭、八角至十字，随意合宜则制，惟地图可略式也。"

廊，《园冶·屋宇》："廊者，庑出一步也，宜曲，宜长则胜。……随形而弯，依势而曲。或蟠山腰、或穷水际，通花渡壑，蜿蜒无尽。"

台，《园冶·屋宇》："《释名》'台者，持也。言筑土坚高，能自胜持也。'园林之台，或掇石而高上平者，或木架高而版平无屋者；或楼阁前出一步而敞者，俱为台。"

从这些解释来看，往往仅着眼于它们的功能、位置与形式等，如厅、堂为居中向阳、较高大的处事之屋，是园中主要的建筑。轩只是比较高敞而已，馆、斋、室、房等比较封闭，形成安静的环境，榭只是依靠某种景色的建筑等，它们不是建筑特征的分类。江南古典园林中建筑名称并不遵从古人的解释，常常可以随心所欲自由应用。如苏州拙政园的三十六鸳鸯馆、留园五峰仙馆、林泉耆硕之馆均是较大的，各自景区的主要厅堂，都称馆。狮子林指柏轩为楼房却称轩。个园宜雨轩、海盐绮园潭影轩、嘉兴烟雨楼鉴亭都是四面厅。怡园藕香榭却是园内的主要厅堂。有的实际是亭，却不以亭名，如沧浪亭观鱼处、寄畅园知鱼槛、瘦西湖吹台、郭庄赏心悦目阁。有的是小厅堂却以亭名，如嘉兴烟雨楼的夹许亭、宝梅亭，三潭印月之我心相印亭。拙政园留听阁、狮子林问梅阁、修竹阁，网师园濯缨水阁、南京煦园漪澜阁、忘飞阁等实际均为单层建筑，并非楼阁。上海豫园湖心亭却分明是一座体形复杂的组合楼阁。拙政园西部一座扇亭却称为与谁同坐轩。耦园城曲草堂、网师园集虚斋、狮子林卧云室都为两层楼。怡园画舫斋就是一座旱船。有的楼房上下两层分别起名，如网师园之读画楼，楼下名为五峰书屋；豫园之卷雨楼，楼下为仰山堂。

有的解释也已经时过境迁，与现代的不同了。榭现在一般称作水榭，常设于池畔，不见于花畔。台在现今江南园林中已徒具虚名，常常名为台，实为一小小平台或亭榭而已。

《辞海》解说类型：按照事物的共同性质、特点而形成的类别。建筑类型是指在建筑结构、构造、形式、功能等方面有着共同特征的一类建筑。上述许多园林建筑的名称都不完全是从建筑的特点出发的，因此不是一种名称就能成为一种建筑类型。据此，园林建筑的建筑类型主要可分为厅堂、楼阁、舫、亭、廊等五大类。这些类型的区别有时并不是泾渭分明、截然不同的，特别是一些较小的建筑，如有的轩、榭等外形与亭相仿，应如何区分它们？如平面矩形，歇山顶的拙政园芙蓉榭、网师园濯缨水阁、耦园山水间等，它们的进深较亭要大些，分别约5.7 m、5.3 m、7.4 m，在四界或以上，似应归为厅堂。而同为矩形、歇山顶的拙政园雪香云蔚亭、绣绮亭进深分别约为3.2 m、3.32 m，进深仅二界，就是亭无疑。网师园竹外一枝轩进深2.6 m，但平面狭长，只能属于小厅堂。有的名为亭，但为两层，如豫园耸翠亭，虽体量不大，似仍应归为楼阁。狮子林问梅阁为单层，应属非楼阁类，但体量较大，进深达7.1m，用重檐歇山，似应属于厅堂之特例。

（二）厅堂

厅与堂的区别，按《营造法原》记载，梁架用扁作者（断面为矩形）为厅，用圆料者为堂，园林建筑用料不分扁圆，统称厅堂，如拙政园远香堂用的就是扁作。《营造法原》中规定因规模之大小、使用性质之不同，将房屋分为"平房、厅堂、殿廷"三种。"平房结构简单，规模较小，为普通居住之所。厅堂结构较繁，颇具装修，昔为富裕之家，作为应酬居住，或为私人宗祠祭祀之用。殿廷则为宗教摹拜或纪念先贤之用。其结构复杂，装饰华丽，较厅堂为尤甚也。"实际上此三者在结构形式上基本一致，差别在于装饰程度与用料大小。园林建筑则不同，并无平房与厅堂之分，都称厅堂。厅堂一般为矩形平面，单层单檐，开间三间或五间，进深在四界及以上。有些小型厅堂进深可能小于四界，平面狭长。

厅堂是园林中最重要的建筑，是园主人在园内进行各种活动的主要场所，也是园中的主要景点，同时也是观景的主要观赏点。厅堂按构造区分，有普通厅堂、四面厅、鸳鸯厅、花篮厅、满轩、贡式厅等。按位置、功能和形式又称为大厅、花厅、荷花厅、桂花厅、牡丹厅、船厅等，有时还有楠木厅、柏木厅、蝴蝶厅等名称。

大厅顾名思义是园内的主要厅堂，体量较大，面阔一般三间或五间，南向。或前面设廊，或前后两面设廊，或前后都不设廊，相应在廊柱或步柱间安连续长窗，两侧山墙间或开窗，以供通风采光。如留园的五峰仙馆（图3.2.1-1）。

花厅主要供生活起居和会客之用，位置多接近住宅，环境需幽静，如拙政园玉兰堂（图3.2.1-2）。

荷花厅主要用作观赏荷花，多临水，前有宽敞的平台，如留园涵碧山房（图3.2.1-3）、狮子林荷花厅（图3.2.1-4）、怡园藕香榭（图3.2.1-5）等。这类主要因所欣赏的花卉而命名的厅堂尚有桂花厅、牡丹厅等，如扬州个园桂花厅、寄啸山庄牡丹厅、退思园桂花厅等（图3.2.1-6）。

图3.2.1-1 五峰仙馆内景（1）

图 3.2.1-1　五峰仙馆外景（2）

图 3.2.0-2　拙政园玉兰堂外景

图 3.2.0-3　留园涵碧山房

　　至于楠木厅、柏木厅等是以所用木料来命名，蝴蝶厅是以其形象来命名的。

　　轩、馆、斋、室、房、榭等是园林次要的或体量较小的房屋，或作为观赏性的小建筑。结构与厅堂一样，但更为简单一些，开间较小，进深较浅，相对用柱较少，属于小厅堂。

　　船厅过去并无严格的定义，有以下几种说法。第一种，按《苏州古典园林》36 页所云："旱船不位于池侧的称船厅，平面作长方形，多在短边设长窗，长边两面设半窗，屋顶用卷棚歇山式。"第二种，即《营造法原》27 页所言："船厅又名回顶，多面水而筑。"其辞解船厅曰："厅堂之作回顶式，常用于园林之内。"《营造法原》图版一，住宅平面布置图（苏州留园东宅），左路亦有船厅。第三种，把石舫也称为船厅，《苏州古典园林》所载："清光绪八旗奉直会馆图（拙政园）"就将石舫标为船厅。

图 3.2.0-4 狮子林荷花厅

图 3.2.0-5 怡园藕香榭

但是有些船厅，如怡园石舫（白石精舍）（图3.2.1-7）、沧浪亭船厅（图3.2.1-8）、退思园旱船（图3.2.1-9）、豫园船舫（图3.2.0-10）、扬州汪氏小苑船轩等（图3.2.1-11），其外形并不像船形，且不在水边，与"舫又称旱船，是一种船形建筑，多建于水边"描述不符，有的屋顶亦不用歇山，如沧浪亭船厅就是硬山顶。汪氏小苑船轩也不用回顶。有的仍在池侧，如醉白池疑舫（图3.2.1-12）。由此可知，第二种解释过于宽泛，且很容易混淆。船厅是建筑名称，回顶是屋顶或天花做法之一种，虽然船厅内多用回顶，但还是两个概念。作回顶式的建筑有很多，如留园涵碧山房、沧浪亭面水轩、藕花水榭、个园宜雨轩、何园静香轩等厅堂都用回顶，网师园濯缨水阁、拙政园倒影楼、留园冠云楼、个园拂云亭、煦园忘飞阁等也均用回顶，不能都叫船厅。

船厅应该指外形不一定似舟船，也无论是否位于池侧，但又部分具有舟船特点的建筑，如平面作长方形，多在短边设长窗，长边两面设半窗，内部或作船篷顶，它的进深较小，属于小厅堂。而不位于池侧的"旱船"其建筑本身还应属于"舫"类。

还有一种想象型的船厅，如扬州寄啸山庄静香轩船厅（图3.2.1-13），本是一座四面厅，只是厅前铺地砌作水波纹状，如粼粼细波、密密涟漪（图3.2.1-14），厅柱有联曰："月作主人梅作客，花为四壁船为家。"意思是通过如波纹的铺地，对联的文学语言，刺激人们把厅想象为水中的航船，这就不是建筑意义上的船厅了。豫园船舫亦不傍水，前之铺地也是波浪状的花纹，具有象征意义（图3.2.1-15）。可见名称并不是划分建筑类型的依据，重要的是建筑本身的特点。

图 3.2.1-6　何园牡丹厅

图 3.2.1-7　怡园石舫

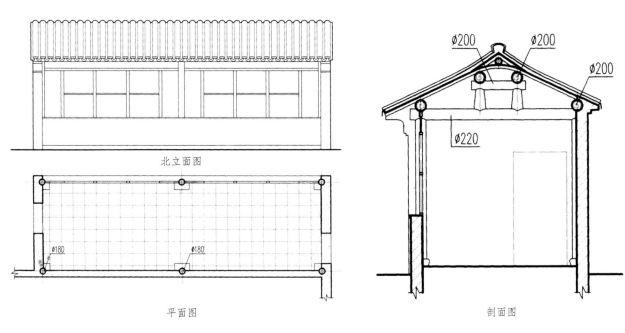

北立面图

平面图

剖面图

图 3.2.1-8　沧浪亭船厅

1 3.2.1-9　退思园旱船
2 3.2.1-10　豫园船舫
3 3.2.1-11　扬州汪氏
　　　　　小苑船轩外景（1）
4 3.2.1-11　扬州汪氏
　　　　　小苑船轩内景（2）
5 3.2.1-12　醉白池疑舫

图 3.2.1-13 寄啸山庄静香轩

图 3.2.1-14 静香轩庭院铺地

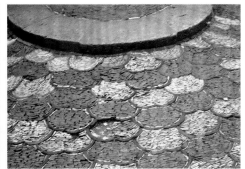

图 3.2.1-15 豫园船舫前铺地

园林中最主要的建筑是厅堂，其他诸如轩、馆、斋、室、榭等也是较小型的厅堂；楼阁为"重屋"，它的上层结构与厅堂一样；舫的部分结构与小厅堂、楼阁也相似；廊结构更为简单。各类建筑之大木、小木、石、砖、瓦等诸作也有许多通用性。所以本文即以厅堂为主来论述，凡属通用部分就不在其他各类建筑中一一赘述了。各种术语以苏南称呼为主。园林建筑比较灵活、自由，做法并不单一，变化很多，以下所述为一般常用的木构做法，也是江南园林建筑的基本做法。只有掌握了这些基本知识并加以灵活应用，才能做出好的设计。实例厅堂的平面尺寸、比例等见表4。

1. 普通厅堂

普通厅堂即结构上无特殊处理的厅堂。按规模，即主要根据进深或面积，可分为大、中、小型三类。大型厅堂进深在六界以上，有轩、用草架，或面积（轴线面积）大于120 m²，中型厅堂进深六界或面积70 ~ 120 m²，小型厅堂进深小于六界，面积小于

70 m²。这种区分也不是绝对的，有的厅堂虽小，但进深却大于六界，如拙政园用回顶的玲珑馆进深7.04 m，用了九界。有的面积虽大，但构造与中型厅堂一样，如个园宜雨轩。

（1）中型厅堂。

中型厅堂是最基本的厅堂形式，其他厅堂形式都是在其基础上变化而来的，所以首先谈中型厅堂的设计。

① 平面。

建造房屋首要设计平面，平面图在《园冶》中称为地图，对地图颇为重视，把地图列为建屋之首要步骤。《园冶·屋宇》云："夫地图者，主匠之合见也。假如一宅基，欲造几进，先以地图式之。其进几间，用几柱着地，然后式之，列图如屋。欲造巧妙，先以斯法，以便为也。"又云："凡兴造，必先式斯。偷柱定磉，量基广狭，次式列图。"并有地图式图（图3.2.1.1-1）。布置与现在的厅堂一样，只是柱、梁等称呼不同。

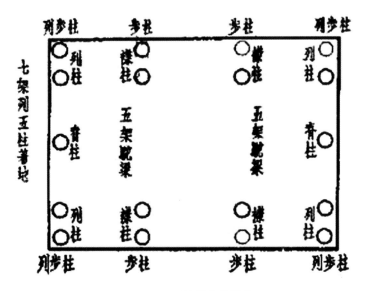

3.2.1.1-1 《园冶》地图式

江南园林建筑设计

表 4　厅堂实例平面尺寸及比例（cm）

序号	地区（市）	园名	建筑名	特征	共开间	正间	次间	边间	共进深	前廊	前轩	内四界	后轩	后廊	面积 m²	开间/进深	次间/正间	备注
1	苏州	铁瓶巷	任宅	扁	1147	467	355		1143	150	258	520		215	131	1.03	0.76	
2		怡园	雪类堂	圆	1130	430	350		873		226	450		197	99	1.29	0.81	
3		留园	林泉耆宿之馆	鸳	1878	422	364	364	1334	131	536		536	131	251	1.41	0.86	
4		拙政园	三十六鸳鸯馆	满	1050	386	332		1174	278	309		309	278	123	0.89	0.86	
5		木渎严家花园	花篮厅	贡式	860	312	274		708		354		354		61	1.21	0.88	
6		沧浪亭	面水轩	圆回	1397	491	337	116	779	116		547		116	109	1.79	0.69	
7		怡园	可自怡斋	圆回	1255	335	335	125	1086	125	335	501		125	136	1.16	1	即藕香榭
8		拙政园	远香堂	扁	1266	486	232	158	1019	158		703		158	129	1.24	0.48	内六界
9			倚玉轩	圆回	1000	360	320		760	135		490		135	76	2.04	0.89	
						360	185	135										步柱
10			东部花篮厅	满鸳	1140	454	343		967	157	310		310	190	110	1.18	0.76	
11			玉兰堂		1260	470	395		1050	160		730		160	132	1.2	0.84	
12			听雨轩	圆	880	324	278		688	118		452		118	61	1.28	0.86	
13			小沧浪	圆回	958	320	319		449	115		334			43	2.13	1	
14			留听阁	圆回	650	418	116		738	116		506		116	48	0.88	0.28	
15			玲珑馆	扁	704	392	156		704	156		392		156	50	1	0.4	
16			海棠春坞	圆回	602	341	261		452	90		362			27	1.33	0.77	共二间
17			芙蓉榭	圆回	640	400	120		570	120		330		120	36	1.12	0.30	
18		留园	五峰仙馆	屋架	2030	522	406	348	1430		294	634+150	352		339	1.42	0.78	豪式屋架
19			涵碧山房	圆回	1252	452	400		630			630			79	1.99	0.88	
20			揖峰轩	圆	812	373	262	177	416	118		298			34	1.95	0.70	共三间
21			清风池馆	圆	390	390			562			388+0.22		152	22	.69		双柱
22		狮子林	燕誉堂	鸳	1140	420	360		1088	158	544		544	158	124	1.05	0.86	
23			花篮厅	扁	808	308	250		880	113	152	390	225		71	0.92	0.81	
24			问梅阁		880	566	157		710	157		396		157	62	1.24	0.28	
25		沧浪亭	明道堂	圆回	1610	391	391	218	1295	187	289	632		187	209	1.24	1	
26			翠玲珑	圆回	920	377	282		490			490			45	1.84	0.72	主建筑
27		网师园	万卷堂	扁	2108	498	395	379	1233	151	266	603	213		260	1.71	0.79	
28			看松读画轩	圆	1030	374	328		810	143		544		123	83	1.27	0.88	
29			殿春簃	圆回	782	264	259		744	160		433		135	58	1.05	0.98	
30			濯缨水阁	扁回	671	447	112		530	112		418			36	1.27	0.25	
31			竹外一枝轩	扁回	960	377	282		260			260			25	3.69	0.75	
32			小山丛桂轩	圆回	1035	275	250	130	710	130		450		130	73	1.46	0.91	
33			蹈和馆		1150	340	340	130	680	120		560			78	1.69	1	
34		艺圃	博雅堂	扁	1666	454	313	290	970	124	232	500		114	162	1.72	0.69	
35			对照厅	圆回	650	348	151		440			440			29	1.88	0.75	
36			延光阁水榭	圆回	1545	401	287	285	627	87		453		87	99	2.46	0.72	
37		虎丘	悟石轩		890	360	270	260	606	90		426		90	54	1.47	0.75	
38		庙堂巷 壶园	花厅		830	300	265		762	176		410		176	63	1.09	0.88	
39		西山	春熙堂	扁回	959	375	292		865		340	360		165	83	1.11	0.83	
40		芥舟园		圆花	1180	445	370		850		180	480	190		100	1.39	0.95	
41	无锡	寄畅园	秉礼堂	扁	990	380	305		760	230		385		145	75	1.30	0.80	
42	扬州	个园	宜雨轩	圆回	1510	420	400	145	890	145		600		145	134	1.70	0.95	
43			透风漏月轩		1130	410	360		730	130		470		130	82	1.55	0.88	
44		何园	牡丹厅		1730	380	310	270　190	1080		200	470	300	110	187	1.6	0.82	仅有东廊
45			静香轩	圆回	1395	465	315	150	910	150		610		150	127	1.53	0.68	
						465	465				280	350	280					廊柱
46			桂花厅	圆	1460	420	400	120	750	120		510		120	136	1.95	0.95	
47			蔚圃		1130	390	290	290　160	650	120		410		120	73	1.74	0.78	仅有北廊
48		匏庐	花厅		860	320	270		570	105		360		105	49	1.51	0.84	
49		小金山	月观	圆	1160	400	380		800	130		540		130	93	1.45	0.95	
50		风箱巷 6 号	花厅	圆回	940	380	290	270	630	120		390		120	59	1.49	0.76	
51		地官第 14 号	花厅		1000	380	310		700	130		440		130	70	1.43	0.82	
52	泰州	乔园	山响草堂	圆	1310	420	320	130	720	130		460		130	94	1.82	0.76	

注：
① 用回顶时，内四界即为五界或三界。
② 后双步亦置后廊栏内。
③ 特征栏内扁代表扁作，圆代表圆料，鸳代表鸳鸯厅，满代表满轩，花代表花篮厅，回代表回顶。

厅堂平面一般为矩形，长边称宽，短边称深（图3.2.1.1-2）。房屋宽面相邻两列柱及柱上梁架所构成的空间称为间，间是计算房屋数量的单位。一般厅堂为三间，较大的厅堂用五间。正中一间称为正间（明间）（括号内为北方称呼，下同），两边为次间（次间），如五间，则尽端一间如屋面为硬山，即称为边间（尽间），如屋顶有转角，则称为落翼（关于落翼后文还要专门论述）。间之宽度称开间（面阔），房屋总宽度称共开间（通面阔），间之深度称进深（进深），总深度称共进深（通进深）。进深可以界（步架）作计算单位，也是区分厅堂大小规模的主要依据。界为两桁间之水平距离，中型厅堂两步柱间常深四界，称为内四界，前后廊各深一界，共六界。也即北方的"七架"，《园冶》所云："凡屋以七架为率。"（此架非步架，乃指屋顶桁条）。

房屋宽面前后第一行柱子称为廊柱（檐柱）。廊柱后一界的柱，称步柱（金柱），在两坡屋顶正中相交处之柱称脊柱（中柱），脊柱多用于尽端的梁架上（山柱），其相应的柱子称边廊柱、边步柱。介于脊柱与步柱之间的柱称为金柱（里金柱）。当房屋平面用围廊时，《营造法原》未提及两山的柱子称呼，参照北方的叫法，可称为山廊柱。

施工图设计时无需一一标出各柱的名称，但须按规范进行轴线编号。

厅堂的开间正间较大，次间较小，正是《园冶》所说："凡厅堂中一间宜大，傍间宜小，不可匀造。"《营造法原》规定，次间开间为正间的8/10，但实例并不受此限制，尚有出入。正间开间在《营造法原》第六章厅堂升楼木架配料之例中提到开间在一丈二尺至二丈，（3.3～5.5 m），内四界在一丈四尺至二丈四尺（3.85～6.6 m），则界深在三尺半至六尺间（0.96～1.65 m），在第三章提栈总论与插图三——一提栈图上，标出及举例提到的界深有三尺半（0.96 m）、四尺（1.1 m）、四尺半（1.24 m）、五尺（1.38 m）四种。实例正间开间多在4～5 m之间，小型厅堂正间常在4 m以下，界深多在1.4 m以下（表4），在1.5 m及以上的较少。

柱径以定步柱径为先，依据《营造法原》，构件大小尺寸以围径（即周长）来表示，因为当时木材计量是以竹篾为软尺，围量周长而计之。而现代设计凡圆构件均以直径表示，所以要将围径折算成直径。定步柱径按《营造法原》有两种测量方法，第一种方法是步柱之围径为内四界大梁围径的9/10，或为正间开间之2/10。大梁围径又为内四界进深之2/10，故

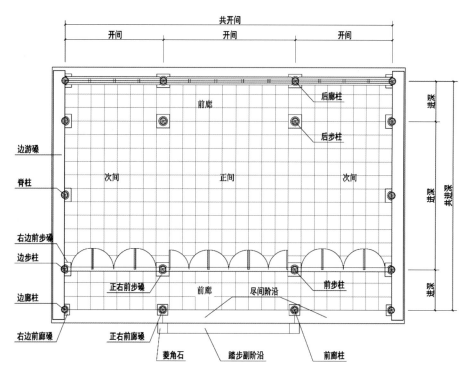

图 3.2.1.1-2 厅堂平面

步柱之围径为内四界进深之 1.8/10，则步柱直径应为 0.576/10，即为内四界进深的 1/17.36。第二种方法，步柱围径为正间开间的 2/10，即直径为正间开间的 0.64/10，即 1/15.63。可以把它们简化为步柱径＝1/17 内四界深或 1/16 正间开间，柱径的两种计算方法稍有出入，但《营造法原》33 页提出："如造价及用料等情况有限制时，得按上例规定尺寸，按比例酌减自九折至六折。"折减范围相当大，这些出入可忽略不计。用料之所以可折减，是因为房屋有上、中、下等级之分，《营造法原》第 10 页提到选木围量的口诀是："屋料何谓真市分，围篾真足九市称（上等）；八七用为通行造（中等）；六五价是公道论（下等）。"用料十足及九折为上等，八折、七折为中等，六折为下等。我们现以中等为准，用料打八折（以下各构件均同），则：

步柱径＝1/21 内四界深或 1/20 正间开间

廊柱径＝8/10 步柱径

脊柱径＝廊柱径

边廊柱、边步柱径为正间相应柱径的 9/10 ～ 7/10。为简化设计，各边柱也可采用同一柱径，为正间柱径的 8/10。

实例柱径并不完全符合《营造法原》所定，以 1/20 ～ 1/22 内四界深较多，一般步柱径在 250 ～ 300 mm，廊柱径在 200 ～ 240 mm 之间，小厅堂柱径相应减小（表 5）。

柱下用石鼓磴承柱，鼓磴以圆形者居多。鼓磴高按《营造法原》为柱径的 7/10，实例显示此比例比较自由，但实例较少，尚不能给出确切的比例（表 6）。径按柱每边各出走水（即泛水）28 mm（一寸），并加胖势（中间鼓突的程度）各 55 mm（二寸）。如按此尺寸，则鼓磴显得扁平，如走水 20 mm，胖势 40 mm 较为合适，可按实际需要来设计。鼓磴的形式基本相同，在侧面曲线形式有些差异，比较随意。外表素平者较多，也有在其上加以雕饰，如雕出鼓上之泡钉或上复之锦袱（图 3.2.1.1-3）。

鼓磴下有素平的方石承鼓磴，称为磉石，磉石与地面相平。磉石宽按鼓磴面或柱径 3 倍计算。从实例来看，磉石宽并不确定，在 2 ～ 3 倍柱径，可根据需要来定（表 7），一般应取整数，如 400 mm × 400 mm、500 mm × 500 mm、600 mm × 600 mm 等，厚度可与阶沿石同厚，不小于 120 mm。

表 5　厅堂步柱径与比例（cm）

序号	名称			内四界深	步柱径／Φ	步柱径／内四界深	备注
	地区（市、县）	园名	建筑名				
1		铁瓶巷	任宅	520	34.7	1/15	
2			卅六鸳鸯馆	450	23.3	1/19.3	满轩
3		拙政园	东部花篮厅	310	20 × 20	1/15.5	脊柱
4			小沧浪	320	15	1/21.3	
5			留听阁	506	24	1/21.1	
6			林泉耆宿之馆	536	26.1	1/20.5	
7		留园	五峰仙馆	634	30	1/21.1	
8			涵碧山房	630	25	1/25.2	通檐，无步柱
9			揖峰轩	298	18	1/16.6	攒金
10	苏州		面水榭	547	21.5	1/25.4	
11		沧浪亭	明道堂	544	38	1/14.3	
12			翠玲珑	490	20	1/24.5	通檐，无步柱
13			藕花水榭	458	23	1/19.9	
14			万卷堂	603	30	1/20.1	
15		网师园	看松读画轩	574	26	1/22.1	
16			濯缨水阁	418	16	1/26.1	
17			殿春簃	433	22	1/19.7	
18		怡园	可自怡斋	501	22	1/22.8	即藕香榭
19			雪类堂	450	23.3	1/19.3	
20	木渎		木渎 严家花园 花篮厅	262	17.8	1/14.7	脊柱

表6　鼓磴、柱径及比例表

序号	地区（市、县）	园名	名称	鼓磴高／cm	柱径／cm	鼓磴高／柱径
1	苏州	怡园	雪类堂	21	23.3（步柱）	0.9
2		留园	楼厅	20	15.9（廊柱）	1.26
3	木渎	严家花园	花篮厅	25	33（步柱）	0.76
4		灵岩寺	楼厅	23.5	29（步柱）	0.81

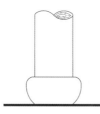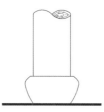

图 3.2.1.1-3　石鼓磴式样（1）

图 3.2.1.1-3　沧浪亭明道堂鼓磴（2）

表7　磉石尺寸（mm）

序号	名称 园名	名称 建筑名	磉石	柱径	磉石宽／柱径	备注
1	拙政园	东部花篮厅	275×500（半磉）	200×200	2.75	前廊柱
			550×550	200×200	2.75	步柱
			250×500（半磉）	190×190	2.60	前边廊柱
			250×500（半磉）	180	2.80	后廊柱
2	留园	涵碧山房	260×550（半磉）	250	2.20	廊柱
3		留听阁	500×500	240	2.10	步柱
4		明瑟楼	180×360	160	2.25	廊柱
			210×410	220	1.90	后步柱
			410×410	220	1.90	前步柱
5		冠云楼	220×440（半磉）	180	2.44	廊柱
6		远翠阁	200×400（半磉）	160	2.50	廊柱
7	网师园	万卷堂	550×550	220	2.50	步柱
			300×600	240	2.50	廊柱
			650×650	280	2.20	轩步柱
			700×700	300	2.30	步柱
8		殿春簃	550×550	220	2.50	步柱
9		五峰书屋	700×700	240	2.90	步柱

江南园林建筑设计

房屋最下部分为用石或砖砌成的平台，包括基础在内，称为阶台（台基、台明），再在其上树屋。阶台面四周围以石条，称阶沿（阶条）或尽间阶沿，阶沿石宽300～400 mm。若门窗装在廊柱上，为出入上下方便，阶沿石宜稍宽，不小于350 mm，自廊柱中心向外延伸280～440 mm（一尺至一尺六寸）为准，视出檐之长短与天井（院子）的深浅而定。北方小式的下檐出为上檐出之4/5，有回水的意思。主要是避免檐头雨水滴在阶沿上而水花飞溅，致使廊柱根部易朽。笔者曾遇到过因阶台宽过出檐，柱根首先腐烂的实例，因此设计时必须注意。在《营造法原》13页第三章提栈总论中插图三——提栈图上，标示踏步"齐出檐或收进二寸"，但图上没有标清踏步哪边齐或收进，应该是尽间阶沿之边，即阶台之边齐出檐或收进二寸。如果是指下面第一级之外边，则如踏步较多，再往里收，就会影响到阶台之宽。实际上主要是阶台必须比出檐收进，即北方所谓上檐出要大于下檐出，而踏步的外边沿与出檐并无多大的关系。

上下石级亦称阶沿或踏步（台阶），踏步至少分两级，此处的尽间阶沿又称正阶沿，以下的踏步称副阶沿。两旁设菱角石（垂带）。踏步之踏面（踏垛）宽可按现代设计要求为300 mm左右，高150 mm左右，菱角石可与踏面同宽或随宜，也可适当加工，如留园还我读书处之菱角石（图3.2.1.1-4）。

前后廊柱及尽端各柱下的礩石因与阶沿石相傍，常常做成半礩，有的甚至不做礩石，直接立在阶沿石上。《营造法原》第一章地面总论称"其介乎山墙两柱间者，称边游礩石。"插图一——阶台柱礩夯石基础图将侧面的阶沿石标为边游礩石。这是不对的，山墙两柱间的是阶沿石，而礩石应在柱下，这是定义与功能的不同。附录二.检字及辞解，释边游礩石为"边贴柱下之礩石"是正确的。

阶台、鼓磴与礩石的做法各类建筑均相同。石材早期用青石较多，晚期用花岗石较多。室内铺地用方砖，常用400 mm×400 mm×50 mm的规格，视建筑规模而定。因生产厂家不同，规格稍有出入。多用与房屋四边平行的正铺，间或也有45°斜铺的方式。其他各类建筑也相同，以后除有特殊之处不再一一赘述。

园林建筑比较灵活，平面上有时柱网中廊柱与步柱相错，并不严格对位，在厅堂、楼阁中都有实例，

如沧浪亭面水榭、拙政园留听阁、何园静香轩、留园远翠阁、狮子林卧云室、豫园九狮轩、烟雨楼鉴亭、兰亭流觞亭、拙政园倚玉轩等（图3.2.1.1-5）。这样布置，柱子错位，相互之间无法用梁拉结，结构的整体性稍差。

② 剖面。

剖面，尤其是横剖面在中国古典建筑设计中举足轻重，即宋《营造法式》的定侧样，以1/10的比例将剖面画于平正壁上，房屋的各部结构，包括柱框、梁架之形式，构件的尺寸，屋顶的做法，出檐之深远以及各种节点构造等均反映在剖面图上，立面准确的高度也须从剖面而得，所以必须十分重视剖面设计。

阶台高度根据需要而定，《营造法原》规定至少高一尺（275 mm），踏步至少分两级，这与现代建筑设计原理相似。阶台出土处，四周砌土衬石（土衬石），其上砌侧塘石（斗板石、陡板石）。塘石即条石，侧塘石即条石侧砌。侧塘石上即尽间阶沿石。踏步及阶沿石之高度可按需设计。基础做法可用现代技术，不必用《营造法原》记载的旧法。因此，阶台四周只要外观保持传统式样即可，内里也不必完全采用传统做法，可按现代需要设计（图3.2.1.1-6）。

柱下设鼓磴，高为7/10柱径，或按需要，宽见上述平面。

铺地在素土夯实后或做60厚C15混凝土垫层，上铺30～50 mm厚砂，面层为方砖，方砖的缝隙传统做法是用油灰黏结。

在一条轴线上，即横剖面部分，由柱、梁等所构成的木架谓之贴，其式样称为贴式。用于正间者称正贴，次间者称次贴，用于山面者称边贴。《营造法原》第二章解释边贴为"用于次间山墙间并用脊柱者"，而附录二辞解边贴为"梁架位于山墙之内者。"当以辞解较为妥帖，因为边贴不一定非用脊柱。不过贴不仅指梁架，应包括柱在内。

《营造法原》第二章平房楼房大木总例列出六种平房贴式图（3.2.1.1-7）。平房贴式图之六界正贴、六界边贴、六界用拈金（在《营造法原》文中为攒金，拈恐是同音杜撰，字典拈音nian平声，吴语其音与砖同，实应为攒，本文以后均用攒。）主要是对应于普通中型厅堂平面之横剖面图，五界正贴连廊与七界正贴是普通厅堂的变化剖面。当然园林建筑灵活自由，贴式

图 3.2.1.1-4 留园还我读书处菱角石

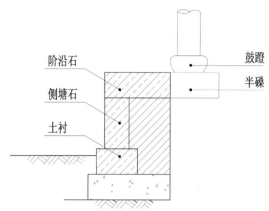

阶沿石
侧塘石
土衬
鼓蹬
半碴

图 3.2.1.1-6 阶台剖面

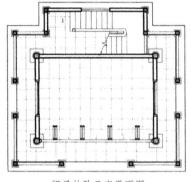

狮子林卧云室平面图

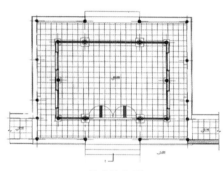

拙政园听雨轩

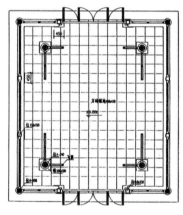

拙政园留听阁

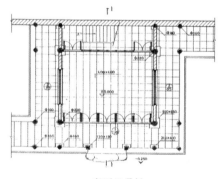

留园远翠阁

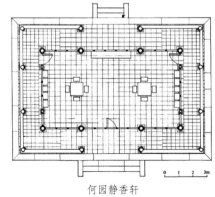

何园静香轩

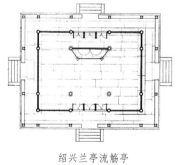

绍兴兰亭流觞亭

图 3.2.1.1-5 柱网不严格对位平面示意图

江南园林建筑设计

也不止这几种。

建筑的檐高根据《营造法原》插图三——提栈图的规定，应为自地面至廊桁底之高度，为正间面阔之 8/10，也就是次间的开间尺寸。此处的檐高不是檐口的高度，构架的檐高是比较确切、肯定的高度，而檐口高可因屋顶坡度、出檐的长短而不同。檐高通常在 3～3.5 m 左右，小型建筑之檐高常常在 3 m 以下，较大的厅堂也有在 3.5 m 以上的，甚至达 4 m 许。扬州的厅堂比苏州的要高大一些。柱上多不坐斗，往往檐高就等于柱高。后檐高可比前檐减去 2/10。

横向进深方面的承重及联系构件主要是梁（梁）、双步与川等，正贴或次贴架于两步柱之上的梁称四界大梁（五架梁），或简称大梁。中型厅堂常为圆堂，即梁架用圆料，可以称为圆作，也有用扁作者，但较少。凡梁上所立的短柱，称童柱或矮柱（童柱），童柱有脊、金之分，位于金桁处的为金童柱，处于脊下的为脊童柱。大梁上设立于梁背的金童柱，金童上架长二界之梁，称山界梁（三架梁）。山界梁上置脊童，各童柱下可

做雷公嘴与梁相交，然后在梁架上架桁、布椽、复屋面。屋面下，山形之空处，称山尖（山尖）。内四界前后如深一界，步柱和廊柱之间有一联系梁，称为川（单步梁）或廊川（图 3.2.1.1-8、图 3.2.1.1-9、图 3.2.1.1-10）。内四界前后如深二界，则用双步（双步梁），上立川童，川童上联系后步柱之川，称短川。如深三界，则称三步（三步梁），其上再架双步与短川（图 3.2.1.1-11）。双步或三步偶亦用在内四界前。如果内四界间以金童落地成金柱，则称为攒金，即上述六界用攒金贴式（图 3.2.1.1-12）。

南方梁长以界来称，界是长一椽即两桁条间之水平距离，例如长四椽者即称四界大梁，与宋代以梁上所承的椽数来呼一样，如长四椽即称四椽栿。而明清北方以梁上所承桁条的数目来称呼梁，如五架梁、三架梁等，与《园冶》所称一样，前述"凡屋以七架为率"也是此意。山界梁即北方所称的三架梁，山界梁可能因为位于山尖处，所以叫山界梁。尽管苏南地方山界梁与三架梁发音相同，但山界与三架的概念不

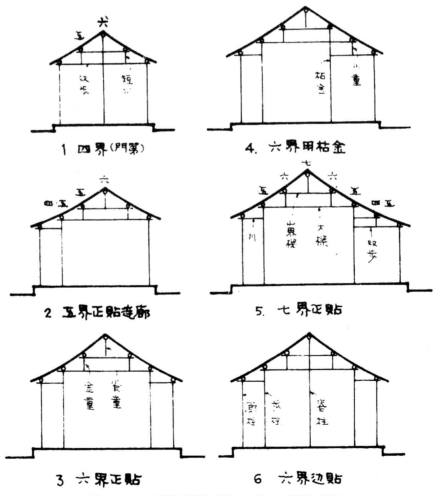

图 3.2.1.1-7 《营造法原》插图二一五——平房贴式图

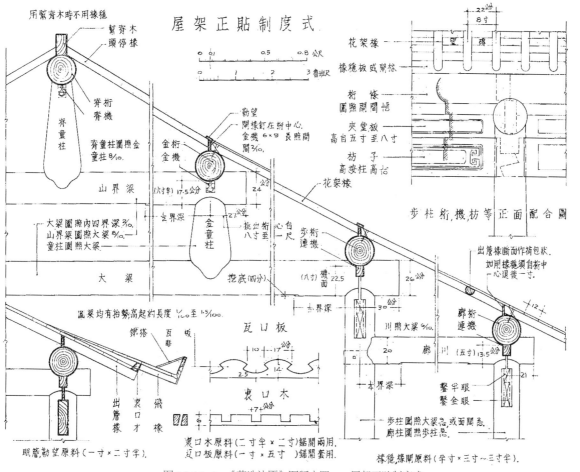

图 3.2.1.1-8　《营造法原》图版十四——屋架正贴制度式

图 3.2.1.1-9　何园与归堂正贴

图 3.2.1.1-10　绮园潭影轩正贴

图 3.2.1.1-12　燕园五芝堂攒金正贴

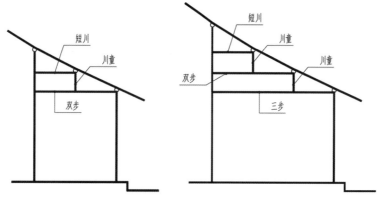

图 3.2.1.1-11　双步、三步贴式图

同，不能混淆。

边贴之内四界不用大梁，通常用脊柱前后做双步，在双步之下距离约80 mm（三寸）设等长木枋，其顶与步枋顶面平，称为双步夹底。双步与夹底间填楣板，厚15～20 mm。廊川之下，亦填楣板，设夹底，称廊川楣板及廊川夹底（图3.2.1.1-13、图3.2.1.1-14）。也可不用脊柱，只用金柱，此式即《园冶》之七架酱架式"不用脊柱，便于挂画"（图3.2.1.1-15）。也有用每柱皆落地者（图3.2.1.1-16）。

根据《营造法原》，梁架尺寸必先定内四界大梁，其余可按大梁推算。大梁之围径按内四界进深之2/10，折算成大梁直径为内四界进深的1/16，八折即为1/20，实例基本在1/16～1/20左右（表8）。其他构件之直径均按大梁推算：

山界梁	大梁8/10
双步	大梁7/10
川	大梁6/10
金童	大梁10/10或＞30～55mm

（指童柱下径，童柱上径略小于上梁径）

| 脊童 | 大梁8/10 |
| 川童 | 大梁7/10 |

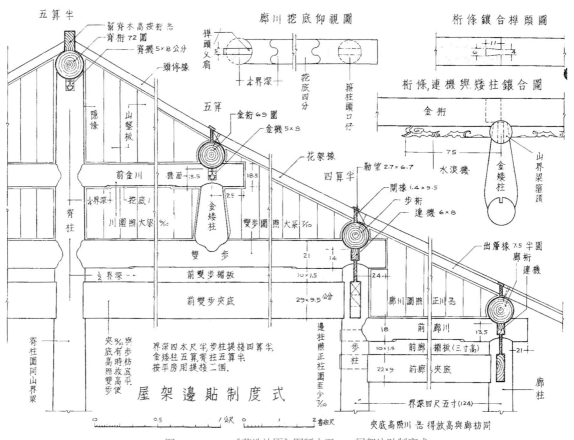

图3.2.1.1-13　《营造法原》图版十五——屋架边贴制度式

图3.2.1.1-14　寄畅园含贞斋边贴

图3.2.1.1-15　个园汉学堂边贴

图3.2.1.1-16　寄畅园凤谷行窝边贴

表 8 圆料梁截面规格与径跨比（cm）

序号	名称		截面 / Φ	跨深	径跨比	备注
	园名	建筑名				
1	留园	林泉耆宿之馆	26.4	536	1/20.28	五界回顶
2		清风池馆	18	390	1/21.67	
3		涵碧山房	30	630	1/21	五界回顶
4		曲溪楼	23	330	1/14.35	四界
5		冠云楼	24	392	1/16.33	五界回顶
6		还我读书处	22	425	1/19.32	内四界
7		远翠阁	22	418	1/19	五界回顶
8		楼厅	27.4	504	1/18.39	内四界
9	网师园	看松读画轩	26	544	1/20.92	内四界
10		殿春簃	23	433	1/18.83	五界回顶
11		五峰书屋	28	492	1/17.57	内四界
12		集虚斋	24	422	1/17.58	内四界
13	沧浪亭	明道堂	40	632	1/15.8	五界回顶
14		藕花水榭	26	458	1/17.62	五界回顶
15		翠玲珑	24	490	1/20.42	五界回顶
16		面水轩	22.3	547	1/24.53	五界回顶
17	怡园	雪类堂	22.6	450	1/19.91	内四界
18		怡园可自怡斋（藕香榭）	25.8	501	1/19.42	五界回顶
19	拙政园	留听阁	28	506	1/18.07	五界回顶
20	灵岩寺	楼厅	29.3	501	1/17.1	内四界

梁头上承桁，桁常用圆木，承桁处在梁背开圆弧槽，其径同桁径，槽深不过桁之半径并与梁底至桁底的距离有关。桁下之机（即小木枋，详见后）的上顶面或桁底面之水平线称机面线，机面即梁底至机顶面之距离，它的高低，应根据用料大小、提栈高低来决定，机面不宜过低，过低则梁身开挖过多，将影响梁的强度。圆料大梁直径为 200 mm（七寸）时，机面定为 140 mm（五寸），机面一般为直径之 7/10 ～ 8/10 左右，其余可依次类推，据此可以确定梁的标高。梁头伸出柱中长度稍大于梁径。梁底有时可在中间距柱中 1/2 界深处，挖去约 10 mm 许（四分），作为装饰。大梁中部须向上略弯，称为抬势，约为梁长之 1/100，以校准视差，增加结构的稳定感。苏南明代民居的圆作梁上常有许多装饰手法，后世已经简化、消失，但苏北扬州一带尚有某些遗存（图 3.2.1.1-17）。

《营造法原》辞解"开刻"谓："开刻（椀桁）于梁端凿桁形之槽，中留高宽寸余之木块、槽称开刻。"此即北方之桁椀，椀桁恐是笔误。但《营造法原》第二章第 5 页又云："梁头承桁处于梁背凿半圆槽，大小同桁径（即北方之桁椀），复于槽中留木高宽寸余，谓之留胆。而于桁端下面，凿去寸余，使于留胆处相

吻合，谓之开刻。"这是不同的解释。开刻不仅指梁上之桁椀，还应包括与之配合的桁端下面的加工。另从第五章 22 页、26 页上所提到开刻的几处文意来看，如"梁与桁开刻留胆之制"，"定此线以开刻架桁"，"过低则开刻多"等，开刻不仅指桁椀，还泛指在梁桁搭接构造加工时的挖剔等工序。

中国古典建筑的屋面是一个曲面，屋面坡度越高处越陡，这是用桁条按与进深之不同比例逐次加高而形成的。这种方法就称为提栈，宋《营造法式》名为举折，清式称举架，具体做法各有不同。《营造法原》记载："按营造法式大木作制度，举折条下均有规定：今俗谓之定侧样，亦谓之点草架。定侧与提栈两字音相近。"意提栈是由定侧转化而来。《营造法式》之定侧样与提栈还是不同的。所谓侧样，就是现在的横剖面图，定侧样就是"定其举之峻慢，折之圆和，然后可见屋内梁柱之高下，卯眼之远近。"即决定屋盖的举折，梁柱的高下位置、尺寸，卯眼的距离等，而提栈仅指屋盖一项而言。从语法上讲，定侧样应是动宾结构，侧样是一个完整的宾语，似不能用一个侧字来替代。查辞书，栈字本身就有"高峻貌"之意，所以提栈似应是将屋顶中间提起成陡峻之义。

图 3.2.1.1-17　水绘园壹默斋正贴

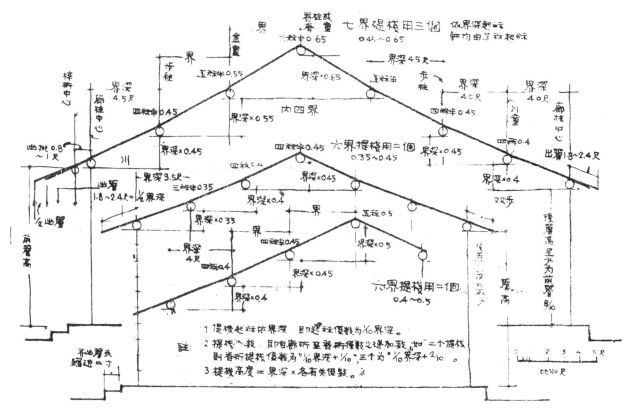

图 3.2.1.1-18　《营造法原》插图三——提栈图

根据图 3.2.1.1–18 提栈高为前后桁之高差，以此高差与前后桁界深之比例来表示这一界的屋面坡度，称为"算"，亦可称提栈系数，也就是北方所称的"举"。提栈自三算半、四算、四算半、五算……以至九算、十算，十算或称对算。所谓三算半，就是此段屋面的坡度为 3.5/10，即北方的"三五举"，此时后桁与前桁之高差为（3.5/10）× 界深，依次类推。从廊桁开始的第一界提栈算法，称为起算，起算最大为五算，逐步由廊桁推算至脊桁，完成屋面的设计。厅堂凡有前轩者，一律由五算起算。

《营造法原》记载提栈歌诀：

民房六界用二个　厅房圆堂用前轩

七界提栈用三个　殿宇八界用四个

依照界深即是算　厅堂殿宇递加深

这里的个数就是自廊桁至脊桁系数之递加数。如房深六界，界深三尺半时，提栈以三算半起算，即步桁提栈为三算半，脊桁为四算半，即是两个。七界提栈用三个，如界深四尺半，步桁由四算半起算，金桁为五算半，脊桁为六算半，即为三个。我们可以列出提栈的公式：

$$H = kL$$

式中，H 为每桁之提栈高度；k 为提栈系数；L 为界深。

$$k = (1/10)L + (n-1)/10$$

式中，$(1/10)L$ 是檐部提栈起算数；n 为提栈所用个数。

上述房深六界，界深三尺半，用二个，起算 0.35，脊步为 0.35 + 0.1=0.45，即四算半。七界提栈用三个，界深四尺半，则起算 0.45，脊步为 0.45 + 0.2=0.65，即六算半。

这个公式并不是很严格的，它不是强制性的法规，只是匠人总结的一般规律，可根据实际情况适当调整。如图版五——拙政园三十六鸳鸯馆之满轩正贴式，界深 1.39，合五尺余，以六算起算。图版六——木渎严家花园贡式花篮厅之正贴式界深 0.92 m，合三尺半不到，却以四算半起算。

提栈限度一般规定为："堂六厅七殿庭八"。脊桁提栈圆堂六算，厅七算，殿庭八算。但实际仍有出入。

上述公式是建立在用鲁班尺量度的基础之上，现在使用公制米尺，起算系数与界深已不成 1/10 比例，公式已不能简单套用。苏南地方屋面坡度较为平缓，如《营造法原》提栈图所示，屋顶总高即提栈总高分别仅为共进深的 27.5%、20%、22.5%，其图版所示各实例的比例在 25% ～ 30% 之间。可以按立面之需，将

提栈总高与共进深的比例控制在 25% ～ 30% 之间，得出屋顶的总高，然后决定各步的"算"数，完成屋顶提栈的设计。较大的房屋提栈可大些，较小者提栈要小些。关于屋面的曲势，尚有"囊金叠步翘瓦头"之谚，"言其金柱处不妨稍低，步柱处稍予叠高，檐头则须翘起之。"此处金柱、步柱似应改为金桁、步桁为好，提栈主要在屋面，金柱除攒金外其余贴式都没有。实际此谚语应该指在决定提栈的过程中，在提栈的大框架下所进行的对提栈的微调。

在纵向开间方面的构件则有枋、桁、连机、机等。

枋断面为矩形，有廊枋（檐枋）、步枋（金枋），依其联系之柱而称。枋高为柱高之 1/10，厚为斗料或枋高 1/2，枋厚实际在 110 mm（四寸）以下，枋断面的宽高比一般在 1/2 ～ 1/4，个别甚至近 1/5，显得瘦高。

桁一般为圆形断面，梓桁、轩桁有时用矩形者。它与开间平行，架于梁端或柱端。桁也按位置分为廊桁（檐桁）、步桁（金桁）、金桁（上金桁）、脊桁又名栋桁（脊桁）、梓桁（挑檐桁）等。桁根梢直径不一，不同桁其粗细也不完全相等，桁之下部则以机面线为准，用以校正桁的尺寸，但桁之上顶面应保持水平，以使屋面平顺。桁之围径按正间开间之 1.5/10 计算，则直径为 1/21，八折为 1/26。实例桁径大小不一，但都比 1/26 大（表 9），可采用 1/20 ～ 1/22。脊桁上有屋脊，其直径可稍大。脊桁上设帮脊木，高为脊桁之 6/10，宽为高之 1/2。梓桁距廊桁中心 220 ～ 275 mm（八寸至一尺），径为桁径的 8/10。《营造法原》定方梓桁用斗料之 8/10，斗有五七式（斗高五寸（138 mm）、面宽七寸（193 mm））与四六式（斗高四寸（110 mm）、面宽六寸（165 mm）），方梓桁用料为 90×130 ～ 110×150。

桁下辅以长方形之木枋，通长开间者，称为连机，多用于廊桁与步桁之下。而常用于金桁、脊桁之下，长仅为开间之 2/10 者，称为短机，按位置有金机、脊机之分，与宋式的替木相似。短机常雕以水浪、蝠云、金钱如意、花卉等花纹，又可根据所雕花纹称为水浪机、蝠云机、金钱如意机、花机等，花机亦称滚机（图 3.2.1.1–19）。机之长按开间之 2/10 计算，但《营造法原》未给出机的断面尺寸，实例用料似乎也很自由，机宽可在 60 mm 左右，高宽比大体可在 3：2 左右。连机与枋的区别，只是连机的断面较小而已。

脊机与脊桁之间用川胆机法相连，即机中用厚约 15 mm（半寸）、高约 80 mm(三寸)、长约 200 mm（七

表9　桁条规格与径跨比例（cm）

序号	园名	建筑名	正间开间	梓桁 直径	梓桁 比例	廊桁 直径	廊桁 比例	步桁 直径	步桁 比例	金桁 直径	金桁 比例	脊桁 直径	脊桁 比例	备注
1		铁瓶巷 任宅	467	15.3	1/30.5	22.5	1/20.8	23.24	1/20.1	23.24	1/20.1	24	1/19.46	
2	拙政园	卅六鸳鸯馆	386					17.8	1/21.9					
3		东部花篮厅	454			16	1/28.4	30	1/15.1	20	1/22.7			
4		留听阁	418			20	1/20.9	20	1/20.9	20	1/20.9	16	1/26.1	
5		林泉耆宿之馆	422			18.2	1/23.2	18.2	1/23.2	19.1	1/22.1	17.8	1/23.7	
6		五峰仙馆	522			22	1/23.7	24	1/21.8	24	1/21.8	25	1/20.9	
7		涵碧山房	452			22	1/20.6	22	1/20.6	20	1/20.6	18	1/25.1	
8		揖峰轩	373			17	1/21.9	18	1/20.7			18	1/20.7	
9	留园	清风池馆	390			15	1/25.1			15	1/25.1	15	1/25.1	
10		曲溪楼	444			18	1/24.7			18	1/24.7	18	1/24.7	
11		明瑟楼	325			16	1/20.3	18	1/18.1			15	1/21.7	
12		还我读书处	403			15	1/26.9			15	1/26.9	15	1/26.9	
13		远翠阁	557					22	1/25.3	18	1/30.9	18	1/30.9	
14		楼厅	420			21	1/20	23	1/18.3	22	1/19.1	24	1/17.5	
15		明道堂	391			22	1/17.8	20	1/19.6					
16	沧浪亭	面水轩	491			16	1/30.7	16	30.7	16	1/30.7	16	1/30.7	
17		藕花水榭	415			16	1/25.9	16	1/25.9	16	1/25.9	16	1/25.9	
18		翠玲珑	360			18	1/20			18	1/20	18	1/20	
19		万卷堂	498			22	1/22.6	22	1/22.6	22	1/22.6	22	1/22.6	
20		濯缨水阁	447			18	1/24.8			15	1/29.8	12	1/37.3	
21	网师园	竹外一枝轩	377				1/29.1	13		13	1/29.1	10	1/37.7	
22		五峰书屋	295			18	1/16.4	18	1/16.4	18	1/16.4	18	1/16.4	
23		撷秀楼	454			20	1/22.7	20	1/22.7	20	1/22.7	20	1/22.7	
24		可自怡斋	335	13.1	1/32.1	16.2	1/20.7	16.2	1/20.7			15.3	1/21.9	即藕香榭
25	怡园	雪类堂	430	11.1	1/38.7	17.5	1/24.6	17.5	1/24.6	17.5	1/24.6	18.05	1/23.2	
26	灵岩寺	楼厅	473	15.5	1/30.5	20	1/23.7	20	1/23.7	20	1/23.7	21	1/22.5	

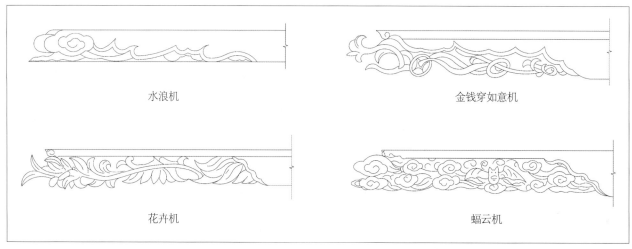

水浪机

金钱穿如意机

花卉机

蝠云机

图 3.2.1.1-19　机的各种花纹

寸）的木块作榫，埋入机中 2/3（二寸），余 1/3（一寸）插进桁中。

连机与枋之间，常留空档，镶以木板，称夹堂板。为避免板过长而翘裂，可将夹堂板沿开间分为三段，中以蜀柱隔开。板上可雕镂空花纹。夹堂板高为 80 mm（三寸）、140 mm（五寸）、220 mm（八寸），厚约 15 mm（半寸）。实际夹堂板高并不限于这三种高度，厚也可为 10～15 mm（表 10）。

枋上直接置桁者，称拍口枋。

桁上布椽，椽断面或扁方或圆，圆者顶上需去掉 1/4 椽径，成为荷包椽，以利铺设望砖。椽间距称椽档。

处于最高处，设于脊桁与金桁之椽，称头停椽（脑椽）。以下称花架椽，房屋进深较大时还有上下花架椽之分。头停椽与花架椽又可合称界椽。下一步、一端挑出于廊桁的椽子，称出檐椽。为增加屋檐伸出的长度，出檐椽上常加钉飞椽，飞椽断面为扁方形。屋角部分呈放射状分布的出檐椽，称摔网椽（翼角檐椽）。其上的飞椽称立脚飞椽，相当于北方的翼角翘飞椽，唯翼角翘飞椽翘起相对较小，而立脚飞椽翘起较大，尤其近角处几乎直立，故称立脚飞椽。

关于出檐椽的出挑，《营造法原》说法不统一，第二章第 6 页有云："出檐椽下端伸出廊桁之外，其

表 10　机与夹堂板（cm）

| 序号 | 名称 | | 连机 | 金机 | 脊机 | 轩机 | 夹堂板 |
---	园名	建筑名					
1		铁瓶巷 任宅	10×10		79		1×14
2	怡园	雪类堂	6×9		5×7.5		1×14
3	留园	林泉耆宿之馆	7×8	7×9.5			1×14
							1×15.5
4	拙政园	三十六鸳鸯馆	5.5×9.5			5×7	1×14
			6×12.5				
5	严家花园	花篮厅	5.5×6.5			4×6.4	1.7×15
6	沧浪亭	面水轩	6.5×8	5.5×9	5×8		
7	怡园	可自怡斋（藕香榭）	7×7				1×35
			7×9				
8	留园	骑廊轩楼厅	6.5×7.5	4.5×7		4.5×6.5	1×15
			7.4×8.5				1×17
			6×7				
9		东部花篮厅	8×8				1.2 厚
10	拙政园	留听阁	6.5×8				1.5×15
			6.5×7				
11		梧竹幽居	6×9				
12		绣绮亭	6×8				
13		五峰仙馆	8×11				1.5×12
14		涵碧山庄	8×10				1.2×16
15	留园	揖峰轩	7×10				1.2×14
16		曲溪楼	6×10				1.2×12
17		远翠阁	7.5×9				
18		万卷堂	6.5×12				1.5×11.5
19		五峰书屋	8×10				1.5 厚
20	网师园	集虚斋	8×10				1.5 厚
21		撷秀楼	6×7				1×15
22		濯缨水阁	6×7.5				1.5×17.5
23		竹外一枝轩	6×8				

江南园林建筑设计

斜长自一尺六寸至二尺四寸。每进级以二寸为递加之标准，其长约为界深之半。"飞椽"其长约为出檐椽之半"。在13页第四章插图三——提栈图七界提栈用三个，前出檐是从梓桁算起，水平出檐长1.8～2.4尺＝1/2界深，飞椽平长＝1/2出檐，后出檐斜长为1.8～2.4尺，但包括飞椽在内。六界提栈用二个，前出檐斜长1.8～2.4尺＝1/2界深，无飞椽（图3.2.1.1-17）。界深都是用平长，而出檐却用斜长，不够统一，完全可以都用平长，出入并不大，出檐加上飞椽长只为界深的3/4。综合起来，出檐椽长应为440～660 mm（1.6～2.4尺），不应包括飞椽在内，其平长不大于1/2界深，飞椽平长＝1/2出檐。《营造法原》图版之实例亦显示出檐算法不一，江南园林建筑常在柱上伸出蒲鞋头（丁头栱），上承梓桁。有梓桁时出檐既可从梓桁算起，亦可从廊桁算起，如从廊桁算起，此时梓桁只是减少了檐椽出挑的程度，并没有增加出檐的深度。可根据实际情况来定（表11）。另外，檐出只按界深，却不考虑与檐高的比例问题，不同的檐高出檐应不同，房屋才有良好的比例。根据实例总檐出与檐高之比应控制在0.25左右，同时总檐出应"檐不过步"，最好比界深略小。北方有柱高一丈，出檐三尺之说，故江南地方出檐比北方略小。后出檐可与前出檐相等或略减少。当檐出超过界深时，就需要或调整界深，或做梓桁来解决。

椽之周径为界深之2/10，即椽直径为界深之0.64/10＝1/15.63，按中等用材打八折，椽之直径为界深之1/20。飞椽宽为出檐椽径8/10，厚为出檐椽厚（荷包状处）8/10。按界深一般在1400 mm（五尺）以下，椽径约为70 mm，实例界椽与出檐椽常用50 mm×70 mm方椽，40 mm×60 mm飞椽，间距在220 mm左右（表12）。间距与望砖长度有关，常用望砖尺寸为210 mm×110 mm×18 mm。

出檐椽与飞椽间相距一望砖厚，故在出檐椽头钉通长的里口木，以架设飞椽并封堵出檐椽之间的空隙。飞椽头上钉扁方形通长之木条，厚同望砖，称眠檐（大连檐），以防望砖下泻。眠檐上钉瓦口板，板按预先排好的瓦楞之大小，锯成起伏相似之椀形，以封没瓦端空隙。里口木与瓦口板都可一材锯开成二，以节省材料。于上下两椽相近处，钉与眠檐相似之木条，称为勒望。它的作用主要是使望砖排列得以均匀，避免因望砖尺寸的误差和排列的松紧程度不同而产生累积性越来越不均匀的现象。如果望砖的尺寸不太均匀，则每桁均需用勒望，反之则可减少。

《营造法原》给出眠檐与勒望原料为30 mm×70 mm（一寸×二寸半），里口木原料70 mm×60 mm（二寸半×二寸）锯开两用，瓦口板原料30 mm×140 mm（一寸×五寸）锯开套用。但瓦口板本身高在《营造法原》图版十四上已注明为14 cm，就不可能上下两块套裁，因此瓦口板原料至少高165 mm（六寸）（图3.2.1.1-8）。

廊桁之上出檐椽间有椽豁，易受风雨侵入，必须用木板封堵，以分隔内外，有利于保温防寒并防止鸟虫做窝、钻入。可用闸椽（闸挡板），《营造法原》记载于桁中心线上、椽之两旁开15 mm（半寸）槽，

表11　檐出及与界深、檐高之比例

序号	名称		檐出					界深	檐高	总檐出/界深（%）	总檐出/檐高（%）	飞椽/檐椽
	园名	建筑名	飞椽	檐椽	梓桁	飞椽+檐椽	总檐出					
1		铁瓶巷 任宅			26	71	97	150	420.75	65	23	
2	怡园	雪类堂	27	33	22	60	82	113	394	73	21	1/2.03（廊桁前）
3	留园	林泉耆宿之馆			21	65	86	131	374.9	67	23	
4	拙政园	三十六鸳鸯馆	27	35	25	62	87	139	401	63	22	1/2.22（廊桁前）
5	严家花园	花篮厅	13.5	33	23	46.5	69.5	92	313.5	76	22	1/2.44（梓桁前）
6	沧浪亭	面水轩	30	58			88	88	116	355	76	24.8	1/1.93
7	怡园	可自怡斋			23		55	78	125	335	62	23	
8	留园	楼厅 下檐			30	65	95	88	434.5		21	
		上檐		76			76	112.5	248.5	68	30.6	
9	灵岩寺	楼厅 下檐	31	33.5	26	64.5	90.5	68	369		24.5	1/1.92（廊桁前）
		上檐		80			80	130	353	62	22	

表 12　椽规格（cm）

序号	名称 园名	名称 建筑名	檐椽	界深	飞椽	弯椽	界深
1		铁瓶巷 任宅大厅	7×5 @23.5（头停椽）	130			
2	怡园	雪类堂	7×5 @23	113	5×4		
3	留园	林泉耆宿之馆	7×5 @23（花架椽）	113		7×5	84
4	拙政园	卅六鸳鸯馆	5.5×8 @23		6.5×4	6×4	106
5	严家花园	花篮厅				6×3 @23	69
6	沧浪亭	面水轩				6×4（回顶）	83
						6×3.5（茶壶挡）	116
7	怡园	可自怡斋（藕香榭）				7×5 @22	112
8	灵岩寺	楼厅	7×5	68	6×5		
9	拙政园	小沧浪	7.5×5.5	83.5			
10		东部花篮厅	7.5×5.5	77.5	6.2×4.5		
11	留园	五峰仙馆	7.8×5.5	158.5	6.5×4.5		
			7×5.5（花架椽）				
12		涵碧山庄	7.5×5.5	132.6	6.5×4.5		
13		揖峰轩	7.5×5.5	99	6.4×4.2		
14		曲溪楼	7.5×5.5	82.5	6×4		
15		还我读书处	7×5	106.3	6×4		
16		殿春簃	7×4	108.3	6×4		
17	网师园	濯缨水阁	7×5	152	6×4		
18		竹外一枝轩	7×5	95			
19		集虚斋	8×6	105.5	7×5		
20		撷秀楼	7×5.2	124.8	6×4.5		

将板插入。实际上闸椽在桁中心线上并没有完全封闭，因为椽是斜搁在桁上的，搁置点没在桁中，因此椽下与桁间仍有小缝隙，实际操作往往将闸椽板后面对中，尽量减小缝隙。另外还有椽稳板（与椽椀相似），为通长木板，钉于桁中心之后 30 mm（一寸），因桁之曲面，其下部得以相连。同样，椽稳板退在桁中心之后，更不能用于廊桁上，只能用在金桁上，但金桁已处于室内，或可不用闸椽或椽稳板。钉于头停椽头上的通长木板，称按椽头，当脊桁上用帮脊木（扶脊木）时，就不用按椽头。

闸椽与椽稳之原料尺寸为 15 mm×（80 mm ~ 100 mm）（半寸 × 三寸~三寸半）。

为更明晰起见，特将纵向构件的尺寸列表如下：

以上所列包括梁柱的尺寸都不是严格的规定，只是一个约数，应按实际情况来决定，本文均如此。

表 13　纵向构件的尺寸（mm）

名称	高	宽或厚	直径
枋	1/10 柱高	1/2 ~ 1/4 高	
桁			1/21 ~ 1/22（正间开间）
梓桁	90 ~ 110	130 ~ 150	8/10 桁径
帮脊木	6/10 脊桁径	1/2 高	
机	90 左右	60 左右	
夹堂板	80 ~ 220	10 ~ 15	
椽	70 左右	50 左右	1/20 界深（如用圆椽）
飞椽	8/10 椽径 或 40	8/10 荷包椽 高或 60	
里口木	70	60	（二条套用）
眠檐	30	70	
瓦口板	165	30	（二块合裁）
勒望	30	70	
闸椽与稳椽	80 ~ 100	15	

江南园林建筑设计

中型厅堂实例有网师园看松读画轩、沧浪亭面水榭、乔园山响草堂、瘦西湖月观等（图3.2.1.1-20～图3.2.1.1～23）。

（2）大型厅堂。

① 平面。

大型厅堂主要就是在中型厅堂的基础上，在内四界前加做一轩。此处的轩是一种天花板的形式，不是建筑名称的轩，吴地称翻轩。轩即《园冶》所谓的卷，"卷者，厅堂前欲宽展，所以添设也"。轩正是为了增加厅堂的进深，扩大其使用空间而设。"如前添卷……如欲宽展，前再添一廊。"轩前还可添廊。如廊上亦做轩，则成为重轩，廊后之轩即为内轩。在廊柱与步柱之间所增之柱称为轩步柱。按《营造法原》内四界用扁作时方可在轩前再设廊，圆堂则在轩前不加廊。但沧浪亭明道堂内四界为圆作，轩前又加廊轩（图3.2.1.2-1）。后廊亦可将其界深加大一倍成双步，可根据实际情况、根据需要而变动。由于进深加大，较大的厅堂之共进深要在10～14m左右。网师园万卷堂是大型厅堂的典型平面（图3.2.1.2-24）。

轩的进深约1～2.8m（三尺半至十尺），通常1.6～2.8m（六至十尺）者用于内轩，其余用于廊下。也有进深超过2.8m的轩，如拙政园三十六鸳鸯馆为满轩，中间轩进深达3.09m。

柱径计算同普通厅堂，轩步柱径＝9/10步柱径。

② 剖面。

阶台部分同中型厅堂的剖面。

《营造法原》第五章列出厅堂正贴磕头轩、厅堂正贴抬头轩、厅堂边贴抬头轩三种贴式（图3.2.1.2-2），这正是大型厅堂的几种横剖面图。

a. 内四界。

大型厅堂之内四界结构多用扁作，偶亦有用圆作

实景图

图 3.2.1.1-20　网师园看松读画轩

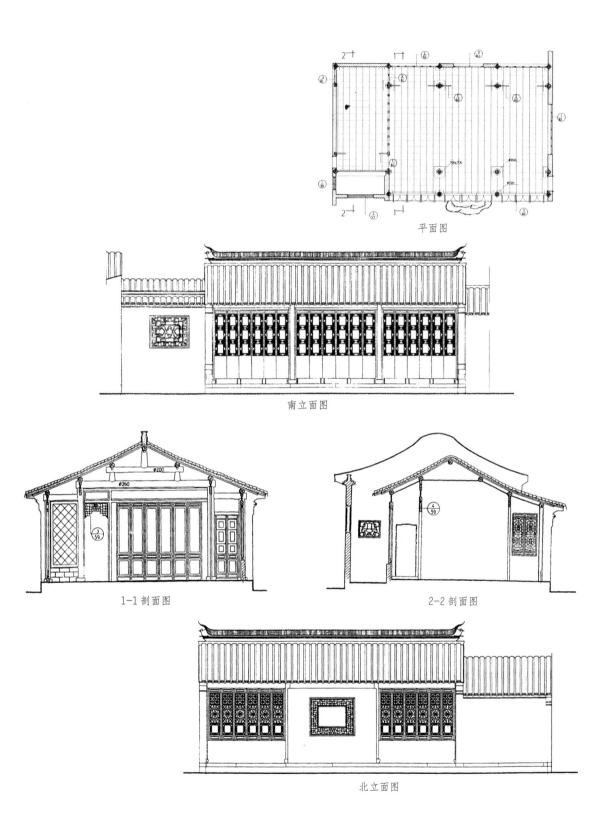

平面图

南立面图

1-1 剖面图

2-2 剖面图

北立面图

续图 3.2.1.1-20　网师园看松读画轩

实景图

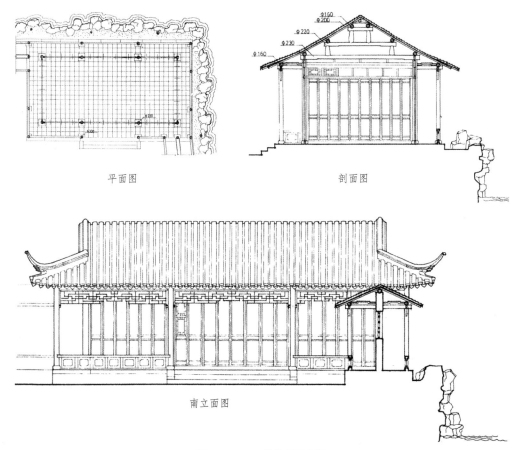

平面图　　　　　　　　　　　　剖面图

南立面图

图 3.2.1.1-21　沧浪亭面水榭

实景图

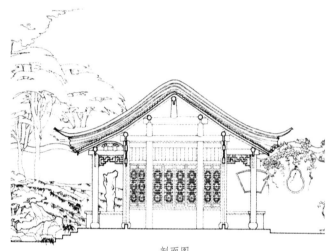

剖面图

图 3.2.1.1-22 乔园山响草堂

图 3.2.1.1-23 瘦西湖月观剖面图

江南园林建筑设计

图 3.2.1.2-1　沧浪亭明道堂圆作

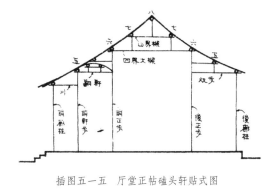

插图五一五　厅堂正帖磉头轩贴式图

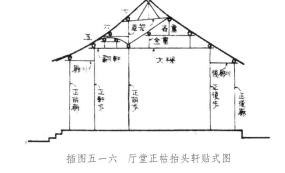

插图五一六　厅堂正帖抬头轩贴式图

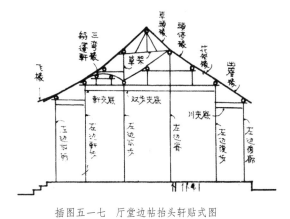

插图五一七　厅堂边帖抬头轩贴式图

图 3.2.1.2-2　《营造法原》插图五一五、五一六、五一七——厅堂贴式

者，如上述之沧浪亭明道堂，用圆作者与前述普通厅堂一样，现就扁作梁架详述如下：

内四界大梁或直接架于两步柱之上，或架于柱上之斗上，斗高140 mm（五寸），斗底宽同柱，斗面各出30 mm（一寸）。梁为矩形，即扁方形，梁高为梁宽之二倍。梁端伸出桁外220～280 mm（八寸至一尺），由梁底面在桁中心向内1/2界处起，斜向上至桁内机面处，距桁14 mm（半寸），把梁头两面各锯去梁宽之1/5，称为剥腮，又名拔亥，梁底剥腮尖处为腮嘴。梁底自腮嘴外向上挖去15 mm（半寸），称为挖底，梁断面之下底做弧面。自剥腮上端即桁内机面处，向上卷杀，至1/2界深处，也即腮嘴之垂线上，与梁背平交。梁的形式与宋《营造法式》的月梁相似，有宋式之遗意。梁端下设梁垫，长至腮嘴，宽同梁头，为3/5梁宽，高根据《营造法原》为五七寸栱料。五七寸栱料高才三寸半（96 mm），作为内四界大梁的梁垫，尺寸似乎不够，至少应为五七寸斗料，高140 mm（五寸）。而图版十二所示梁垫厚更为六寸（165 mm）。梁垫做如意卷纹，卷纹下有透雕金兰、佛手、牡丹等花纹者，称蜂头，蜂头伸出梁垫之长为梁垫高。梁垫之下又有栱状垫木，称之蒲鞋头（丁头栱），高宽同梁垫，长自柱中出250 mm（九寸），露在柱外约140 mm（五寸），其上架升。有时升口上架棹木，以为装饰。棹木虽然颇具风趣，但是不够庄重。棹木长按梁厚8/5，高按梁厚11/10，厚为40 mm（一寸半）。

大梁梁背上按界设置两个五七式斗（所用斗栱详见后面亭·牌科），斗底纵向一面与梁同宽。斗上用梁垫，不做蜂头，向外做栱出挑承山界梁头，称寒梢栱，梁垫长自腮嘴至桁中550 mm（二尺），宽同山界梁梁头。寒梢栱自斗面出140 mm（五寸），高宽同梁垫。分为斗三升与斗六升两种，根据提栈之高低来决定。栱上架山界梁，山界梁的形制如剥腮、挖底、梁头伸出等均同大梁。

山界梁背设五七式桁向斗六升牌科（斗科）一座，上承脊机及桁。牌科两旁出木板，依山尖形，刻流云飞鹤等装饰图案，称为山雾云。栱端脊桁两旁，置抱梁云。山雾云厚40 mm（一寸半），高自斗腰至桁中，长依山尖。抱梁云厚30 mm（一寸），全长为三倍桁径。山雾云及抱梁云离地较高，其花纹须深刻，才能有较好的效果。它们还要向外倾斜，成1/2的斜度，称泼水或泼势，斜度可按情况予以调整。山雾云、抱梁云明代始有，早期山雾云直立不倾斜或略有倾斜。

扁作大梁之机面高约190 mm（七寸）。山界梁机面高约180 mm（六寸半），双步相同。眉川机面高约150 mm（五寸半）。扁作梁构架可见《营造法原》图版十二（图3.2.1.2-3）。

园林建筑构架做法并不是呆板而一成不变的。如上所述，大型厅堂亦可不用扁作而用圆料，如沧浪亭明道堂。梁身上一般刻有较简洁的花纹，如耦园（图3.2.1.2-4）。有的却满刻花纹，甚至描金，商业气氛较浓，如豫园（图3.2.1.2-5）。寄畅园卧云堂用攒金梁架（图3.2.1.2-6）。扁作梁也可不刻花纹，梁下也可不用梁垫或蒲鞋头，甚至全都不用，梁上也可不用斗，而用童柱替代，如艺圃（图3.2.1.2-7、图3.2.1.2-8）。拙政园远香堂用扁作搭角梁（抹角梁）支承四界大梁（图3.2.1.2-9）。用圆料者如怡园藕香榭，梁下亦可设梁垫、蒲鞋头（图3.2.1.2-10）。

《营造法原》26页第五章厅堂总论言明："大梁、山界梁、步、川、轩梁等之用料，无论扁作或圆料，均以进深计其围径。然后定机面线。……扁作则依提栈，除山界梁机面及梁垫斗高，定大梁之高度。其厚为高之半。其用料分独木、实叠、虚拼三种。独木须圆木去皮结方；实叠系用二木叠拼；虚拼则于梁之两边，各按梁身五分之一拼高，中空于斗底处填实。"31页第六章厅堂升楼木架配料之例列出厅堂木架配料计算围径比例表，并言："扁作配料，……惟大梁山界梁等，则以所得之围径，去皮结方拼合。其段料高厚之计算方法，先计算其直径，酌定机面高低，然后以提栈之高，减去山界梁机面之高，及斗三升寒梢栱之高，其余数加大梁机面，即得大梁段料之高度，厚为高之半。"并举例："如内四界深二丈，提栈五算半计高二尺七寸半。大梁围径按照上表得四尺，计直径一尺三寸。酌定大梁机面为七寸，山界梁机面为六寸半。大梁的高厚计算如下：提栈总高山界梁机面六寸半，及斗三升寒梢栱高八寸，得一尺三寸，加大梁机面七寸，梁高二尺，厚为一尺。"

从中可看出确定扁作梁的大小有两种方法，一是围径为内四界深的2/10，即直径为内四界深的1/15.7之圆木，去皮锯方，得边长为内四界深的1/22之方木。两根拼叠成大梁。此时梁高为内四界深之1/11。二是根据提栈、各梁的机面及梁垫等高来决定大梁的高度。上例，按第一种方法，直径一尺三寸的木料所能得到的方料边长为九寸，叠合为高一尺八寸，即内四界深的1/11，宽九寸的扁作大梁。第二种方法得出的大梁

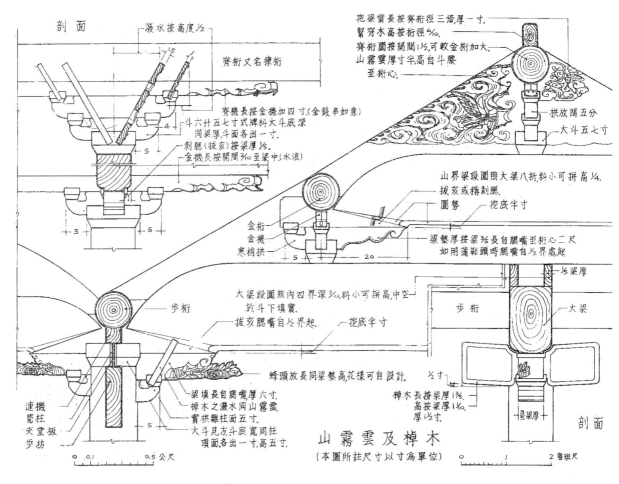

图 3.2.1.2-3 《营造法原》图版十二——山雾云及棹木（扁作梁架）

图 3.2.1.2-4 耦园扁作

图 3.2.1.2-5 豫园点春堂扁作

为高二尺，宽一尺，高为进深的 1/10。两种方法存在误差，因为用料可减九至六折，这些误差也就不足为道。《营造法原》31 页第六章所言："如提栈过高而觉大梁过高时，可改用斗六升寒梢拱。余如山尖过高，则可于山雾云斗六升牌科下加荷叶凳，或放高连机，伸缩决定之。"用料可打折，又可凭感觉调整梁的大小，说明用上述两种方法的结果均不是结构受力所需，而是根据视觉得出的外观要求，梁实际并不需要如此之大，究竟如何定梁高，不免令人有无所适从之感。此外，扁作梁有独木、实叠、虚拼三种，据调查，独木一般用于较小型的梁上，大型的梁常用实叠与虚拼法。虚拼就是要解决外观与实际使用的矛盾，既有外观需

1	2
3	4
	5

1　3.2.1.2-6　寄畅园卧云堂扁作攒金
2　3.2.1.2-7　艺圃大厅扁作
3　3.2.1.2-8　艺圃扁作
4　3.2.1.2-9　拙政园远香堂扁作梁架
5　3.2.1.2-10　怡园藕香榭圆作用梁垫、蒲鞋头

要的高度，又保证能正常使用，还要经济、节约。如上述高一尺八寸，宽九寸之梁，若用独木，则需用直径二尺、围径六尺三寸的大木，其成本要极大地增加。但《营造法原》只说明"虚拼则于梁之两边，各按梁身五分之一拼高"，按图版十二之剖面图所示，大梁虚拼之板厚为1/5梁厚，但板高多少？梁实高如何计算？图上并未指明，倒是山界梁上注明"料小可拼高1/4"，可能也适用于大梁。

根据《营造法原》以及苏南一带实例（表14），厅堂的四界大梁的外观高度宜为内四界深的1/10～1/12，宽为高的1/2，梁的实际高度不宜小于进深的1/16。即梁实高应为梁高的5/8～3/4。江南屋面底瓦下面一般不用砂浆或只用少量的砂浆，但现代设计往往在屋面上加做防水层，可根据实际荷载来设计。

扁作之边贴与用圆料者之边贴相似，中立脊柱，四界大梁变成两个双步，山界梁成两个短川，它们仍

表 14 扁作梁截面规格与高跨比（cm）

序号	名称		截面	跨深	高跨比	备注
	园名	建筑名				
1	铁瓶巷	任宅	26×50	520	1/10.4	内四界
2	留园	林泉耆宿之馆	22.5×49	536	1/10.94	五界回顶
3	拙政园	三十六鸳鸯馆	19×49	309	1/6.31	三界轩梁
			18×41	278	1/6.78	三界轩梁
4		东部花篮厅	20×38	310	1/8.16	
5	网师园	万卷堂	38×50	603	1/12.06	内四界
6		濯缨水阁	19×42	418	1/9.95	三界回顶
7		竹外一枝轩	12×40	260	1/6.34	三界回顶
8	严家花园	花篮厅	14×22.5	262	1/11.64	三界回顶

现将有关扁作梁的构件重列于表 15。

表 15 梁构件规格（mm）

名称	高	宽或厚	长
大梁（外观）（实高）	1/10～1/12 内四界深 ≮1/16 内四界深	1/2 高	
虚拼部分		1/5 梁宽	
山界梁	8/10 大梁	8/10 大梁	
大梁梁垫	165 左右	3/5 大梁	
蒲鞋头	同梁垫	同梁垫	
斗栱	五七式		
山界梁梁垫	96	3/5 梁	550
寒梢栱	96	3/5 梁	140（自斗外）
山雾云	斗腰至桁心	40	依山尖
抱梁云	斗六升腰至桁心	30	3 倍桁径
棹木	11/10 大梁厚	40	8/5 大梁厚

为扁作，梁下也用楣板、夹底来加强连系。整个贴式因处于次要地位，故相对简单。梁下可不用梁垫、蒲鞋头、寒梢栱之类，梁头直接插在柱上或搁在斗上。山雾云、抱梁云也可简化。也可不用脊柱，用金柱落地。也可用柱柱落地的贴式，各柱间均用川梁联络，川梁下仍用楣板、夹底（图 3.2.1.2-11、图 3.2.1.2-8）。

b. 轩。

此轩是一种天花的形式，非建筑名称之轩，为把屋顶的斜坡面及梁架结构遮蔽起来，使屋内空间显得精致、华丽，更具装饰性，也有利于建筑的隔热、保温与防尘。其构造亦用梁架桁，桁上列椽布望砖，仰望也如同身在屋下。轩内所用的梁、桁、椽等称为轩梁、轩桁、轩机、轩椽等。其为南方建筑所特有，在北方未见。

轩按高低位置划分，有磕头轩、抬头轩及半磕头轩三种。当轩梁底低于内四界大梁底时，轩与内四界为同一屋面，称为磕头轩。如轩梁底与大梁底相平时，轩与内四界非同一屋面，须用重椽、草架，则称抬头轩。如轩梁稍低于大梁，仍需用重椽草架，称为半磕头轩。磕头轩由于轩的位置较低，可以内四界共一个屋面，但轩不能过低，《园冶》云："不然前檐深下，内黑暗者，斯故也。"但当前轩较高时，则内四界更高，易使空间显得过高，设计时要加注意。磕头轩内侧须用遮轩板封挡。而抬头轩之内四界大梁相对较低，空间较适中。由于抬头轩与半磕头轩的内四界屋面不能同时覆盖轩上，如果轩与内四界各做屋顶的话，就要在两屋顶间设天沟，与北方所称的勾连搭一样。天沟增加了施工难度，而且容易损坏。正如《园冶》所云："凡屋添卷，用天沟，且费事不耐久，故以草架表里整齐。"草架者，即在内四界一侧亦须如轩上一样安重椽、铺望砖，然后在其上设梁架，形成外屋面，因它们位于内外屋面间，不为人们所见，故用料及加工可以比较粗率，所以称为草架。草架内各构件的名称与别的构件一样，但均须冠以草字。如草脊柱、草双步、草脊桁、草头停椽等。

草架制度盛行于南方厅堂建筑中，宋《营造法式》中，虽在天花之上也有草架，但只有一个屋顶，没有重椽、没有假屋顶，意义不完全相同。明以前未见类似记载，而在明代的《园冶》中，已明确指出："草架，乃厅堂之必用者。"并载有草架图四种（图 3.2.1.2-12），由重椽或复水椽构成"屋中假屋"。其中厅堂前添卷的草架式与抬头轩正贴大致相似，唯无前廊而已。九架梁六柱式与抬头轩边贴相似，只是前面不用卷，用复水椽。九架梁前后卷式与怡园藕香榭剖面（图 3.2.1.2-27）十分相近，唯后椽多了两根金童落地而成的金柱。《营造法原》25 页插图五——八园冶所载草架式样图之三，九架梁五柱式图只有四柱，漏掉后四界之中柱。插图中均作九架梁，此界应为架之误，界与架之别前已谈及。轩应产生于明代，但《园冶》所示，当时只有船篷轩一种，式样没有后来多。

轩不仅用在厅上，其他各类建筑都可用轩。《营造法原》记载轩有茶壶档轩、弓形轩、一枝香轩、圆料船篷轩、菱角轩、海棠轩、贡式软锦船篷轩、扁作船篷轩、扁作鹤颈轩等形式（图 3.2.1.2-13、图 3.2.1.2-14）。除一枝香轩外，轩都随所用的轩椽之形式而称呼。茶壶档轩只用茶壶档椽，所谓茶壶档椽，因其形象似茶壶之把手而得名，椽平置于廊桁与步枋上，椽中部长约 1/2 界深，比两端高起一望砖厚。茶壶档轩结构最简单，不用轩梁，多用于圆堂，轩深1～1.2 m（三尺半至四尺半）。弓形轩轩梁与轩椽皆上弯如弓，轩椽距梁背约80 mm（三寸许），架于廊桁与步枋之上。轩深1.1～1.4 m（四至五尺），也有轩椽上弯而轩梁不弯者。一枝香轩可能是以其轩梁上安坐斗一、轩桁一而称，桁左右装抱梁云，一枝香轩的轩椽常分鹤颈与菱角二式。轩深1.2～1.5 m（四尺半至五尺半）。茶壶档轩、弓形轩、一枝香轩因进深较浅，多用于廊轩。船篷、菱角、鹤颈等轩，轩深1.7～2.8 m（自六尺至十尺），多用于内轩，且多为扁作。船篷轩因其顶如船篷，故名。顶椽两旁或直椽或弯椽，如弯椽，则为船篷三弯椽。船篷轩亦有用圆料者，称圆料船篷轩，适用于圆堂。两旁用弯曲如鹤颈的鹤颈椽者，称鹤颈轩。用弯曲尖起如菱角状的菱角椽者，称菱角轩。菱角轩虽较华丽，但费工费料，较少应用。海棠轩轩椽作海棠形，有时与菱角椽混用。轩梁用贡式梁，即断面为矩形且弯曲成软带，顶常用船篷，称为贡式软锦船篷轩。它比其他各轩显得灵巧、

柔和、更显华丽，但较费料。扁作与贡式的轩梁两侧常雕刻花纹，装饰性更强。实例见图3.2.1.2-15～图3.2.1.2-22。实例做法比较灵活，茶壶档轩之廊川有时也做成茶壶档形，也可出云头承梓桁。弓形轩亦有不用轩梁者。轩在扬州还有一些其他的式样，如个园透风漏月轩及抱山楼廊轩及小盘谷廊轩（图3.2.1.2-23）。

轩梁架于廊柱与步柱之上，为内轩时则架于轩步柱与步柱上。梁背坐斗两个，当轩深1.9 m（七尺）

图3.2.1.2-11 寄畅园秉礼堂边贴

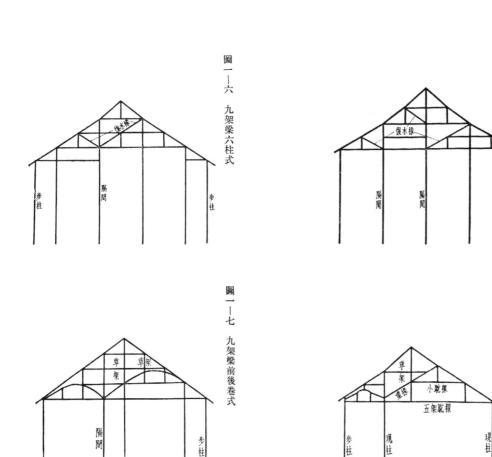

图 3.2.1.2-12 《园冶》草架图

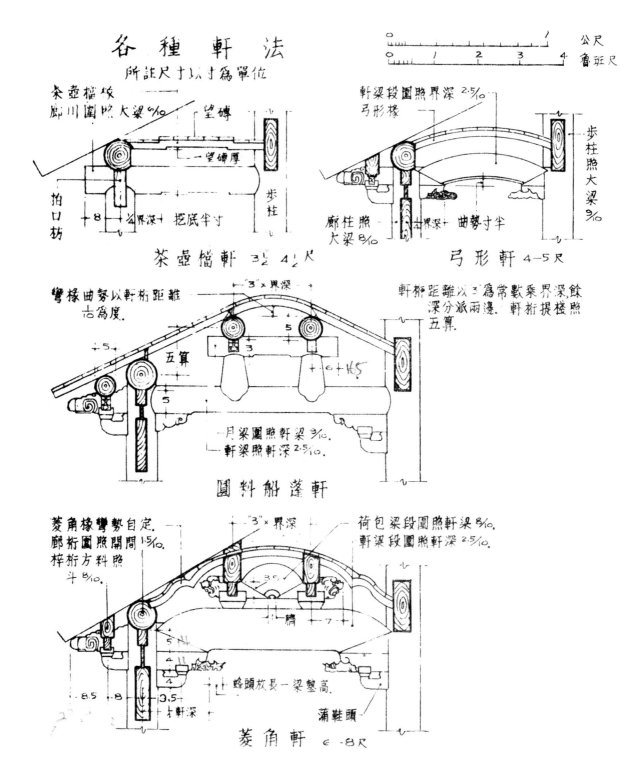

图 3.2.1.2-13 《营造法原》图版十三——各种轩法之（1）

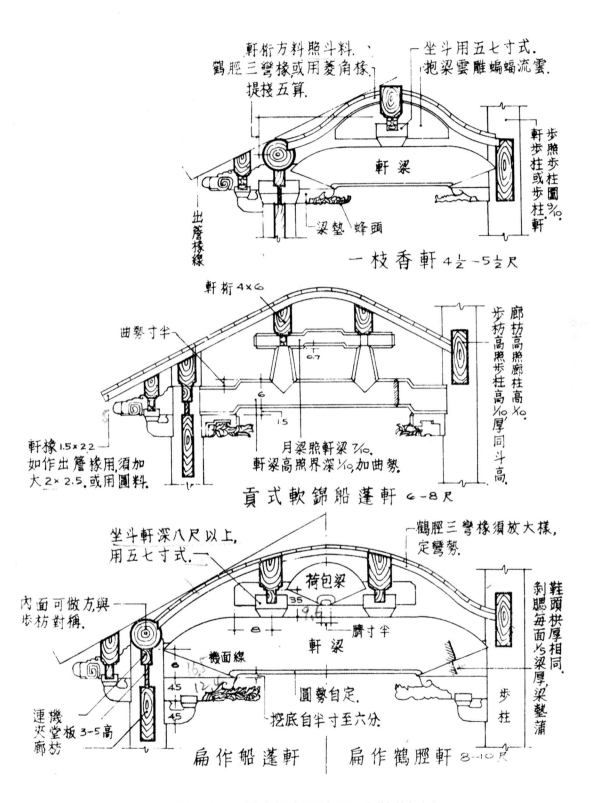

图 3.2.1.2-14　《营造法原》图版十三——各种轩法之（2）

图 3.2.1.2-15 茶壶档轩（豫园）

图 3.2.1.2-16 弓形轩（狮子林）

图 3.2.1.2-17 一枝香轩（西园）

图 3.2.1.2-18 圆料船篷轩（怡园）

图 3.2.1.2-19 扁作船篷轩（豫园）

图 3.2.1.2-20 菱角轩（豫园）

图 3.2.1.2-21　鹤颈轩（瞻园）

图 3.2.1.2-22　海棠轩（小莲庄抱醉轩）（1）

图 3.2.1.2-22　海棠轩（狮子林真趣亭）（2）

图 3.2.1.2-23　个园透风漏月轩廊轩（1）

图 3.2.1.2-23　个园抱山楼廊轩（2）

图 3.2.1.2-23　小盘谷廊轩（3）

江南园林建筑设计

107

以上时，斗用五七式，七尺以下用五七式或四六式。两斗上设短梁并托以梁垫，梁背中部隆起作荷包状，故名荷包梁。因梁较短，梁下挖底仅为一小孔，径宽30～40 mm（一寸至寸半），称为脐，脐边作圆弧形。荷包梁端拔亥架轩桁，轩桁方圆均可，其下用轩机。轩深分为三界，顶界较小，为3/10轩深，两边各3.5/10轩深。正如《营造法原》图版十三所示，轩桁距离以"3"为常数乘以界深，实际是0.3乘以界深，余分派两边。轩桁提栈照五算。顶界之椽，椽上弯1/10顶界深，以免弯曲过大、木纹易裂，称顶椽或弯椽。扁作轩梁拔亥鳃嘴自1/4轩深起斜至桁底，挖底15 mm（半寸）。轩梁下之梁垫按《营造法原》26页第五章厅堂总论文中曰："梁垫高依栱料，轩深者依五七式。"此句说得不太明确，栱料是何规格？轩深者需深几何？依照前述轩上用斗或四六式或五七式，轩深七尺以上者用五七式，则轩较浅者栱料应为四六式。五七式栱高才三寸半，合96 mm，用于较深之轩似也不够。《营造法原》图版十三所示，较深之轩的梁垫高取110 mm（四寸）或124 mm（四寸半）比较合适，故梁垫高可按斗料。至于梁垫下之蒲鞋头，高宽同梁垫，长出柱外约140 mm（五寸）。《营造法原》26页提到，"唯蒲鞋头则须轩深在十尺左右，或满轩，始得应用。"但图版十三中的菱角轩，深六至八尺，扁作船篷轩与扁作鹤颈轩，深八至十尺，都用了蒲鞋头。看来蒲鞋头也可以视实际情况而采用。

扁作轩梁参照前述扁作用料，设定：高为轩深之1/8～1/10，机面150～180 mm（自五寸半至六寸半）。荷包梁为轩梁8/10，机面100～120 mm（自三寸半至四寸）。其他剥腮、挖底卷杀等做法均可参照扁作大梁。

圆料轩梁之直径为进深的1/16。余皆参照大梁。

设轩时，用轩梁梁头挑出承梓桁，梁头刻作云头，称云头挑梓桁。梓桁下辅以滚机，云头下承以蒲鞋头。蒲鞋头用实栱，宽同梁头，高同梁垫。云头伸出梓桁长约230 mm（八寸半），必须比出檐椽头缩进55～80 mm（二、三寸），云头前端作尖形之合角，亦称为蜂头（出锋），用于边贴时不做蜂头。

c.后双步。

厅堂内四界之后，以用双步为常见，间或有用后轩者。如用扁作，双步梁一端架于廊柱之上，一端安于步柱，剥腮、挖底、梁垫等一如大梁。梁背置坐斗，斗为五七式，界深在1000 mm（三尺半）及以下时，

可用四六式。斗口架梁垫及寒梢栱，以承眉川。眉川也称骆驼川，其形似眉，又类驼峰。一端高出另一端55 mm（二寸），称捺梢，低端架于斗上，高端插入柱中。梁的挖底两端不一，高端挖55 mm（二寸），低端挖15 mm（半寸），以强调梁之眉形。用圆料者，其制如中型厅堂。

大型厅堂实例如网师园万卷堂、艺圃博雅堂、沧浪亭明道堂、怡园藕香榭等（图3.2.1.2-24～图3.2.1.2-27）。

（3）小型厅堂。

凡体量较小的厅堂与一些观赏性小建筑，其结构与厅堂相同，归类为小型厅堂。《园冶》云："厅堂立基，古以五间三间为率；须量地广窄，四间亦可，四间半亦可，再不能舒展，三间半亦可。深奥曲折，通前达后，全在斯半间中生幻境也。"又说："凡家宅住房，五间三间，循次第而造；惟园林书屋，一室半室，按时景为精。"江南园林中一些小厅堂正是如此，布局不拘一格，活泼自由，与环境结合紧密、自然，相得益彰。拙政园海棠春坞为大小不等的两开间，留园揖峰轩虽是三间，但开间尺寸各不相同，沧浪亭藕花水榭为四间，翠玲珑由三座小轩互相垂直相连而成，小盘谷花厅为曲尺形（图3.2.1.3-1～图3.2.1.3-5），西泠印社环朴精庐的平面更是随地形而不规整（图2.3-3）。因进深较浅，平面常仅用前后两排柱子，有的加前廊，也是中型厅堂收缩后的一些变化。

剖面与平面相呼应，或前后柱架四界梁，或一边加廊。即《园冶》里的五架梁、小五架梁，"五架梁，乃厅堂有过梁也。""又小五架梁，亭、榭、书楼可构。将后童柱换长柱，可装屏门，有别前后，或添廊亦可。""凡造书房、小斋或亭，此式可分前后。"并列有五架过梁式与小五架梁式图（图3.2.1.3-6、图3.2.1.3-7）。实例如留园揖峰轩的剖面与小五架梁式图一样。沧浪亭藕花水榭用五界回顶、单面廊。沧浪亭翠玲珑用相当于五架梁的五界回顶。小五架梁用于亭、榭、书楼等小体量的建筑，可能进深较浅，故名。内可童柱落地，分别前后，外可添廊，扩大空间。

至于前面所说的船厅，其建筑类型亦属于小厅堂。平面呈狭长形，进深较浅，约在3～4 m左右，长二、三间不等，高度在3 m以下。

（4）回顶及卷蓬。

《营造法原》中称船厅又名回顶，用船厅替代了

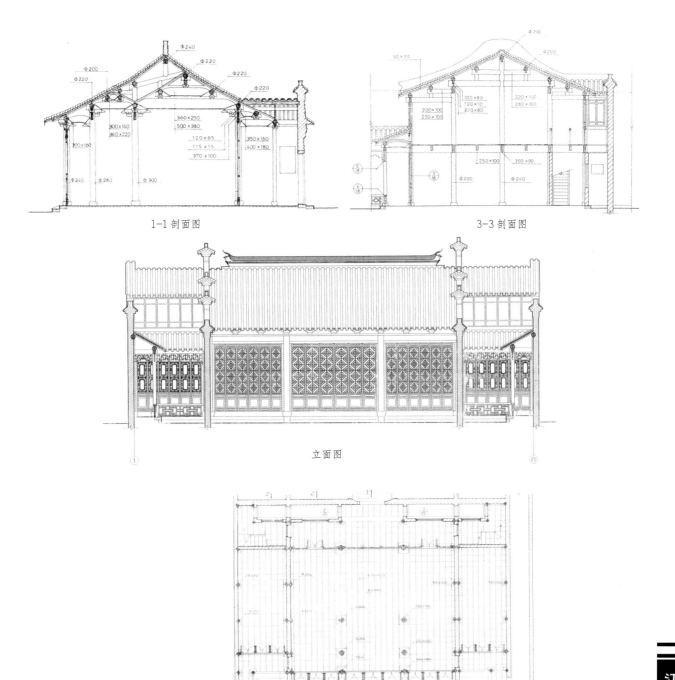

1-1剖面图

3-3剖面图

立面图

平面图

图 3.2.1.2-24　网师园万卷堂

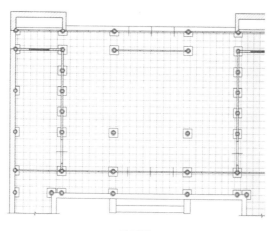

平面图

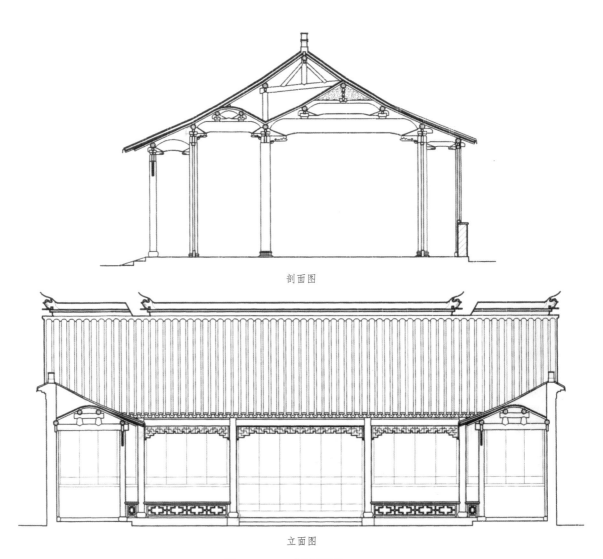

剖面图

立面图

图 3.2.1.2-25　艺圃博雅堂

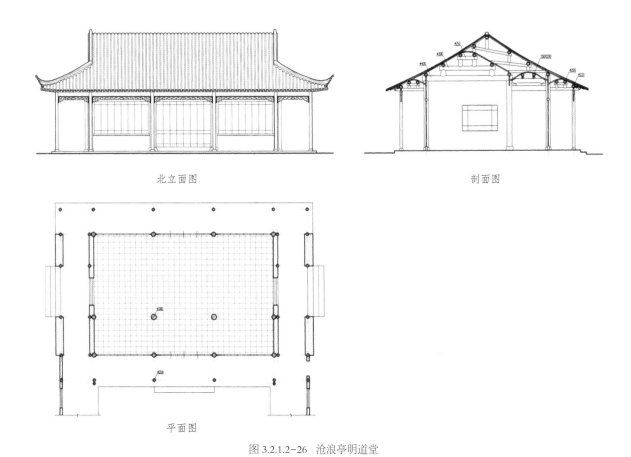

北立面图　　　　　　　　　　　　　剖面图

平面图

图 3.2.1.2-26　沧浪亭明道堂

立面图

平面图

剖面图

图 3.2.1.2-27　怡园藕香榭

江南园林建筑设计

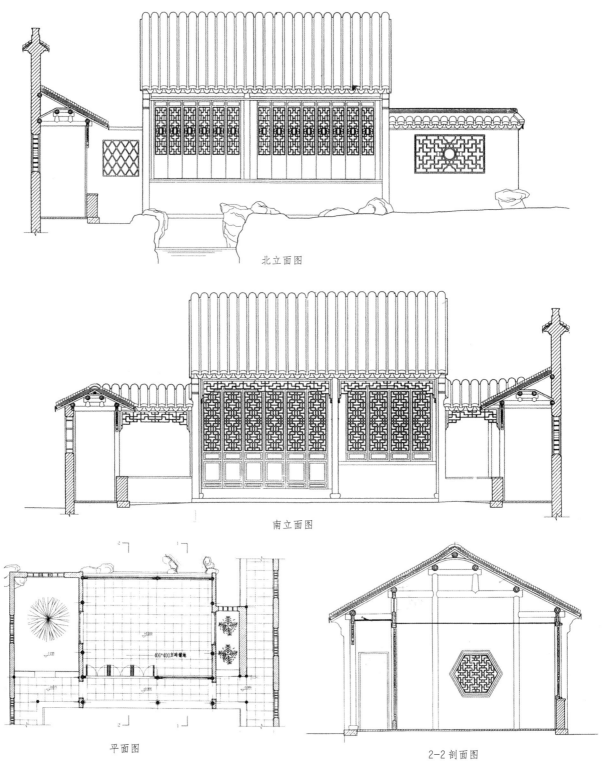

北立面图

南立面图

平面图

2-2 剖面图

图 3.2.1.3-1　拙政园海棠春坞

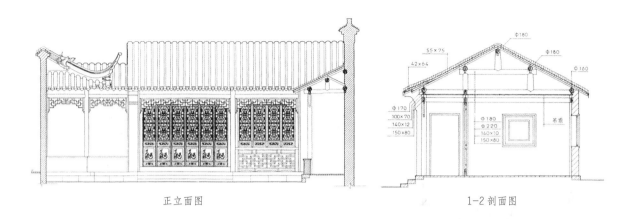

正立面图   1-2 剖面图

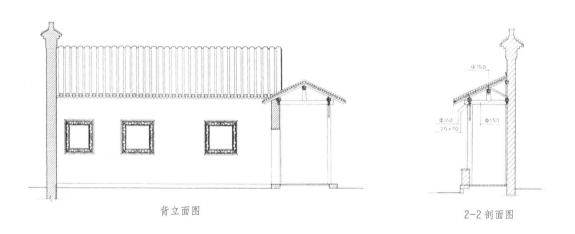

背立面图   2-2 剖面图

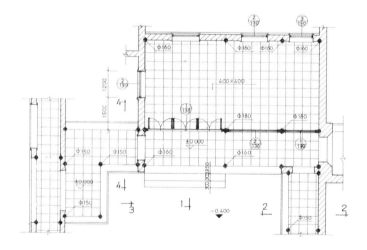

平面图

图 3.2.1.3-2　留园揖峰轩

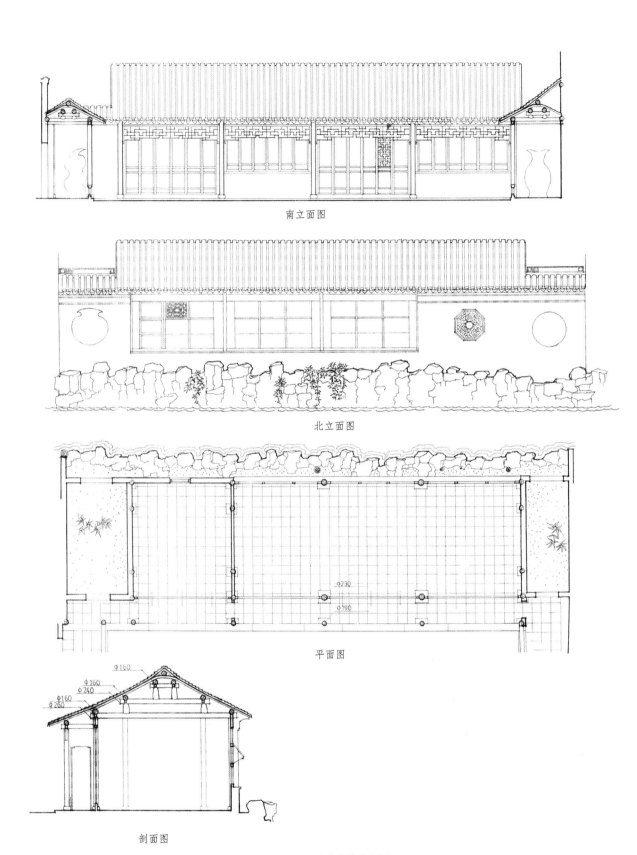

南立面图

北立面图

平面图

剖面图

图 3.2.1.3-3 沧浪亭藕花水榭

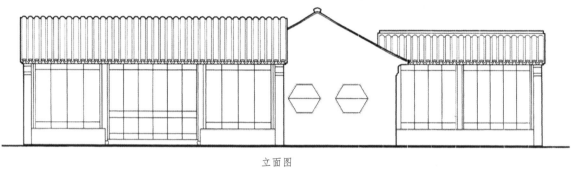

立面图

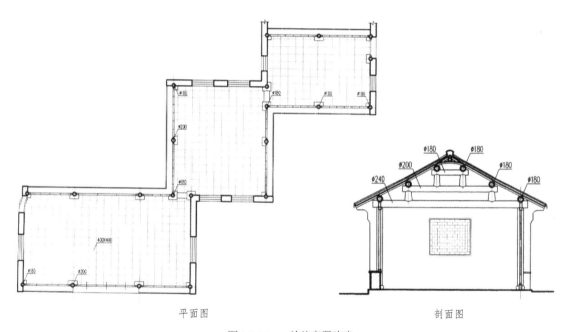

平面图   剖面图

图 3.2.1.3-4 沧浪亭翠玲珑

实景图

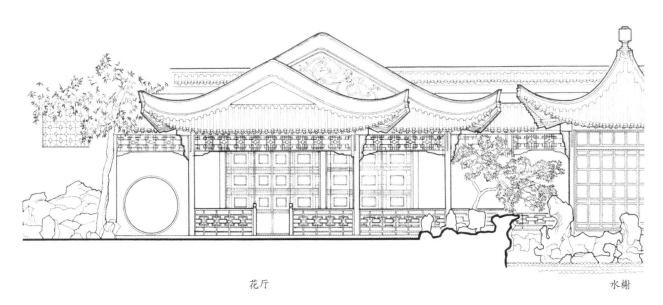

花厅

水榭

图 3.2.1.3-5　小盘谷花厅

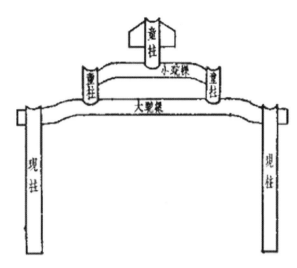

图 3.2.1.3-6 《园冶》五架过梁式

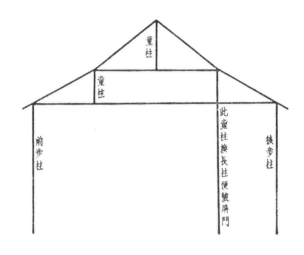

图 3.2.1.3-7 《园冶》小五架梁式图

回顶。前面已述，其实回顶是一种屋顶构造形式，并不局限于船厅，用回顶的厅堂也不都称为船厅。回顶应用广泛，可以说在园林各种建筑类型中，如厅堂、楼阁、舫、亭、廊等，都能见到回顶，不再一一列举。

回顶深五界、三界，分别称为五界回顶、三界回顶。五界回顶相当于内四界，三界回顶相当于山界。居中一界，称顶界，两旁的为平界。顶界通常较浅，为平界之3/4，也有各界均等的。用扁作者，与扁作厅颇似，长五界之梁亦称大梁，梁上置斗承山界梁，山界梁上亦安斗架荷包梁，荷包梁其实就是一根联系梁（图3.2.1.4-1）。用圆料者，于大梁上立金童柱，上架山界梁，梁上又立两根脊童柱，上又架月梁。月梁上架脊桁，脊桁间即为顶界，顶界用弯椽，与轩一样，顶椽上弯1/10顶界深（图3.2.1.4-2）。《营造法原》第五章厅堂总论介绍回顶时，均把大梁上的梁称为山界梁，但在图版四、七之（二）、八之内却都标为三界梁，回顶既称五界、三界，似乎应以三界为准。此外文中仅指出脊童有上下之分，却未说明如何区分，相关的图版中只有图版七之（二）将脊桁称为回顶前后桁，脊童处在同一高度，前后可分，何来上下？因此还是称前后脊童、前后脊桁较清晰、明确。江南回顶的外形与北方的卷棚颇为接近，其相异之处在于，北方卷棚在顶椽屋面板上直接铺瓦，而回顶则于顶椽上设枕头木，再在其上安草脊桁，再列椽铺板，板上铺瓦，用黄瓜环瓦代替屋脊，这个结构称为鳖壳，又名抄界（图3.2.1.4-3）。这里有一个问题，鳖在吴地

称为甲鱼而非鳖，怎么会称作鳖壳呢？而且形状并不像鳖壳。颇疑此"鳖"乃"别"也，"别"可作另外的解，这里意指回顶椽上的另一个壳。

回顶梁架用料以及具体做法均可依照前述厅堂圆料与扁作的做法。

卷蓬之结构即用圆料之回顶，深三界至七界。但在桁下加钉薄板，掩盖桁、椽，成卷蓬状天花，板下或做油漆，或糊白纸，颇为整洁、雅致（图3.2.1.4-4）。

2. 四面厅

有时为了便于四面观景，厅堂四面均设长窗（格扇），或前后设长窗或和合窗（支摘窗），左右设半窗，不做墙壁，绕以回廊，即称四面厅。

四面厅平面三间或五间，以三间居多，进深四界或六界，周围加廊，建筑处理十分通透。廊下做挂落，下设半墙坐槛或坐拦，以资游人坐息并赏景。拙政园远香堂是典型的例子（图3.2.2-1），还有拙政园倚玉轩（图3.2.2-2）、寄啸山庄（何园）静香轩（图3.2.2-3、图3.2.0-12）、兰亭流觞亭（图3.2.2-4），此外沧浪亭面水榭、乔园山响草堂以及豫园三穗堂、点春堂、醉白池池上草堂、烟雨楼鉴亭、绮园潭影轩等都是四面厅。个园宜雨轩构造上属四面厅，但只三面留廊，而将后廊纳入室内，是四面厅的一种变体（图3.2.2-5）。

3. 鸳鸯厅

鸳鸯厅就是前后隔成两部分，平面以脊柱为界，前后对称布置，脊柱间设纱隔及挂落飞罩，以分隔前

图 3.2.1.4-1 寄畅园嘉树堂回顶

图 3.2.1.4-2 个园宜雨轩回顶

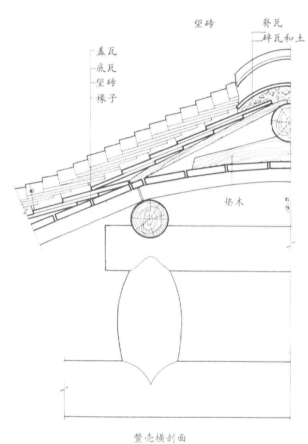

望砖

脊瓦
碎瓦和土

盖瓦
底瓦
望砖
椽子

垫木

鳖壳横剖面

0   0.1   0.2   0.3m

图 3.2.1.4-3 拙政园香洲回顶鳖壳构造

图 3.2.1.4-4 醉白池疑舫卷篷

图 3.2.2-1 拙政园远香堂

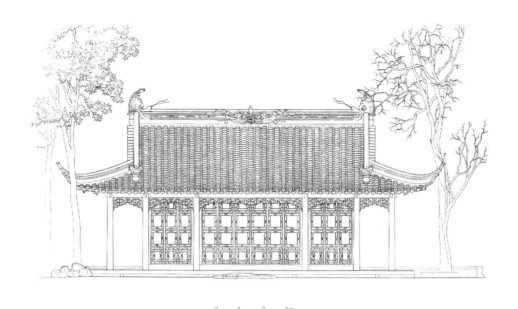

0　1　2　3m

正立面图

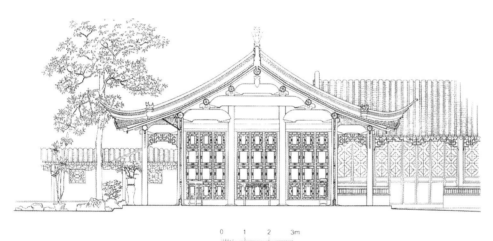

0　1　2　3m

横剖面图

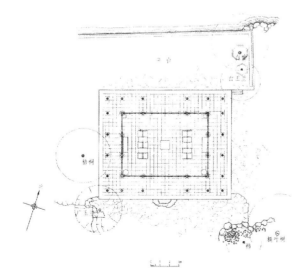

平面图

图 3.2.2-1　拙政园远香堂

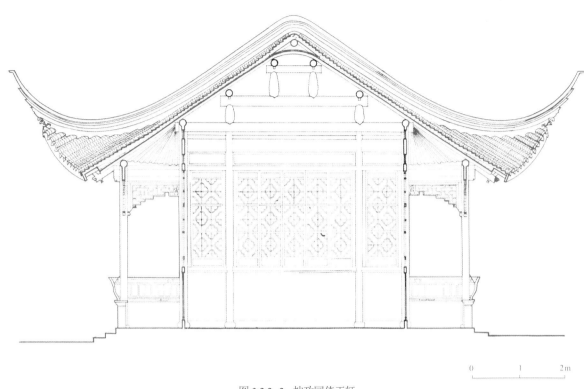

图 3.2.2-2　拙政园倚玉轩

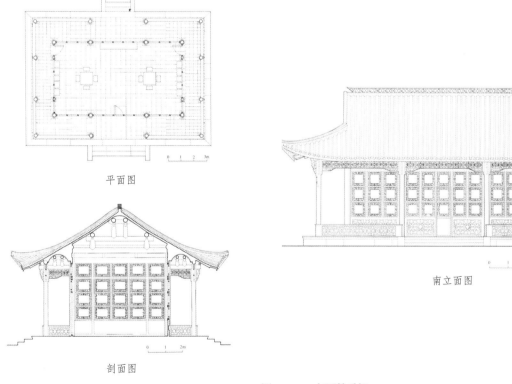

平面图

南立面图

剖面图

图 3.2.2-3　何园静香轩

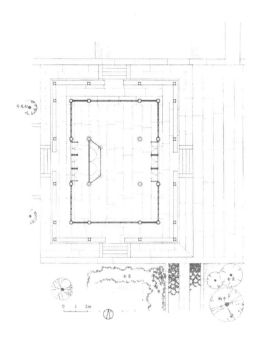
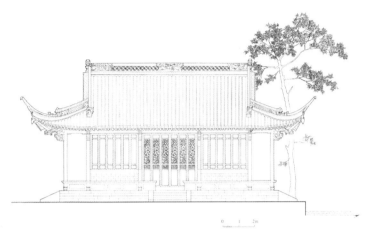

图 3.2.2-4　兰亭流觞亭

图 3.2.2-5　个园宜雨轩

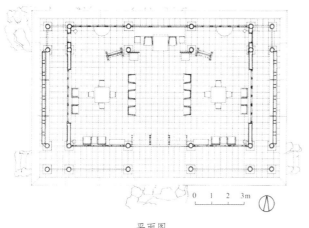

平面图

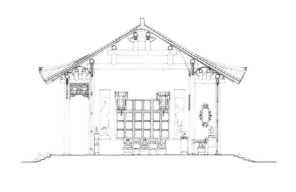

剖面图

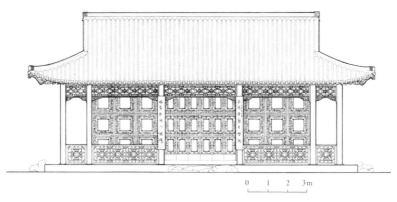

立面图

3.2.2-5 个园宜雨轩

后空间。其梁架一面用扁作，雕饰精美，一面用圆料，形式简练，似两进厅堂合并而成，因名鸳鸯厅。南半部向阳，宜于冬，北半部朝阴，适于夏。

前后贴式，或为四界，作五界回顶，或作花篮厅等。厅前后可作廊轩，按需而定。鸳鸯厅必须用草架，铺重椽，构成屋顶，用脊柱承草脊桁。

实例有留园林泉耆宿之馆（图 3.2.3-1）、狮子林燕誉堂（图 3.2.3-2）等。

4. 花篮厅

花篮厅为正间前步柱或前后步柱不落地，变成虚柱，称垂莲柱（垂莲柱），也称荷花柱，用通长三间的大料承托虚柱，负担屋顶荷载。柱端雕花篮，所以称花篮厅。也有在柱头雕狮兽者。如此可扩大使用空间，增加使用的灵活性，并加强了室内的装饰性。但增加了结构的复杂程度。

花篮厅贴式不一，通常均用扁作，偶也见用圆料者，如拙政园东部花篮厅。有前后作轩，中部或为四界大

梁、或为五界回顶、或贡式三界回顶，亦可做成满轩。作满轩时，其用前后廊轩者，常只以前步柱作垂莲柱，后步柱仍落地，而前后都做垂莲柱花篮者较少。

垂莲柱悬挂在通长的枋子或草架内的草搁梁上，垂莲柱之前，如深仅一界，负重较轻时可用步枋承垂莲柱，枋架于边步柱上，用料须予加大，同时可在枋

图 3.2.3-1 留园林泉耆宿之馆鸳鸯厅

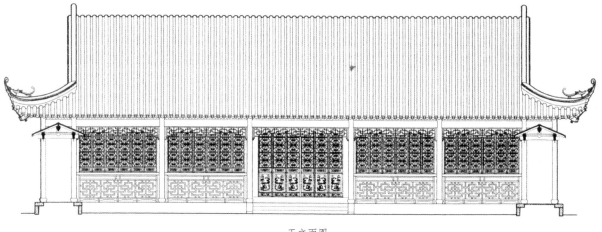

正立面图

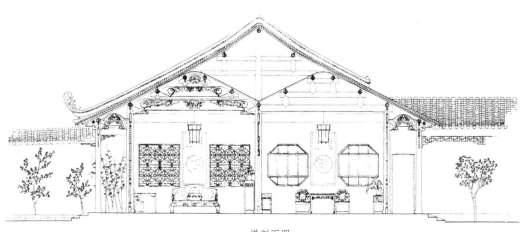

横剖面图

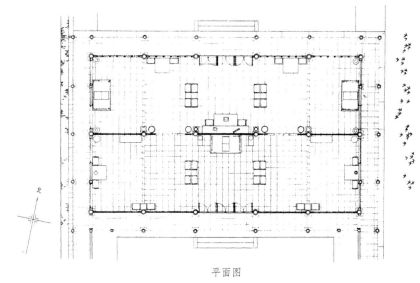

平面图

续图 3.2.3-1　留园林泉耆宿之馆鸳鸯厅

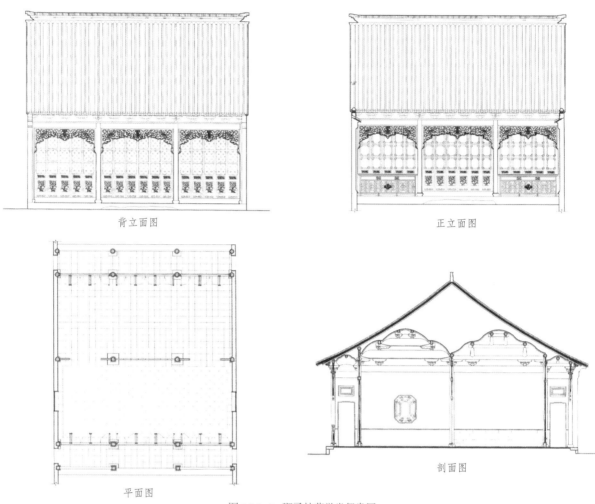

背立面图

正立面图

平面图

剖面图

图 3.2.3-2　狮子林燕誉堂鸳鸯厅

与步桁之间，竖以蜀柱，填夹堂板，组成类似近代的平屋架。也可将步桁加大，来帮助承力。如垂莲柱前深逾一界，或作满轩时，负重较重，须作草架，于草架内设通长的草搁梁架于边步柱，以铁件连接垂莲柱。故花篮厅的开间进深都不能过大，避免梁、枋跨度太大而不够安全。步枋与草搁梁的用料可按扁作大梁或经过计算确定。其贴式除扁作回顶外，常采用贡式或满轩，取其进深相对较浅。开间亦宜较小，常以两间破作三间，以减轻负重。实例如狮子林花篮厅（图3.2.4-1）、拙政园东部花篮厅（图3.2.4-2）、苏州木渎严家花园贡式花篮厅（图3.2.5-1）、瞻园花篮厅（图3.2.4-3）。

5. 贡式厅

梁架用扁作，将梁挖成向上弯曲如软带形，而效圆料做法之厅，称为贡式厅。贡式厅精巧秀丽，装饰性强，但深度较浅，共五、六界，每界深在

830～1100 mm（三、四尺）。前后作廊轩，廊轩以内或深三界、或深四界。深三界者，其梁架似三界回顶，深四界者，则梁架如圆堂，唯梁均需挖曲成软带形。大梁底挖曲约 60 mm（二寸），月梁约 40 mm（寸半）。童柱断面也成扁方形，宽厚同上下二梁。桁用长方料，常用宽 110 mm×170 mm（四六寸），开间较宽时，用 140 mm×190 mm（五七寸）。

梁桁转角加工成两小圆相连之凹线，沿梁架绕通，称为木角线。梁垫和机，多做回纹及流云、花枝等雕刻。大梁高度根据《营造法原》约为进深之 1/10～1/11，加挖曲高度。高宽比约 3：2。月梁约为大梁的 6/10。

贡式厅用料较费，应用较少。如苏州木渎严家花园之贡式花篮厅（图3.2.5-1）（已毁）、狮子林花篮厅（图3.2.4-1）。

6. 满轩

满轩即厅之贴式内联三或四个轩，全部由轩构成，

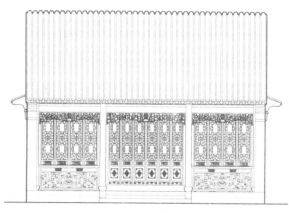

正立面图

平面图

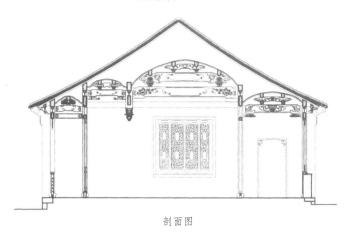

剖面图

3.2.4-1 狮子林花篮厅

称为满轩。轩间须以柱分隔，轩梁按要求可高可低，屋顶须用草架。轩式都用船篷、鹤颈等式。轩之深度在 2480～2750 mm（九、十尺），用料大小可参照前述大型厅堂之轩。实例如拙政园三十六鸳鸯馆（图3.2.6-1）。

梁架用料按照所用贴式，分别按扁作、圆料或回顶等计算。

上述几种厅的形式常常可以互换和混合。如上述严家花园之贡式花篮厅既是贡式又是花篮厅，还用三界回顶。拙政园东部花篮厅既是鸳鸯厅，又是满轩。

7. 厅堂立面

厅堂虽然有多种形式，但立面却基本一样，所以立面单独成一节。立面主要分成三段，下面是阶台，中间是屋身，上面是屋顶。

（1）阶台。

阶台做法前面已述，这里不再重复。

（2）屋身。

厅堂次间开间为正间的8/10，檐高等于次间开间，立面屋身的比例就能确定了。但实际也不都如此，还需视立面比例需要而定。

正面常常每间皆设长窗，或正间设长窗，两次间为地坪窗或半窗，视需要而定。而扬州喜用和合窗。窗扇数为四、六、八等双数，视开间大小而定，一般以六扇为多。窗可做成各种式样，极具装饰性。小型厅堂为增加使用面积，常把窗设在廊柱间，北方称为檐里装修。大型厅堂因留有走廊，则设在步柱间，北方称为金里装修。廊柱间于枋下装挂落，次间下部可设半栏坐槛或木栏杆。木栏杆有时也用于长窗内及地坪窗下，用于地坪窗下时，栏杆及窗之花纹均向内，栏杆外面钉雨挞板，以避风雨。

厅堂常在两侧砌山墙，其里墙面出柱中心线30 mm（一寸），柱旁砌成八字形，墙厚过去用小砖

江南园林建筑设计

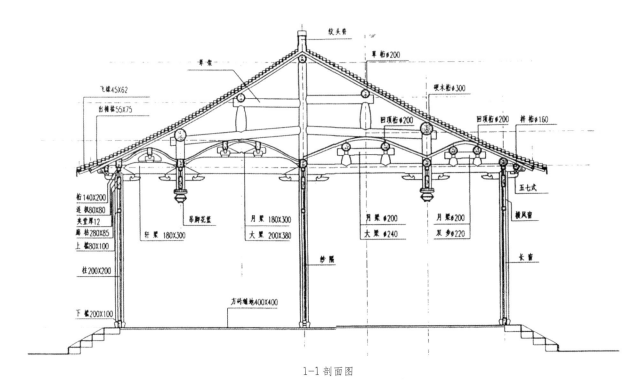

1-1 剖面图

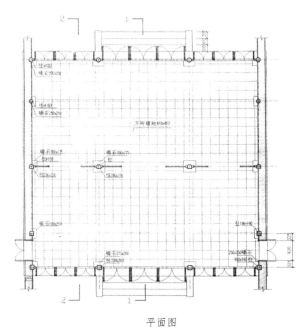

平面图

图 3.2.4-2 拙政园东部花篮厅

图 3.2.4-3　瞻园花篮厅（花篮下柱后加）（1）

图 3.2.4-3　瞻园花篮厅花篮（2）

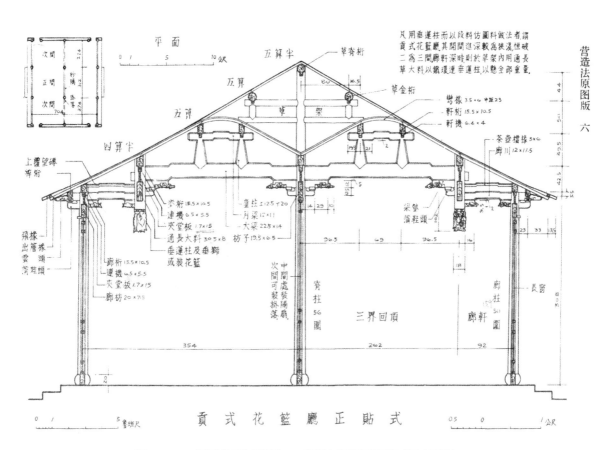

图 3.2.5-1　《营造法原》图版六——苏州木渎严家花园贡式厅（已毁）

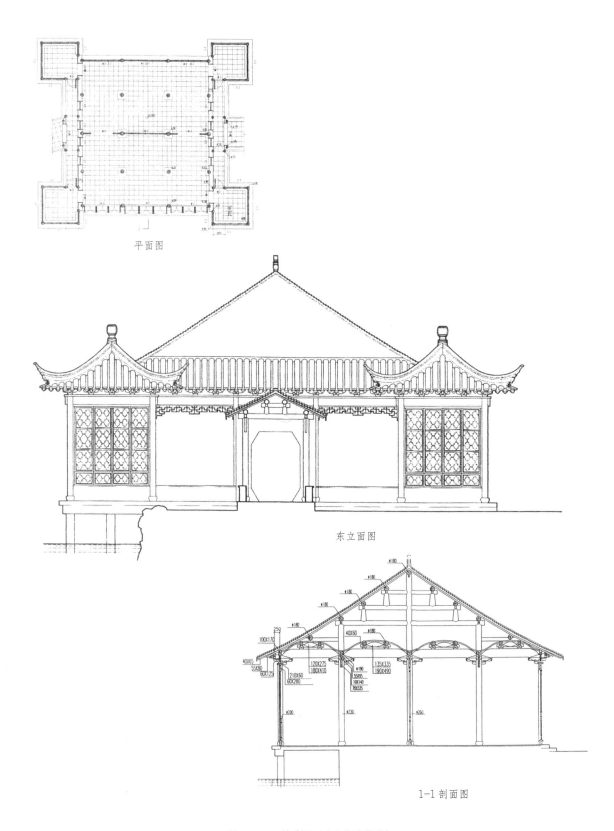

平面图

东立面图

1-1剖面图

图 3.2.6-1 拙政园三十六鸳鸯馆满轩

约尺许至一尺四寸（约280～390 mm），现在可按现行砖的规格来相应砌筑。下部做勒脚，高约830 mm（三尺），也可按需确定，实际上相当于现代的墙裙。厚度比上部厚30 mm（一寸）。厅堂内墙面做法较考究，其勒脚、墙面俱做细清水砖，给人以精巧优美的感觉。细清水砖也称砖细，即先选择平整、质地均匀、空隙较少的砖料，然后经刨光、打磨后的青砖。常用于门楼、墙门、垛头、墙面、门景、门洞、窗洞等处。山墙上有时可开窗，窗上做窗罩，或称窗头（图3.2.7-1、图3.2.7-2）。山墙伸出廊柱以外部分，称为垛头。上部为挑出以承檐口的装饰部分，中部为墙身，下部为勒脚。垛头厚同山墙。勒脚外口齐阶沿，垛头高依檐口，其上部高约为全高之1.5/10（图3.2.7-3）。上部又可分为上中下三部，上部按其形式及雕刻，可分三飞砖、

壶细口、吞金、书卷、朝式、纹头等式样。中部为方形之兜肚，其面或平或中央隆起约15 mm，四周及中间刻方框线条，或雕花卉静物等图案，兜肚侧面或素平或雕各样图案。下部为承兜肚之线条，作浑线、文武面等（图3.2.7-4）。前后檐在廊柱处砌墙，高至枋底，屋顶出檐按照常的做法，成为出檐墙（图3.2.7-5）。而墙高至檐口，将不出挑的椽头包封起来的，称为包檐墙（图3.2.7-6）。包檐墙顶逐皮挑出作葫芦形曲线，称壶细口。下施通长、稍突出墙面之抛枋，抛枋下施以圆形线脚托混，常用砖砌后外用纸筋灰粉刷。要求较高、较精细者，可做细清水砖。窗下之短墙称半墙，半墙多位于半窗坐槛之下。用于室内分隔的墙称隔墙。墙的砌法有实滚、花滚、空斗等。过去常用尺寸为砖长七寸、宽三寸半、厚七分（193 mm×96 mm×19 mm），

图3.2.7-1 留园窗罩

图3.2.7-2 留园窗罩

图3.2.7-3 个园透风漏月轩垛头（1）

图3.2.7-3 煦园垛头（2）

飛磚式　　　　　飛磚式

紋頭式　　　　　吞金式

紋頭式　　　　　朝板式

正　面　　　側　面　　　　正　面　　　側　面

图3.2.7-4　《营造法原》图版四十二、四十三——水磨砖垛头（1）

登细口式

箬卷式

飞砖式

飞砖式

纹头式

纹头式

正面　　　　　　侧面　　　　　　正面　　　　　　侧面

0　10　　　　　60公分

0　　　　1　　　　2鲁班尺

图3.2.7-4　《营造法原》图版四十二、四十三——水磨砖垛头（2）

图 3.2.7-5　郭庄扇亭出檐墙　　　　　　　　　图 3.2.7-6　网师园濯缨水阁包檐墙

现在这种小砖已很难觅，而且黏土砖逐渐被淘汰，有了许多新型的墙体材料，我们可以用现代的材料、现代的工艺来砌筑墙体，不必完全按照传统的方法。况且苏南园林建筑多用粉墙，故并不会影响外观，但扬州地区尚有许多用清水墙者，就需要用青砖等传统材料砌筑。或者仅用贴面青砖，只要质量上好，施工认真，其效果几可乱真。

③屋顶。

屋顶形式常用两种，一种为硬山，即厅堂边贴外砌山墙，其高与两坡屋面齐，硬山侧立面山墙与屋面的交接，简单的仅在屋面下砌出一皮或二皮飞砖线脚（图3.2.7-7），也有在山尖上砌出博风板，外面用纸筋灰粉面，还有在山尖塑出各种吉祥如意图案的多种做法（图3.2.7-8），高级者博风板用细清水砖（图3.2.7-9）。

江南住宅中常见的高起若屏风状的三山或五山屏风墙，俗称马头墙者，在园林中很少应用，出屋面的屏风墙，作为一种封火山墙，在城镇鳞次栉比的密集建筑中，对防止火灾蔓延无疑有着重要的作用，但园林中建筑密度相对要低，所以无需屏风墙封火，也许因屏风墙的轮廓过于平直，也不太适用于园中。出屋面的观音兜在园林中时有使用，观音兜即山墙由下檐成曲线向上至脊，耸起若观音兜状者。从廊桁或檐口垛头以上起曲线，称为全观音兜，自金桁处起，称为半观音兜（图3.2.7-10）。网师园池东就用了两个观音兜（图2.5-2），醉白池也有（图3.2.7-11），沧浪亭清香馆、寄畅园秉礼堂亦用了观音兜，汪氏小苑、未园的观音兜还有一些形状的变化（图3.2.7-12）。

另一种常用的为歇山。何谓歇山？《营造法原》解释歇山有三处。29页第五章厅堂总论中提到，"边间边贴间筑山墙，而两旁廊轩上架屋面，上端毗连山墙，称为落翼。而山尖位于落翼之后，称为歇山。"37页第七章殿庭总论中提到，"其前后作落水，两旁作落翼，山墙位于落翼之后，称为歇山。"除上述两处谈到歇山外，尚有附录二.检字及辞解中提到，认为歇山是"悬山与四合舍（庑殿）相交所成之屋顶结构。"我们先来了解一下什么是"落翼"？《营造法原》辞解"落翼"为："在殿庭左右两端之两间，但硬山仍称边间。"并指出它即北方之梢间。36页第七章殿庭总论中提到："殿庭之广，随屋之大小，由三间至九间。正中间称正间，其余称次间。再边两端之一间，除硬山时可称边间外，称为落翼，故吴中称五开间为三间两落翼，七开间为五间两落翼，九开间为七间两落翼。如仅三开间，仍于次间作落翼时，则称次间拔落翼。"37页"歇山拔落翼，恒以落翼之宽，等于廊柱与步柱间之深。"从"次间拔落翼"和"落翼之宽"以及上面解释歇山时所称的"落翼"，可以看出这些落翼并非指平面，而是指侧面的屋顶，称落翼的屋顶均在平面落翼这一间上。可见《营造法原》定义落翼不够全面、确切。因为厅堂也有落翼，并非殿庭专用。有转角的屋顶，不仅歇山，也包括四合舍（庑殿），都可称为落翼。综上所述，落翼应有双重意义，其一是有转角房屋的侧面之屋顶。其二指有转角房屋之平面两端，其上有侧面屋顶之一间。

《营造法原》关于歇山的这些解释都不够严谨。按《营造法原》解释，山墙为"建筑物两端山形之墙。"

图 3.2.7-7　曾园归耕课读庐山墙

图 3.2.7-8　豫园山墙

图 3.2.7-9　乔园莱庆堂山墙与垛头

江南园林建筑设计

133

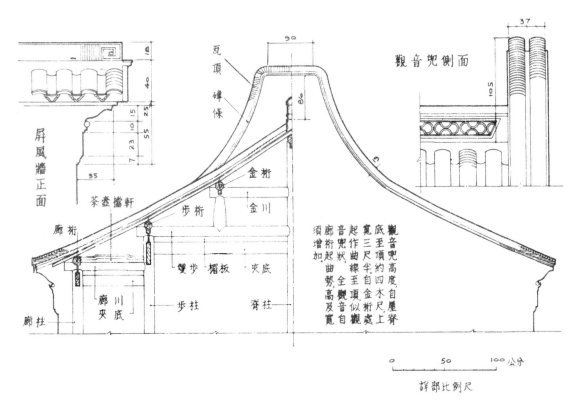

图 3.2.7-10 《营造法原》图版三十七——观音兜山墙

图 3.2.7-11 醉白池观音兜山墙

图 3.2.7-12 扬州汪氏小苑山墙（1）　　　　　　　图 3.2.7-12 常州未园乐鱼榭山墙（2）

按前两种解释，从文意上理解，落翼应为位于山墙一侧、上端与山墙相连的屋顶，此时山尖或山墙位于落翼之后。歇山似乎只是在硬山两侧加落翼而成（图 3.2.7-13），这就不够全面。中国建筑以木架承重为主，墙体多是围护结构，有无山墙并不是形成歇山的必要条件，如拙政园留听阁、枇杷园之玲珑馆就无山墙（图 3.2.7-14），许多用歇山顶的亭子根本就没有山墙（图 3.2.7-15）。山墙是由下部墙体与上部的山尖组成，对歇山屋顶重要的是山尖，而不是山墙。第三种解释也不够全面，它与《营造则例》对歇山的解释一样："悬山与庑殿相交所成之屋顶结构。"北方多见悬山，但悬山一式"南方已不多得矣"。用悬山来解释似乎不太合理。《营造法原》57 页有云："歇山之厅堂，……竖带以外为盖瓦一愣，下砌飞砖二路，逐皮收进，其下为博风，系砖砌粉出，合角处作悬鱼、如意等，此歇山山尖之外观也。"此外观无疑是硬山。南方尤其在园林实例中，歇山山尖多用砖砌，桁条并无悬出，呈现出硬山之面貌。上述于山墙外架屋面，上端毗连山墙，也是硬山山尖，硬山山尖形式也可变化（图 3.2.7-12（2））。当然也有山面悬挑的形式，一般多用于庙宇大型殿庭，在园林中却极少应用，如拙政园远香堂之歇山。综合起来，歇山就是正面两坡顶，两

侧有落翼，其后有山尖之屋顶。山尖大多为硬山，也有部分悬山。《营造法原》37 页有云："歇山拔落翼，恒以落翼之宽，等于廊柱与步柱间之深。譬如三开间，前后深四界，作双步。其落翼之宽，等于双步之长，拔落翼于川童之上，而于桁条之上设梁架以承屋面。"落翼之宽既等于双步之长，又怎能在川童上拔落翼？必须在步柱上拔落翼。38 页指出"如重檐殿庭，三间二落翼，深八界者，其下檐则就其廊川或双步之深，于步柱上拔落翼"。又指出重檐殿庭，三间二落翼，"其上层于次间面阔之半拔落翼，而置搭角梁及童柱，承山界梁及叉角桁，以复屋面。"其上层拔落翼，如在次间面阔之半拔落翼，次间面阔必须正好为两倍界深，否则，便不能做。

歇山落翼之宽应与横剖面相对应，宽一界或二界，才能使角梁成 45° 搁置于廊桁和步桁或金桁之上。一些小厅堂、楼阁、舫、亭等无廊的建筑如拙政园玲珑馆、留园曲溪楼、西楼、拙政园香洲、怡园画舫斋及一些亭均按此原理做了歇山。

苏南常在山尖上灰塑如意、回文、蝙蝠、仙鹤等图案（图 3.2.7-16），而扬州多用砖雕花纹（图 5-13）。

歇山山面的构造，凡拔落翼在屋架中心轴线上时，出檐椽后尾直接或通过垫木搭在梁上（图 3.2.7-17

图 3.2.7-13 北半园歇山

图 3.2.7-14 拙政园留听阁歇山

图 3.2.7-15 留园濠濮亭歇山

图 3.2.7-16 狮子林问梅阁山尖

（1））。或如《营造法原》所云："则须于边贴梁架旁，加草梁，以承落翼之椽，及山尖墙垣之重。"莫愁湖水院某亭正如此结构（图 3.2.7-17（2））。当落翼宽在梁架外时，则在廊桁上置搭角梁（抹角梁或趴梁），梁上立童柱，支承叉角桁，椽搁在桁上。山尖部分较小时，可用砖直接砌在木椽上。当山尖较高大时，如上所述，可加梁解决。北方则用采步金梁承歇山屋面，北方山面收山仅一檩径，山面坡顶较短，山尖较为高大且都用木结构，两边多做排山勾滴。而南方园林除个别较大的厅堂外，山面坡顶相对较长，山尖较小，两边多不做排山，而以瓦垄结束，显得更为轻盈。当桁条外端挑出成悬山时，则在山尖梁架上钉山花板，以蔽风雨。桁端钉厚木板，称博风板（博风板），其下沿基本与屋面平行，高度依照设计。

歇山屋顶有四个转角，称为戗角（翼角），其构造做法称为发戗，即屋角起翘。南方的屋角起翘比北方要高，虽凝重不若，但轻巧、活泼，更为秀丽。发戗之制主要有水戗发戗与嫩戗发戗两种。水戗发戗较

为简单，水戗（戗脊）即屋角上的屋脊。于角上 45° 架老戗（老角梁）在廊桁、步桁之上，这与北方老角梁后尾扣压在金桁下不同。园林建筑中老戗用料一般按所用斗料分为四六式或五七式（详见后面嫩戗发戗）。四六式用于亭中，五七式用在厅堂上，根据建筑规模而定。老戗之上或设角飞椽或设子戗，角飞椽厚为 1.1 飞椽厚或同厚，宽为 1.2 飞椽宽。子戗宽为 7/10 ～ 8/10 老戗宽，后为宽之 8/10，前端为后部之 8/10。老戗依出檐椽水平放出 280 mm（一尺）而向外伸出（冲出），如建筑较小，也可适当减小。出檐椽与飞椽上端以步桁处戗边为中心，向下成放射形排列，如摔网状，故称摔网椽（翼角椽）。其椽头由直挺（正身）出檐之外逐根成曲线向外叉出，称为放叉。至角分别与老戗及角飞椽头相齐。椽数为单数，最多至十三根或十五根，但并不严格，步桁中心直挺出檐之椽可算在内，也可不算。椽头间距需排匀，且不宜超过出檐椽间距。在廊桁和梓桁上，由于摔网椽逐根抬起，形成三角形的空隙，要用戗山木（枕头木）将摔网椽垫起，

136

最后与戗面齐平。水戗发戗之木骨只略为高起，屋角起翘主要依靠屋面水戗，所以称水戗发戗。沧浪亭明道堂（图3.2.1.2-26）、怡园藕香榭（图3.2.1.2-27）、拙政园绣绮亭、怡园小沧浪（图3.2.7-18）等运用了水戗发戗。怡园小沧浪用角飞椽（图3.2.7-19），老戗上如用子戗，此时起翘略高，与北方之子角梁极为相似，如艺圃对照厅（图3.2.7-20（1））、燕园仡秋簃亭（图3.2.7-20（2））。有时就只用老戗，不设飞椽，如耦园便静宦亭。尚有一种变体，将老戗头部微向上弯起，甚而连靠近老戗的檐椽头也微微卷起，也不用飞椽，如怡园玉延亭（图3.2.7-21）。水戗发戗大多不用遮檐板。

另一种为嫩戗发戗，嫩戗竖立于老戗上，故角翘较高。老戗亦呈45°搁置在廊桁、步桁上，前端如放叉规模较大的戗角，按出檐椽水平放出280 mm（一尺）或一飞椽长，一般厅堂或可为8/10～9/10飞椽长，亭或小阁可为6/10飞椽长，视建筑体量而定。后尾如步柱与廊柱相距二界时，须伸长至步柱。角部亦列摔网椽，用戗山木。由于起翘的缘故，角部的屋面成曲面，望砖难以铺设，故摔网椽上铺望板而不用望砖。老戗用料南方均按斗料规格，园林建筑一般用四六式或五七式，即110 mm×170 mm 或140 mm×190 mm(四六式或五七寸)，还须加车背40 mm(1.5寸)，车背呈三角形，以适应戗两旁之望板铺设，实际用料为150 mm×170 mm 或180 mm×190 mm（五寸半×六寸或六寸半×七寸）。如出檐较大，用料可增加一档，反之，可减小一档。戗底作弧形，两侧各去20 mm（七分），称为篾片混。戗顶面较底面窄，成反托势，托势就是上大下小的程度，反之为反托势，每侧收小14 mm（五分）。戗头有梓卷、梓珠、杨叶、龙头等式花纹，戗尾尺寸按戗头八折。实际操作往往简化，戗后尾用料没有大小头，也不必将后尾刻做小。在老戗之端头缩进80 mm（三寸）处，于老戗背面开槽，称檐瓦槽，插嫩戗于槽内。按《营造法原》，嫩戗与老戗呈130°～122°夹角，即泼水为一寸二分至一寸六分，泼水就是构件的倾斜程度，即此夹角正切 $\tan\alpha = 1.2～1.6$，可根据建筑的等级、大小来定。即《营造法原》39页所言："殿庭用料较巨，泼水以泼足为宜。亭阁较小，泼水宜为酌收。"嫩戗戗根按老戗头八折，戗头再照戗根八折。戗面亦作篾片混，戗背亦加40 mm(1.5寸)作车背，嫩戗实长，自根部起为三倍飞椽长。嫩戗尖端，因要与两旁遮檐板（又叫摘檐板）相合，需锯成尖角，称合角。嫩戗尖下做成斜

角，称猢狲面，猢狲面也有泼水，为1.45寸，即 $\tan\beta = 1.45, \beta = 55°24'$。以嫩戗尖作顶点，戗背为一边，按55°24'作另一边线，即猢狲面斜线。嫩戗发戗做法于苏州大多在飞椽与立脚飞椽之端部用遮檐板，但也有例外，如拙政园远香堂，留园闻木樨香轩、清风池馆等不用遮檐板，扬州则多不用，上海豫园中亦多不用，其他地方有用也有不用的。老戗与嫩戗间实以菱角木、箴木及扁担木，扁担木上部亦做车背并须弯曲，使从嫩戗尖到老戗背成一顺滑合适的曲线。扁担木按《营造法原》云："木弯曲，盆使其曲势顺适。"此处"盆"字有些费解，从文句来看，似乎应为"并"字，在此作连词用，"盆"可能是"并"字的讹音。扁担木与嫩戗上端以孩儿木贯通，嫩戗根部并菱角木、箴木、扁担木亦用木条贯通，称千金销，其露在老戗下面的端部常做成仰复莲装饰。千金销与孩儿木都起销钉的作用，使各构件连接更坚固，现在在戗角木构上常用铁件来进行加固。戗角处飞椽与出檐椽一样亦作放射形排列，从正对步桁中心处起逐根渐渐竖立，上端最后与嫩戗尖相平，这些飞椽叫立脚飞椽。立脚飞椽的端部必须形成圆滑的曲线，避免生硬不顺。其根部架于里口木间，里口木也逐渐升高，成高里口木，高里口木可高至220、250 mm（八、九寸）。为将立脚飞椽固定坚牢不能移动，在其下端钉以短木，称捺脚木（图3.2.7-22、图3.2.7-23）。戗角处摔网椽及立脚飞椽上均须钉望板，摔网椽上的称摔网板，立脚飞椽上的称卷戗板，因扁担木高于两侧望板，故尚须钉鳌壳板以形成平顺的屋顶曲面，此处构造亦称鳌壳。另据《苏州古典园林》34页所言："老戗和嫩戗相交的角度，一般须是老戗、嫩戗和水平线成的两锐角大致相等。"园林建筑往往比较自由活泼，不必拘泥于成法，完全可以根据需要来决定起翘的角度，但要注意本身的造型要自然、洒脱，与周围建筑、环境要协调、和谐，以期取得良好的艺术效果，如拙政园远香堂、怡园金粟亭角（图3.2.7-24），其中拙政园远香堂屋角就很平（图3.2.7-25）。嫩戗发戗还有一些变化，在老戗头部附加一根似嫩戗的构件，其外侧与老戗头部一起构成弧形，或老戗端头直接弯起。它们一般起翘较小，又出也较小，不用飞椽，近老戗处的三、四根檐椽头也要向上微弯，以与老戗头一起组成平缓的檐口曲线。常用于小体量的亭榭等，如狮子林文天祥碑亭（图3.2.7-26）、怡园画舫斋（图3.2.7-27）与四时潇洒亭。

扬州园林建筑之翼角比苏州的低平，因此其形象比苏州式样凝重，而比官式建筑轻盈。其飞椽头外不

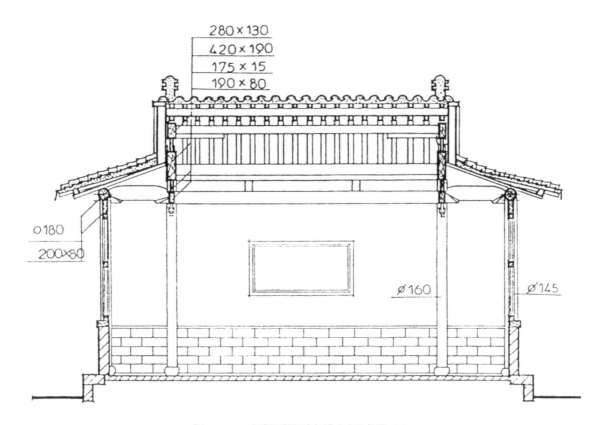

图 3.2.7-17　网师园濯缨水阁歇山山面构造（1）

图 3.2.7-17　莫愁湖水院某亭歇山加梁（2）

图 3.2.7-19　怡园小沧浪水榭发戗用角飞椽

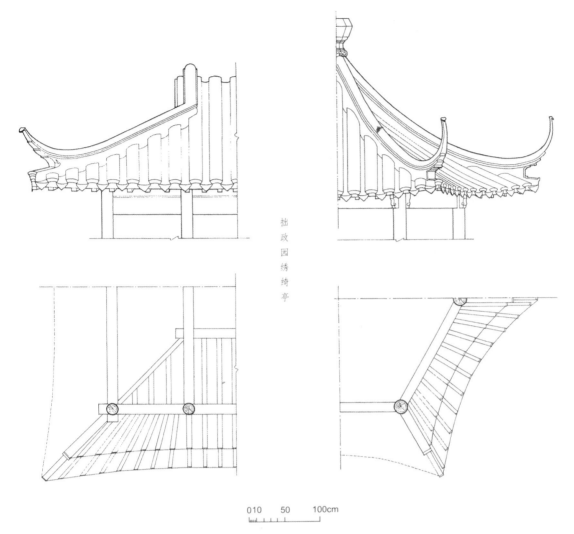

拙政园绣绮亭

怡园小沧浪

010 50 100cm

图 3.2.7-18 拙政园绣绮亭、怡园小沧浪亭实测图

图 3.2.7-20 艺圃对照厅水戗发戗用子戗（1）

图 3.2.7-20 燕园仜秋簃水戗发戗用子戗（2）

江南园林建筑设计

139

图 3.2.7-21　怡园玉延亭用烟筒头老戗

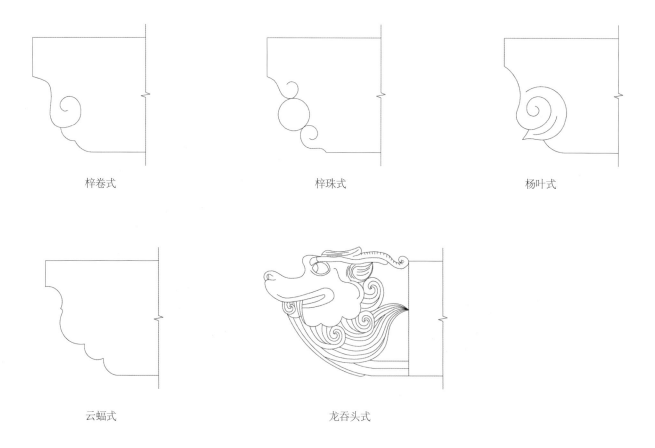

梓卷式　　　　　　　　　　　梓珠式　　　　　　　　　　　杨叶式

云蝠式　　　　　　　　　　　龙吞头式

图 3.2.7-22　老戗头式样（1）

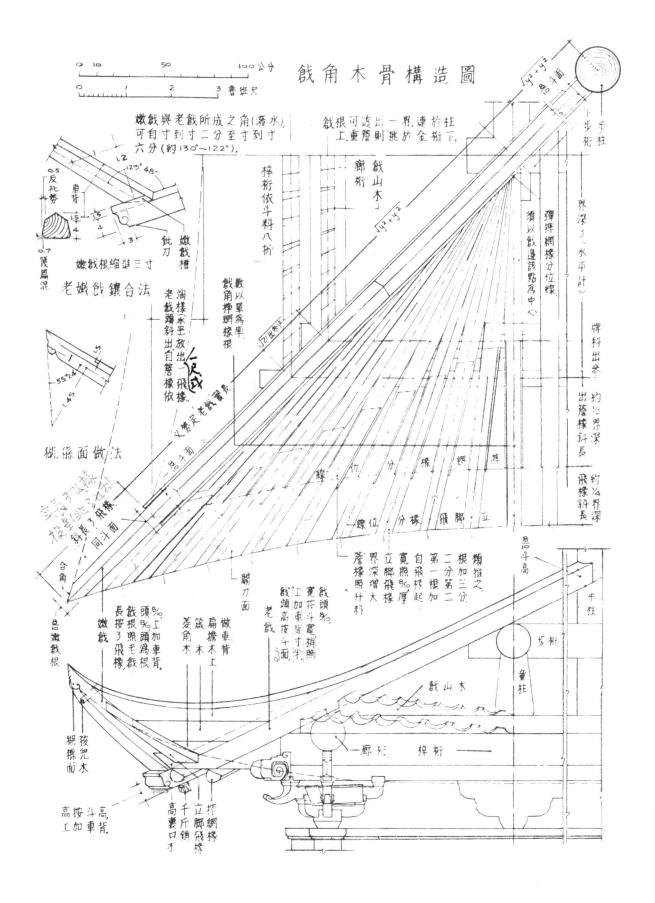

图 3.2.7-22　《营造法原》图版十七——戗角木骨构造图（2）

141

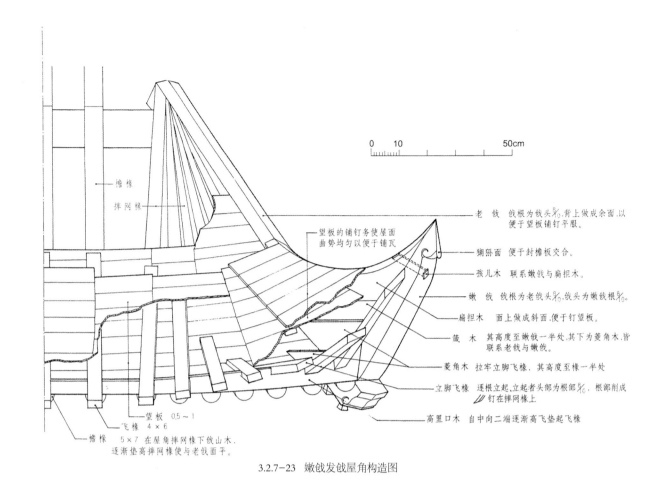

0　　10　　　　　　　　　　50cm

檐椽
摔网椽

望板的铺钉务使屋面
曲势均匀以便于铺瓦

老　戗　戗根为戗头头,背上做成余面,以
便于望板铺钉平服。

狮狻面　便于封檐板交合。

孩儿木　联系嫩戗与扁担木。

嫩　戗　戗根为老戗头头,戗头为嫩戗根头。

扁担木　面上做成斜面,便于钉望板。

菱　木　其高度至嫩戗一半处,其下为菱角木,皆
联系老戗与嫩戗。

菱角木　拉牢立脚飞椽,其高度至椽一半处

立脚飞椽　逐根立起,立起者头部为根头,根部削成
钉在摔网椽上

高里口木　自中向二端逐渐高飞垫起飞椽

望板　0.5~1
飞椽　4×6
檐椽　5×7　在屋角摔网椽下戗山木,
逐渐垫高摔网椽使与老戗面平。

3.2.7-23　嫩戗发戗屋角构造图

1	
2	3

1　3.2.7-26　狮子林文天祥碑亭屋角
2　3.2.7-25　拙政园远香堂屋角
3　3.2.7-27　怡园画舫斋屋角

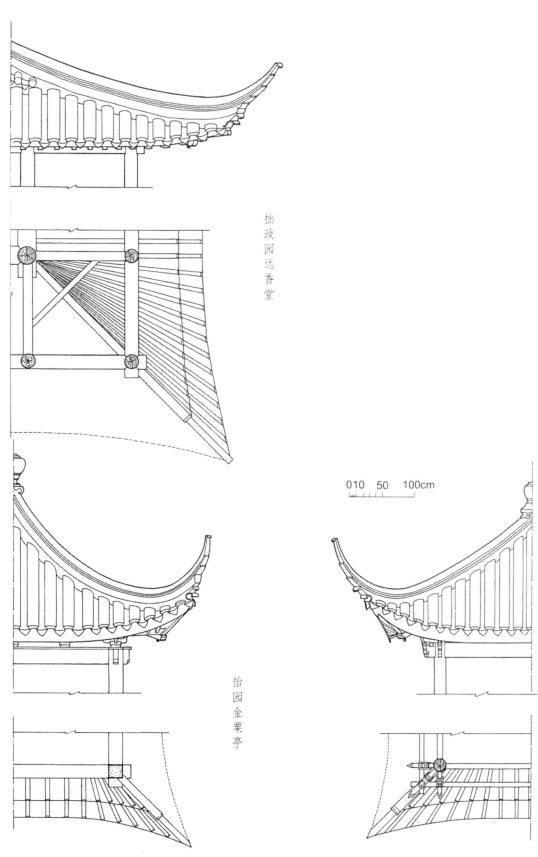

拙政园远香堂

010 50 100cm

怡园金栗亭

拙政园绿漪亭

3.2.7-24 嫩戗发戗实测图

用遮檐板，翼角部分的出檐椽之椽头沿着檐口线向外批出，近角端部时已成尖锐的矛头，也成为扬州古建筑的一大特色（图 3.2.7–28）。

江南园林厅堂屋面通常均用板瓦，又称蝴蝶瓦、小瓦、小青瓦。瓦分底瓦与盖瓦，凹面朝上相叠成沟者，为底瓦，凹面向下复于两底瓦上者为盖瓦。檐口处盖瓦用前有翻边之花边，底瓦用前有垂尖的滴水，花边、滴水瓦要挑出约 80 mm，但不能超过瓦长的一半。盖瓦一列，称为一楞，两楞间距离称豁。硬山顶之边楞应为盖瓦，用于出屋面之墙如屏风墙、观音兜墙边则为底瓦沟。殿庭等大型建筑底瓦用砂灰即石灰砂浆窝在基层上，一般建筑则不用或少用，底瓦直接铺在基层上。底瓦须小头向下，盖瓦则大头向下。瓦的铺叠，北方有压七露三或压六露四之说，南方则有"一搭三"的要求。所谓"一搭三"就是指某一张底瓦的下端要在下面第三张瓦之内。这样，即使下面一张瓦破裂，也不至于马上引起渗漏，这与北方做法相近。底瓦铺设时还需注意瓦的下端相叠处不能有较大的缝隙，避免刮风时雨水渗入。瓦无统一规格，各生产厂家尺寸略有不同，盖瓦大头口宽约 165 mm，长约 180 mm，底瓦比盖瓦稍大（图 3.2.7–29）。

前后坡屋面合龙于脊桁之上，在脊桁上所筑之脊称正脊（正脊）。一般用于园林建筑中的正脊有游脊、甘蔗脊、雌毛脊、纹头脊、哺鸡脊、哺龙脊等（图 3.2.7–30）。游脊仅以瓦斜铺，比较简陋，不宜用于正房。甘蔗脊则将瓦竖立排在攀脊上，称为

筑脊，两端做回纹或如意等装饰，脊顶粉盖头灰，以防雨水。雌毛脊即在钩子头或瓦条上放置扁铁约 250 mm×40 mm×3 mm，扁铁弯起，上铺望砖或板瓦，粉平后将盖瓦斜铺其上，顶端或放置一块滴水瓦。纹头脊即在两端作纹头装饰，纹头图案有回纹或乱纹，可用直线或曲线，此外还有灵芝、香草、石榴、风头、蝙蝠云纹等变体，极富变化（图 3.2.7–31）。哺鸡脊顾名思义就是用小鸡形象作装饰，哺龙脊则用小龙的形象。过去曾有烧造的窑货，现在一般都为灰塑，其后尾也要用扁铁挑起。本身长度除雌毛脊较长外，纹头脊与哺鸡脊一般控制在二至三楞盖瓦左右。正脊高度 280～500 mm（一尺至一尺八寸余），宽略大于瓦宽，在 200 mm 以下。

一般各脊都须在瓦上先筑攀脊作为脊座，其上皮应高出盖瓦 55～83 mm（二、三寸），再于其上筑脊。

3.2.7–28　个园鹤亭屋角

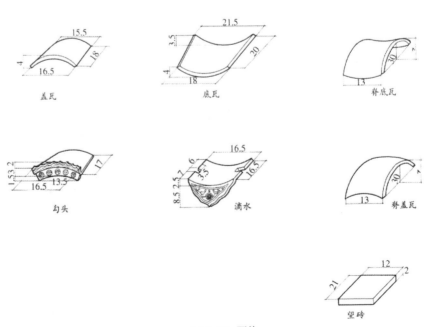

3.2.7–29　瓦件

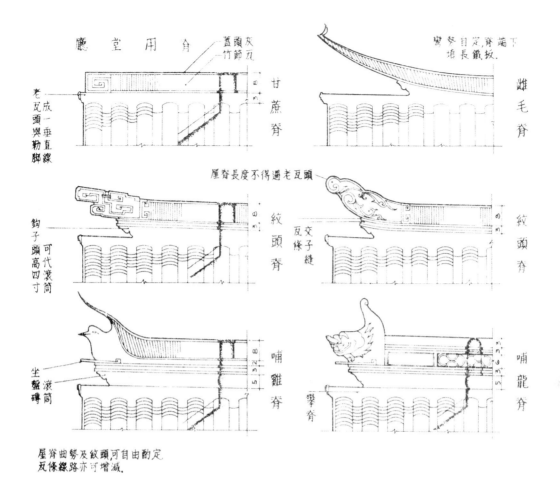

3.2.7-30 《营造法原》图版三十九——厅堂用脊

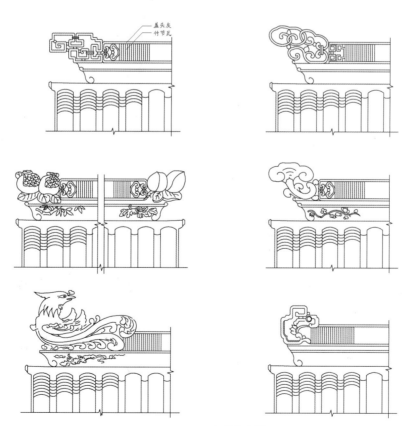

3.2.7-31 各种纹头脊

硬山攀脊两端设花边瓦，称为老瓦头，老瓦头挑出55 mm（二寸许），诸脊向外不超过老瓦头（图3.2.7–30）。《营造法原》图版三十九中说明，甘蔗脊上竖立之瓦注为"竹节瓦"，此处"竹节"无论从形式或意思均与瓦无法联系在一起。"竹节"似是"筑脊"的讹音，吴语"竹节"与"筑脊"发音相同。在第十一章屋面瓦作及筑脊里未提到"竹节"瓦，58页厅堂筑脊配料及各项名称及数目之（十）记有开间一丈，筑脊瓦一百六十六块。第十二章砖瓦灰砂纸筋应用的三瓦应用里亦未提及"竹节"瓦，倒记载："厅堂用瓦筑脊，系用瓦垂直排砌，一丈开间，用瓦一百六十六块。"正与"筑脊"瓦相符。雌毛、纹头、哺鸡诸脊，中间一般都为竖排之筑脊瓦，变化只在两端，其两端作钩子头，将攀脊加高，并使脊端翘起（图3.2.7–30）。若脊较高，在攀脊之上砌滚筒，用140 mm（五寸筒）或190 mm（七寸筒）对合砌成，中间用砂浆填实，滚筒端头做成钩子头形状。滚筒上用瓦条砌线脚一、二路，一路厚约30 mm（一寸），砌二路瓦条者，其中间相距约30 mm（一寸）并缩进，称交子缝，线脚上再置筑脊瓦。

苏州园林建筑中的许多厅堂不做正脊，用黄瓜环瓦复于盖瓦和底瓦之上，立面上呈凹凸之齿形。但也不完全如《营造法原》所云："厅堂用于园林者，屋顶都不用脊。"苏州园林实例中用正脊的厅堂不在少数，如拙政园三十六鸳鸯馆、立雪堂，狮子林燕誉堂，怡园藕香榭等用纹头脊；网师园看松读画轩、艺圃博雅堂等用哺鸡脊；网师园集虚斋用属雌毛脊的"凤回头"脊（图3.2.7–32）；拙政园远香堂用了鱼龙吻脊，这是苏州园林里少见的特例。其他处用脊的举不胜举，如水绘园壹默斋用哺龙脊（图3.2.7–33），煦园漪澜阁、忘飞阁（图3.2.7–34），寄畅园秉礼堂都用脊，在豫园不做脊的反居少数，听涛阁、涵碧楼、还云楼等还用了龙吻（图3.2.7–35）。扬州园林里的众多建筑也均用屋脊，且善用砖瓦砌的透空花脊，而戗脊不出挑，形成扬州建筑的又一特色（图3.2.7–36）。园林建筑比较灵活、自由，脊的做法并不局限于这几种。

歇山或硬山屋顶在山尖上，正面依屋面斜坡筑脊，称竖带（垂脊），硬山亦可不用竖带。歇山从竖带至角之脊称戗脊（戗脊）。如两坡竖带至脊处成圆弧形相连，竖带下端连着戗脊，沿戗而下，至角端头翘起如半月状，亦称水戗，这种连着竖带和戗脊的又称背包戗，在江南园林中应用很广。还有一些例子，竖带过戗脊继续向下，其下端在位于近廊桁处或在廊

图 3.2.7–32　网师园集虚斋凤回头屋脊

图 3.2.7–33　水绘园壹默斋哺龙脊

图 3.2.7–34　煦园忘飞阁龙吻

图 3.2.7–35　豫园还云楼龙吻

桁、步桁间，作花篮靠背，置戗兽。如拙政园远香堂、兰亭流觞亭、怡园四面潇洒亭、耦园山水间等（图3.2.7-37）。豫园屋顶上塑造了许多民间故事、神话传说、戏剧场景的人物，热闹非凡。1860年太平天国兵燹，园林又一次遭受严重破坏，豫园被21家商业同业公所分割作为办公场所，因此商业气氛较浓（图3.2.7-38～3.2.7-40）。

竖带筑于屋面最边上之两楞盖瓦上，中心对着底瓦中，竖带外仅盖瓦半楞，下砌飞砖二路，逐皮收进，其下或为博风，用砖砌或粉出，中间作悬鱼、如意等，与硬山相似。竖带做法先在两楞盖瓦上砌出脊座，高约55 mm（二寸），上面按需要用190 mm筒瓦（七寸）或140 mm筒瓦（五寸），横着对合砌成滚筒，上筑二路瓦条，再复盖筒，外做粉刷。竖带高度自脊座起，约360 mm或410 mm（一尺三寸或一尺五寸），宽约165 mm（六寸）。另一种做法不用滚筒，脊座上筑二路瓦条，上盖筒瓦。这样的竖带高约220 mm（八寸）。竖带与水戗除戗座有些不同外，余皆相同（图3.2.7-41）。拙政园雪香云蔚亭、怡园小沧浪亭水戗发戗不用滚筒。拙政园松风亭、别有洞天亭、艺圃乳鱼亭为嫩戗发戗不设滚筒。

屋面水戗做法各类建筑都一样，在此仅简单介绍。水戗之形式、高宽同竖带（图3.2.7-41），但戗端逐渐减低。嫩戗发戗之水戗做法，后部与竖带一样，戗端依照嫩戗的角度顺延向上，在嫩戗尖与两侧的滴水瓦之上放老鼠瓦，老鼠瓦为一块与戗垂直、横放的五寸筒瓦，一侧可锯成齿形，用T形拐子钉钉于嫩戗尖上。老鼠瓦上为一块勾头筒瓦，称为猫衔瓦或御猫瓦或蟹脐瓦，实则是水戗戗座的结束收头。猫衔瓦上为太监瓦，是滚筒的端头，作葫芦形曲线。再往上是四叙瓦，又称朝板瓦，共两层，是二路瓦条的逐次延伸。最上为盖筒，戗尖上置一勾头筒瓦。四叙瓦及盖筒下均须设置扁铁承挑，名为铁戗挑，长约1500 mm，宽为80～100 mm，厚约6 mm。用水戗发戗者，依靠水戗本身弯起，需将戗座垫高165、193 mm（六、七寸），作壶口形，然后逐皮挑出弯起，顶端放置一勾头，如艺圃朝爽亭用水戗发戗（图3.2.7-42）。水戗头或反转做卷叶、柳条、藤头等多种花饰（图3.2.7-43）。戗亦须用扁铁，其上端挑出承戗头弯起，《营造法原》云："其下端则坚钉戗角木骨上。"戗端设置的铁板，下面尚有戗座，也许还有滚筒、瓦条等，并未紧贴木戗骨，至少隔开100 mm，颇疑如何能坚钉戗角木骨上？扬州的水戗与苏州有些不同，如何园之月亭（图3.2.7-44）。

《营造法原》58页中云水戗泼水与垂直成25°角，实例可以并不完全照此，可以调整。如拙政园远香堂、荷风四面亭等用嫩戗发戗（图3.2.7-45、图3.2.7-46）。若水戗不用滚筒，则没有太监瓦。

（三）楼阁

楼阁如《园冶》所说："层阁重楼，迥出云霄之上"，

图3.2.7-36　瘦西湖某屋脊

图3.2.7-37　耦园山水间竖带

图 3.2.7-38 豫园屋面塑像

图 3.2.7-39 豫园屋面塑像

图 3.2.7-40 豫园屋面塑像

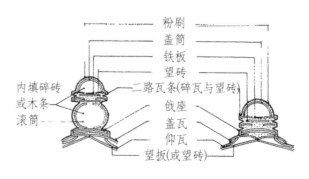

图 3.2.7-41 水戗剖面

图 3.2.7-42 艺圃朝爽亭（水戗发戗）

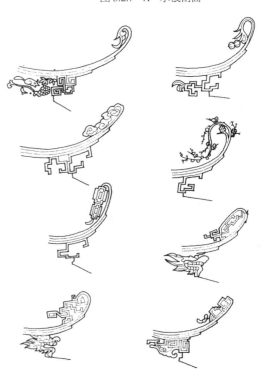

图 3.2.7-43 各式水戗头

148

图 3.2.7-44　何园月亭水戗

图 3.2.7-45　拙政园远香堂水戗

图 3.2.7-46　拙政园荷风四面亭水戗

江南园林建筑设计

主要作登眺之用，所谓"登高望远"，可以俯视园内，也可借园外之景，真是"欲穷千里目，更上一层楼。"结构上两者无甚区别，正如《扬州画舫录·工段营造录》所说："楼与阁大同小异。"阁的造型较楼更为轻盈。阁常四面开窗，而楼多前后设窗。

实例能收集到图纸的有拙政园见山楼（图3.3-1）、倒影楼（图3.3-2）、浮翠阁（图3.3-3）、留园曲溪楼（图3.3-4）、明瑟楼（图3.3-5）、冠云楼（图3.3-6）、还我读书处（图3.3-7）、远翠阁（图3.3-8），卧云室（图3.3-9），沧浪亭看山楼（图3.3-10），网师园五峰书屋、集虚斋（图3.3-11）、撷秀楼（图3.3-12）、耦园城曲草堂（图3.3-13）、北半园后楼（图3.3-14），退思园辛台（图3.3-15）、莫愁湖胜棋楼（图3.3-16）、煦园夕佳楼（图3.3-17），乔园来青阁（图3.3-18），寄畅园凌虚阁（图3.3-19）、惠山云起楼（图3.3-20），郭庄锦苏楼（图3.3-21）。

楼阁以两层为多，三层的较少，豫园观涛楼即为三层（图3.3-22），乔园来青阁也是三层（图3.3-18），北半园后楼第三层很矮，实为二层半（图3.3-14）。因楼为"重屋"，所以其上层结构与厅堂一样。正是《园冶》所言："造式，如堂高一层者是也。"屋顶常为歇山或硬山。

楼的平面形式多与普通中型厅堂一样，开间一般都为三间或五间，进深由前后廊柱与前后步柱组成，这是楼房的基本平面形式，留园明瑟楼、网师园撷秀楼、集虚斋和五峰书屋、退思园坐春望月楼、个园抱山楼、豫园万花楼、郭庄锦苏楼等都是这样布置的，参见各园平面图。在此基础上又有各种变化，开间偶也用别的间数，如乔园松吹阁（图3.3-23）、狮子林见山楼（3.3-24）、秋霞圃凝霞阁（图3.3-25）就仅一间，耦园听橹楼（3.3-26）、退思园辛台（图3.3-15）为二间，狮子林暗香疏影楼是四间（图3.3-27），扬州园林中更有面阔较多的长楼，如个园的抱山楼（图2.5-4）、何园的蝴蝶厅（图3.3-28）、二分明月楼（图3.3-29）均为七间。较小的楼房有的只用一面廊，如留园还我读书处（图3.3-7）。有的进深较小仅用两柱，如留园曲溪楼（图3.3-4）、冠云楼（图3.3-6），都是基本形式的变化。莫愁湖胜棋楼进深用柱较多、结构较复杂，比较少见，是一个特例（图3.3-16）。

楼梯可根据实际情况灵活布置，可设在室内后面或侧面，如网师园的五峰书屋，留园还我读书处。或单独另设在后面，如狮子林指柏轩、卧云室。也可另设，经走廊至二楼，如拙政园见山楼（图3.3-30）、耦园听橹楼（图3.3-31）。再或者可通过室外假山登楼，如二分明月楼夕照楼（图3.3-32），留园冠云楼、明瑟楼、网师园读书楼、何园赏月楼等也由假山登楼，个园抱山楼亦可经由西侧湖石假山上鹤亭边蜿蜒而下。具体可见各园总平面图与各楼之平面图。

阁的平面有时还常作方形或近于方形、多边形等，构造与亭类似。

实景图

图3.3-1　拙政园见山楼

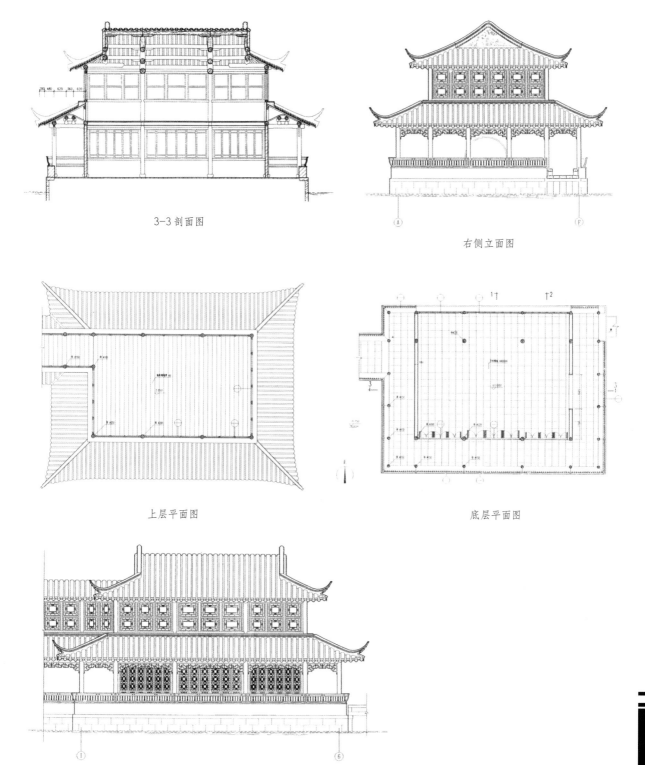

3-3 剖面图

右侧立面图

上层平面图

底层平面图

正立面图

续图 3.3-1　拙政园见山楼

实景图

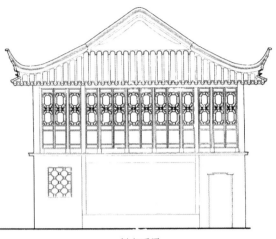

侧立面图

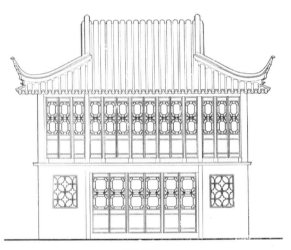

背立面图

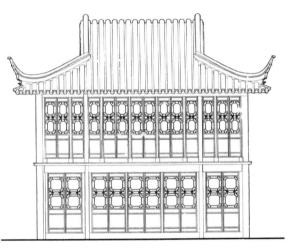

正立面图

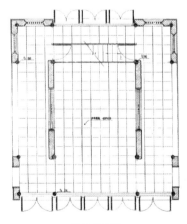

底层平面图

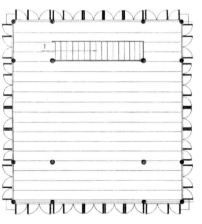

楼层平面图

图 3.3-2　拙政园倒影楼

立面图

1-1 剖面图

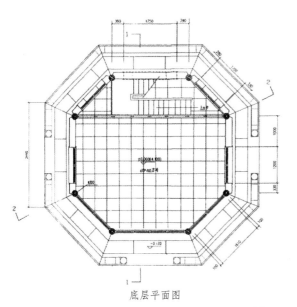

底层平面图

实景图

图3.3-3 拙政园浮翠阁

江南园林建筑设计

实景图

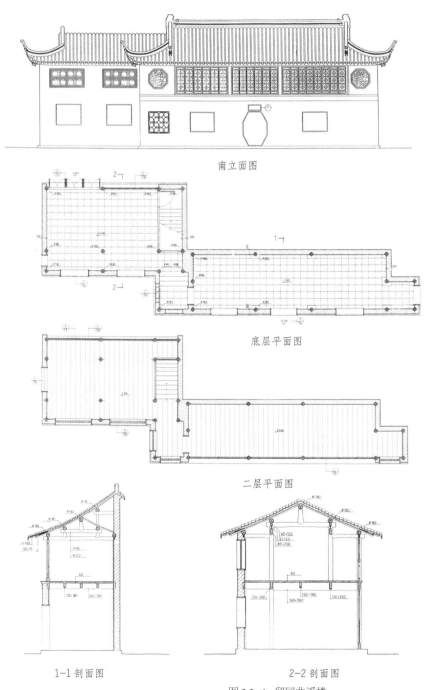

南立面图

底层平面图

二层平面图

1-1 剖面图   2-2 剖面图

图 3.3-4 留园曲溪楼

实景图

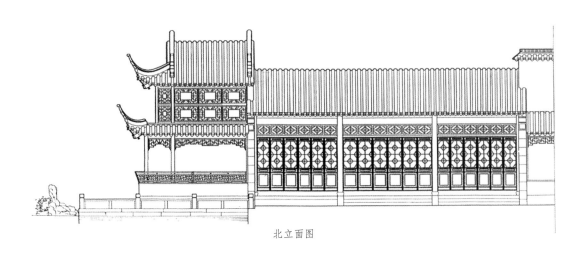
北立面图

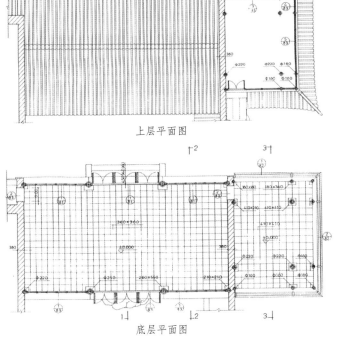
上层平面图

底层平面图

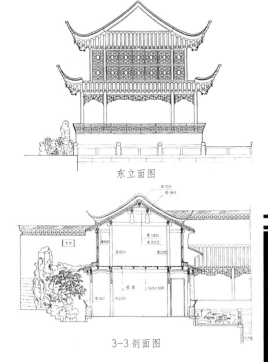
东立面图

3-3 剖面图

图 3.3-5 留园明瑟楼

实景图

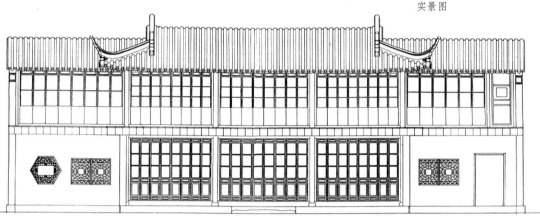

立面图

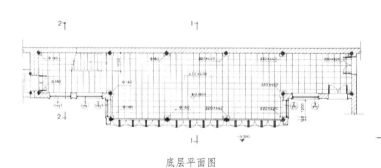

底层平面图

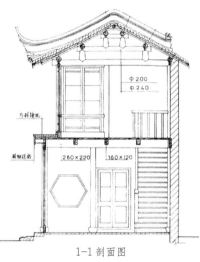

1-1 剖面图

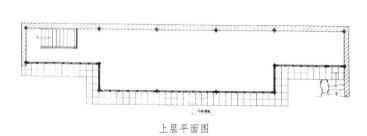

上层平面图

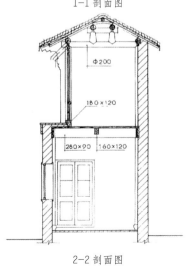

2-2 剖面图

图 3.3-6 留园冠云楼

实景图

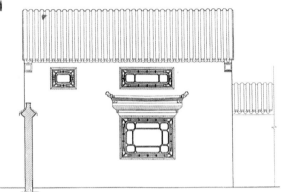
北立面图

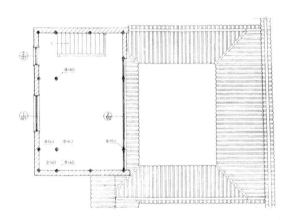
二层平面图

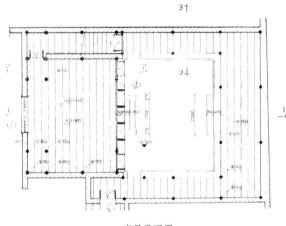
底层平面图

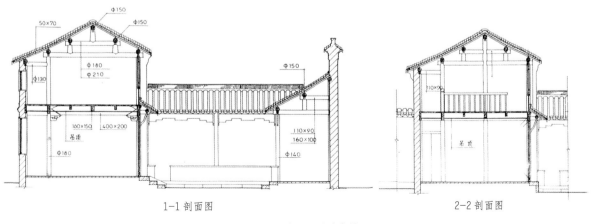
1-1 剖面图　　　　　　　　2-2 剖面图

图 3.3-7　留园还我读书处

实景图

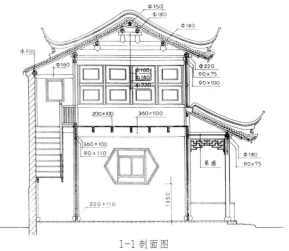

1-1 剖面图

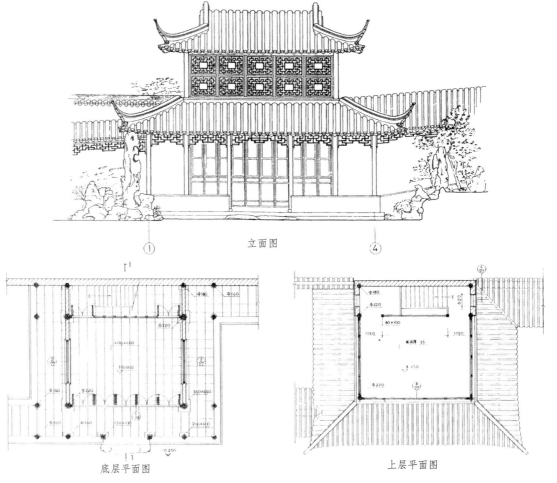

立面图

底层平面图

上层平面图

图 3.3-8 留园远翠阁

实景图

正立面图

侧立面图

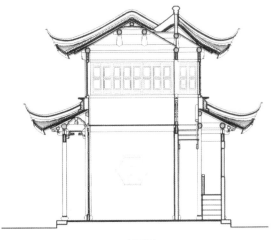

剖面图

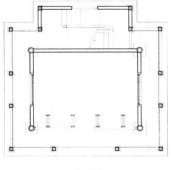

平面图

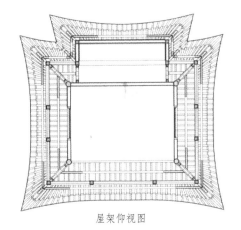

屋架仰视图

图 3.3-9 狮子林卧云室

实景图

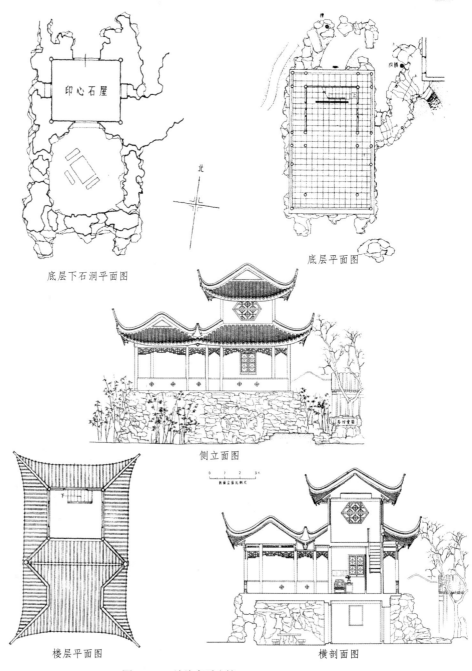

印心石屋

底层下石洞平面图

北

底层平面图

侧立面图

楼层平面图

横剖面图

图 3.3-10　沧浪亭看山楼

实景图

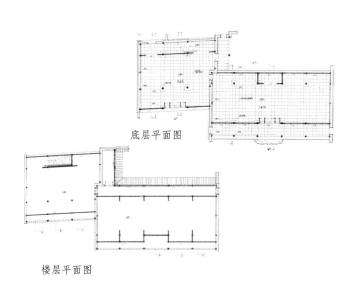

底层平面图

楼层平面图

南立面图

北立面图

2-2 剖面图

1-1 剖面图

3-3 剖面图

图 3.3-11　网师园五峰书屋、集虚斋

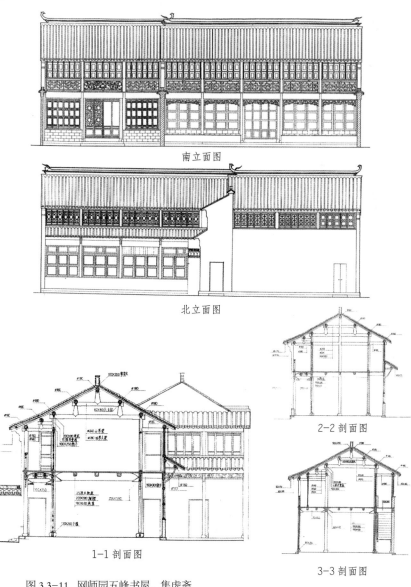

江南园林建筑设计

实景图

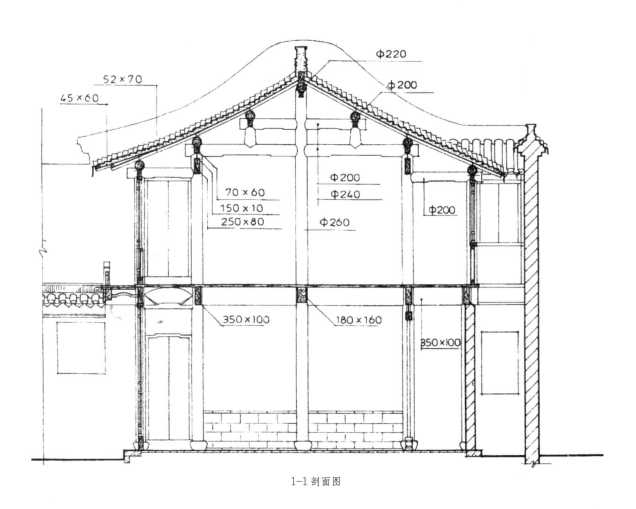

1-1 剖面图

图 3.3-12　网师园撷秀楼

实景图

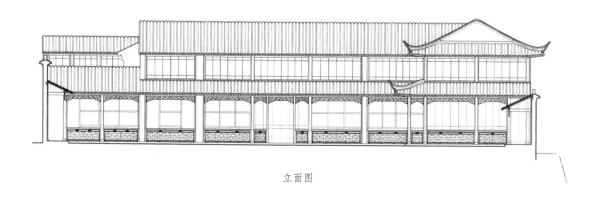

立面图

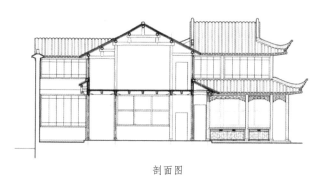

剖面图

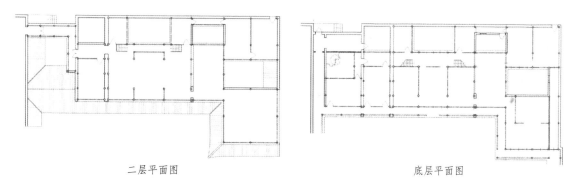

二层平面图　　　　　　　　　　　底层平面图

图 3.3-13　耦园城曲草堂

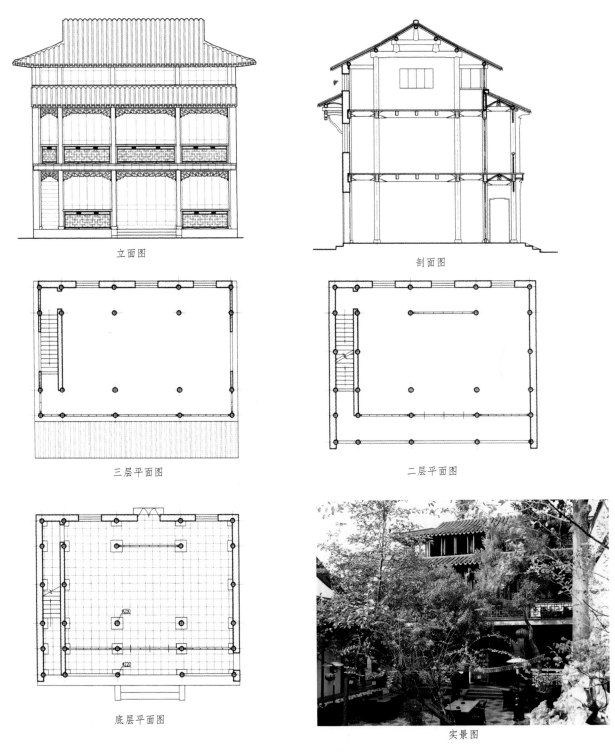

立面图

剖面图

三层平面图

二层平面图

底层平面图

实景图

图 3.3-14　北半园后楼

实景图

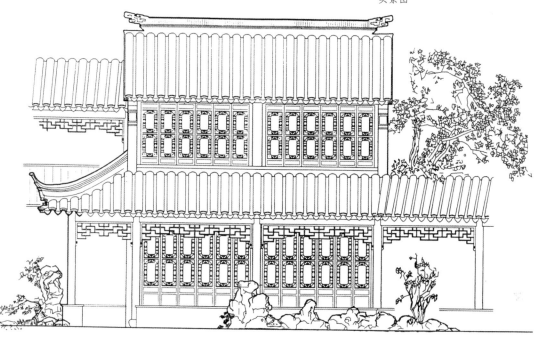

立面图

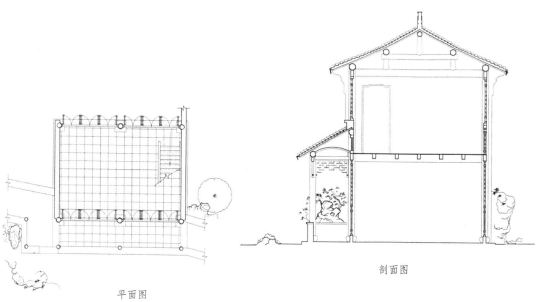

平面图

剖面图

图 3.3-15 退思园辛台

实景图

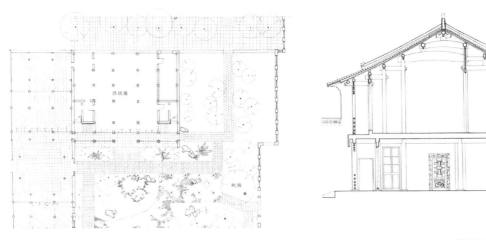

平面图   剖面图

立面图

图 3.3-16　莫愁湖胜棋楼

实景图

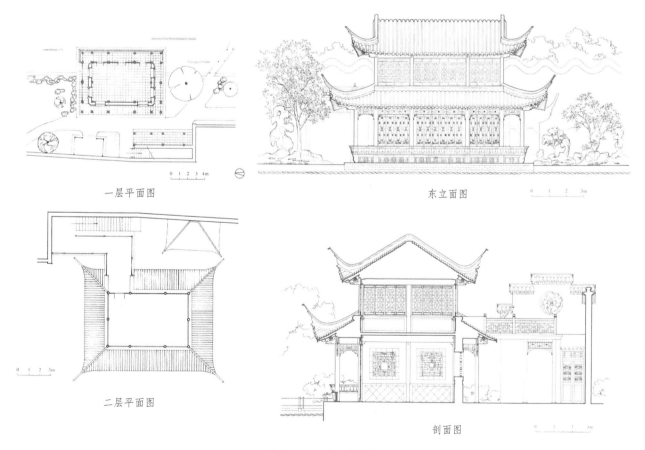

一层平面图

东立面图

二层平面图

剖面图

图 3.3-17　煦园夕佳楼

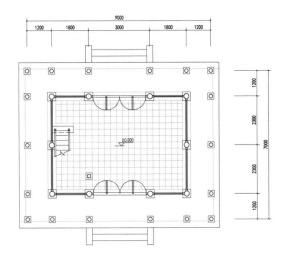

一层平面图

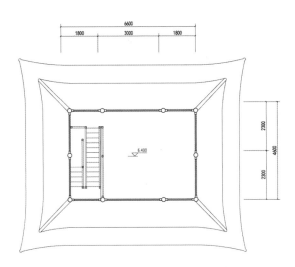

二层平面图

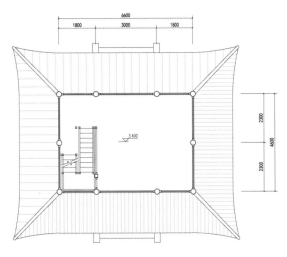

三层平面图

图 3.3-18　乔园来青阁

实景图

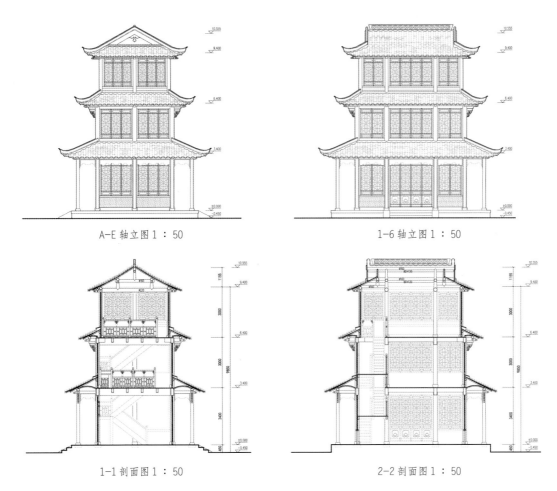

A-E 轴立图 1：50

1-6 轴立图 1：50

1-1 剖面图 1：50

2-2 剖面图 1：50

续图 3.3-18　乔园来青阁

江南园林建筑设计

实景图

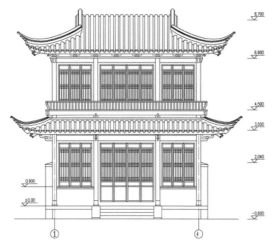

正立面 1：50

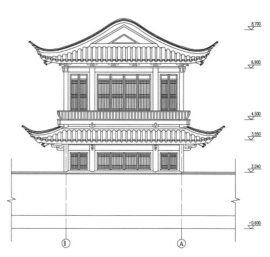

侧立面 1：50

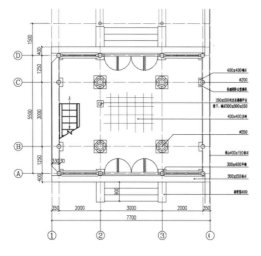

平面图 1：50

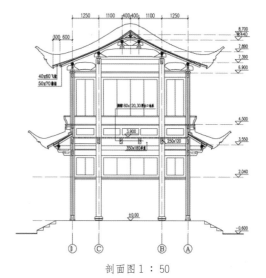

剖面图 1：50

图 3.3-19　寄畅园凌虚阁

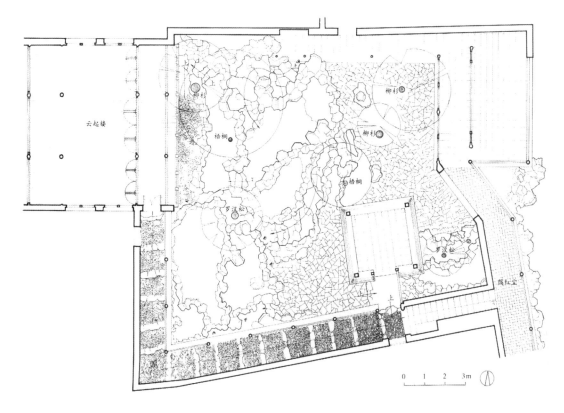

平面图

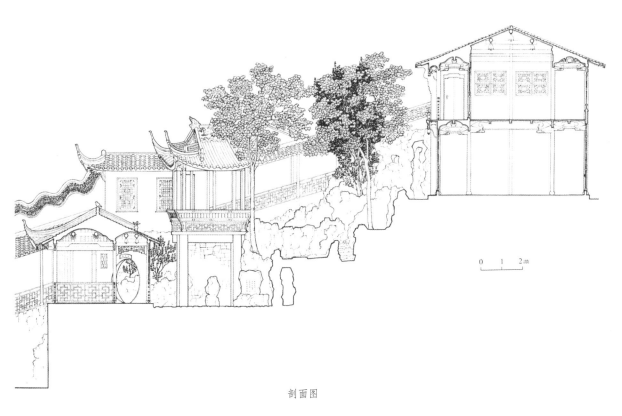

剖面图

图 3.3-20　惠山云起楼

实景图

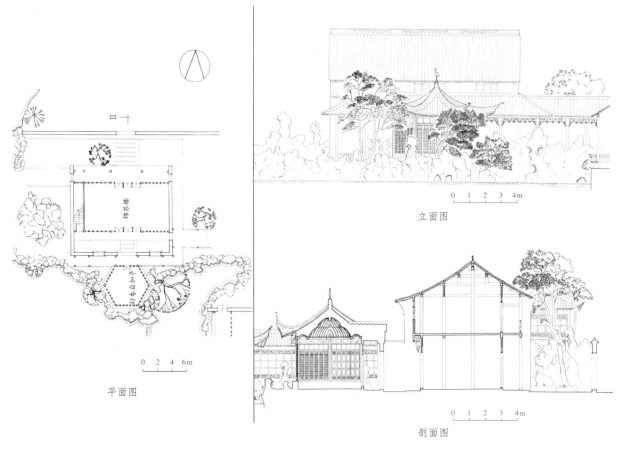

立面图

平面图

剖面图

图 3.3-21　郭庄锦苏楼

172

图 3.3-22 豫园观涛楼

图 3.3-23 乔园松吹阁

图 3.3-24 狮子林见山楼

图 3.3-25 秋霞圃凝霞阁

图 3.3-26 耦园听橹楼

江南园林建筑设计

173

图 3.3-27 狮子林暗香疏影楼

图 3.3-28 何园蝴蝶厅

图 3.3-29 扬州二分明月楼

图 3.3-30 拙政园见山楼楼廊

图 3.3-31 耦园听橹楼廊

图 3.3-32 二分明月楼夕照楼假山登楼

柱的断面尺寸因增加了楼层，荷载加大，故应比厅堂稍大，步柱直径可取内四界深之 1/17，廊柱径为步柱之 8/10。具体需根据情况适当调整。实例楼阁的平面尺寸见表 16。

《营造法原》第二章插图二—六——楼房贴式图载有楼房贴式四个（图 3.3-33），其中六界正贴与六界边贴为一般楼房常用的基本贴式，拙政园倒影楼（图 3.3-2）、网师园撷秀楼（图 3.3-12）就是这样的贴式。也有用双步或三步代替前后廊的，如网师园集虚斋前廊为三步、五峰书屋前廊为双步（图 3.3-11）。此时上层平面可与底层相同。有的仅有单面廊，如留园还我读书处（图 3.3-7）。有的进深仅四界，无前后廊，如留园曲溪楼（图 3.3-4）、冠云楼（图 3.3-6）。楼的高度，通常下层较高，常在 3 m 以上至 4 m 左右。上层约为下层的 7/10，一般不超过 3 m。楼房屋顶结构与普通中型厅堂无异，多用圆作，不用草架，不吊天花，空间显得高敞。下层的构造于内四界间设矩形大梁，称承重。承重如其长二界，称双步承重。承重上架与搁栅垂直，搁栅上铺楼板。廊柱与步柱间以短川相连，其枋之上皮与搁栅相平，上铺楼板。比较讲究者，楼下可吊天花或用轩，楼下用轩的即可称为楼厅。

七界前副檐后骑廊与七界前阳台后雀宿檐两种贴式显示了楼房剖面有副檐、骑廊、阳台及雀宿檐等各种变化。副檐即在楼房下层另添一廊，上复屋面，如附于楼房的做法。与宋式建筑的副阶相似。骑廊为上层的廊宽小于底层廊宽，廊柱骑在一层廊柱与步柱间的短川上。阳台即依靠承重梁挑出约 550 mm（二尺），形成阳台，其上须置栏杆，使可凭栏眺望。或在梁端立柱，以短川与内柱相连，上复屋面。此种以梁挑出承重的结构方法，称为硬挑头。雀宿檐是不用梁而用短枋插于柱中出挑，前端下面支以弯曲的斜撑，上做屋面。这种结构称为软挑头。当然实例楼房的贴式并不限于图示的贴式，而可采用各种变化加以组合。如拙政园的见山楼（图 3.3-1）、煦园的夕佳楼（图 3.3-17）是四面加副檐者，留园远翠阁（图 3.3-8）是三面有副檐，退思园辛台（图 3.3-15）只一面加副檐。骑廊如留园明瑟楼（图 3.3-5），它前后均用骑廊做法。雀宿檐如网师园五峰书屋（图 3.3-11）、留园还我读书处（图 3.3-7）、北半园后楼（图 3.3-14）。豫园观涛楼用梁出挑，应是硬挑头做法（图 3.3-34）。杭州郭庄锦苏楼、何园蝴蝶厅楼用雕花牛腿支承梁头出挑，出挑较小（图 3.3-21）。狮子林暗香疏影楼出挑较大，楼下用铸铁花牛腿支撑（图 3.3-35）。

《营造法原》里有两种承重高度确定方法：① 为界深之半，即内四界跨度之 1/8；② 用料围径为内四

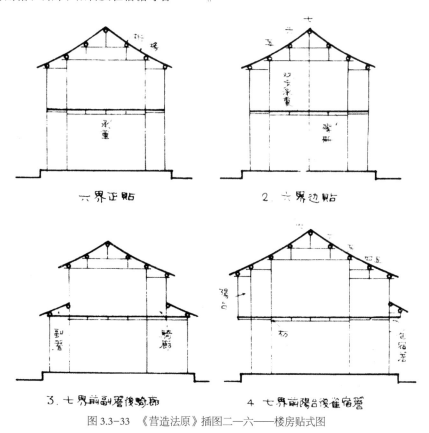

图 3.3-33 《营造法原》插图二—六——楼房贴式图

表 16　楼阁平面尺寸（cm）

序号	地区（市、县）	园名	建筑名	层	共开间	正间	次间	边间	共进深	前廊	前轩	内四界	后轩	后廊	备注
1	苏州	拙政园	见山楼	底层	1218	338	280	160	884	160		564		160	
				上层	618	338	280		564			564			
2			倒影楼		740	400	170		750	170		410		170	
3			浮翠阁			253									八角形边长
4		留园	冠云楼	底层	2164	416	395	479（边楼）	440			440			
				上层					392			392			
			边楼	底层					264			264			
				上层					215			215			
5			明瑟楼	底层	445	325	125								仅有一次间
				上层					480	75		332		75	
6			曲溪楼		1533	205,383,334,444,167			330			共五开间			
7			西楼	底层	740	387	387		539	132		407（三界）			仅二开间
				上层					539	132		275		132	
8			还我读书处		780	403	115	147	540			425		115	仅一边间
9			远翠阁	底层	840	227	165	141	700	141		418		141	
				上层	557	557			559			418		141	
10			楼厅	底层	1150	420	365	365	981		252	504	225		据自《营造法原》
				上层					897	168		504	225		
11		狮子林	指柏轩	底层	1650	428	428	183	1250	183	298	298	298	183	
				上层	1284	428	428		894		298	298	298		
12			卧云室	底层	670	284	193		530	193		144		193	
				上层	485	485			351			351			
13		沧浪亭	看山楼		585	383	101		532	101		330		101	
14		网师园	五峰书屋		1440	295	295	287	795	130		492		173	
15			集虚斋		870	285	262		800	240		422		138	前廊为三步
16			撷秀楼		2165	392,372,454,372,306,269			765	133		499		133	共六开间
17		耦园	城曲草堂		2090	372,34,367,427,285,35,470									次间、边间间有墙
18		北半园	后楼	底层	990	335	271	113	781	131	131	388		131	仅一边间
				二层	90	335	271	113	781	131	131	388		131	
				三层	990	335	271	113	650	131		388		131	
19		寒山寺	枫江第一楼	底层	780	350	310	120	1110	120		540	330	120	
				上层	660	350	310		870			540	330		
20	木渎	灵岩寺	楼厅	底层	1307	473	417		1475	192	391	501	391		据自《营造法原》
				上层	1307	473	417		1283		391	501	391		
21	吴江	退思园	辛台	底层	560	280	280		544	124		420			共两间
				上层	560	280	280		420			420			
22	无锡	惠山	云起楼		740	280	230		670	145		365	160		
23		个园	抱山楼		3360	480	480	480 480	840	160	120	280	120	160	
24			丛书楼		950	390	280		500	140		220		140	
25	扬州	何园	蝴蝶厅	底层	1330	490	420		920	150		620		150	主楼三间，边楼各两间，共七间
				上层	1330	490	420		940	170		620		150	
			边楼	底层	780		390	390	540	140		260		140	
				上层	780		390	390	560	160		260		140	
26			读书楼		780	310	360	110	570	110		350		110	
27			赏月楼		1450	510	410	120	820	170		480		170	
28	南京	煦园	夕佳楼	底层	960	320	200	120	710	120		470		120	
				上层	720	320	200		470			470			
29		莫愁湖	胜棋楼	底层	1080	400	340	340	1255	120,155,310,220,220,226					
				上层	1080	400	340	340	1061	85,80,110,340,220,226					
30	马鞍山	采石矶	太白楼	底层	1386	370	370	138	928	138	115	422	115	138	
				二层	1386	370	370	138	928	138	115	422	115	138	
				三层	1386	370	370	138	652		115	422	115		

图 3.3-34 豫园观涛楼出挑阳台

图 3.3-35 狮子林暗香疏影楼梁下铸铁花牛腿

界深之 2.4/10 或 2.5/10 的方料，然后以两根叠拼，梁的高度实为内四界深之 1/8.89。两种计算已有出入，而且还可打九折至六折。考虑到楼层隔栅与承重的搭接往往上皮相平，承重上需要开挖，进而致使断面变小。另外，现在园林大多不再是只供少数人享用的私家园林，楼上也有可能上人较多，荷载相应要加大，故承重高度为内四界深之 1/8 ~ 1/10 为宜。也可适当降低承重标高，减少开挖，这在楼下有天花时更宜实行，如古漪园玩石斋（图 3.3-36），承重的宽度为高度的 1/2。

《营造法原》之记载全凭匠师的经验，关于隔栅旧制每界一根，称对界隔栅。用材有 170 mm×110 mm（四六寸），190 mm×140 mm（五七寸）两种。另有仅在对脊处用一根，称为对脊隔栅。用料有 250 mm×190 mm（九七寸）与 220 mm×170 mm（八六寸）。对脊隔栅加大了地板的跨度，地板就不得不用厚 55 mm（二寸）以上的材料，但仍不够稳定，也浪费材料，所以较少采用。实例承重与隔栅的规格见表 17，现在设计对界隔栅的断面高度宜在跨度的 1/25 左右，高宽比约为 3∶2。

地板的厚度约为 30 mm，一般不小于 25 mm。如地板较薄，则隔栅应加密。地板接缝应做企口，以阻尘埃。

楼梯坡度过去都较陡，因多为私家园林，仅供少数人享用，故而问题不大。但与现代设计规范往往产生矛盾，现在设计可做得稍陡，如踏步宽 240 mm，高 180 mm，但应尽量控制在 38° 以内。梯宽 700 ~ 800 mm 至 1100 ~ 1200 mm。楼梯边梁高约为其水平跨度的 1/12，宽约为 1/3 高。如梁较高，可将踏面板与起步板镶嵌在梁上。如梁较小，可在梁上加置三角木，然后安踏面、起步板。板厚 30 ~ 50 mm，按需要决定（图 3.3-37）。栏杆可参照后文（七）装

折之栏杆的要求，要符合规范。

楼的立面，如所处位置前后空间均较开敞，则底层前后外檐均可设长窗，次间或地坪窗，或和合窗，也可做粉墙。上层亦可设长窗，内设栏杆，或设地坪窗或短窗，或半墙半窗外置吴王靠。半窗下也可不做栏杆而用板壁，中用抱柱、跌脚两道为竖框，光子三道为横料，外钉雨挞板，内钉裙板。也有的前面设廊，廊下做栏杆或吴王靠。如楼后庭院较小，后檐多为半墙半窗，或以墙为主，墙上设砖框景窗。两侧砌山墙，墙上或辟门洞、窗洞，或用砖框景窗等。如楼立面较宽、开间较多，亦有在端头设墙，墙上辟窗的，形成虚实对比。如下层用副檐，底层多形成空廊，廊下设挂落，柱间设坐槛、吴王靠，显得轻盈通透。总之，楼的立面须根据使用功能、周围环境、美观大方等要求来处理。

楼屋顶采用硬山或歇山顶，其构造做法与普通厅堂一样。阁因多采用方形与正多边形平面，它的屋顶有尖顶（攒尖）和歇山，尖顶如曾园清风明月阁（图 3.3-38）、豫园（图 3.3-39），歇山如古漪园微音阁（图 3.3-40）、水绘园湘中阁（图 3.3-41），具体的做法可见后面亭一节。楼有些独特的处理手法值得我们注意。如前面已介绍过的留园曲溪楼，为增高屋面，采用一面坡屋顶，使屋顶高度增加一倍，整体比例十分合适得体，可谓匠心独运（图 3.3-4）。在楼上下层之间有的施以砖制水平挂落板加以装饰，如留园冠云楼（图 3.3-6）。甚至将楼面稍为挑出，其下做成船篷轩的形式，用弯曲的竹节纹斜撑，上做高仅 300 mm 的细清水砖装饰小栏杆，小巧精致，丰富了建筑造型，如网师园撷秀楼（图 3.3-12）。在豫园还云楼、藏书楼等处也可见二楼有装饰性的小栏、垂连柱、挂枋等（图 3.3-42），无锡惠山云起楼二楼亦有低栏、垂连柱、挂落（图 3.3-43）。有时楼的造型可以做得比较复杂、丰富，如豫园的卷雨楼（图 2.2-4）。

图 3.3-36　古漪园玩石斋承重、搁栅

图 3.3-37　狮子林指柏轩楼梯（1）

图 3.3-37　寄畅园凌虚阁楼梯（2）

图 3.3-39　豫园耸翠亭

图 3.3-38　曾园清风明月阁

图 3.3-40　古漪园微音阁

图 3.3-41 水绘园湘中阁

图 3.3-42 豫园藏书楼装饰

图 3.3-43 惠山云起楼装饰

表 17 楼阁承重、隔栅规格（cm）

序号	名称		承重 B×H	进深 L	H/L	隔栅 b×h	开间 l	h/l	楼板厚	备注
	园名	建筑名								
1	留园	楼厅	24×54.5	504	1/9.24	16×18@252	420	1/23.33	3	对脊隔栅
2	灵岩寺	楼厅	25×50	501	1/10.02	15×26@125	473	1/18.19	4.5	
			20×42	391	1/9.31					
3	留园	曲溪楼	16×36	330	1/9.17	12×18@82.5	444	1/24.67	6	
4		西楼	16×36	539	1/15	12×18@135	387	1/21.5		
5		冠云楼	22×28	440	1/15.71	12×16@110	415	1/26		
			9×28	264	1/9.43	12×16@132	479	1/30		
6		明瑟楼	16×36	539	1/15	10×14	325	1/23.21		
7		还我读书处	20×40	425	1/10.63	15×16@106	403	1/25.19		
8		远翠阁	10×36	418	1/11.61	10×20@69.7	557	1/27.85		
9	网师园	五峰书屋	18×45	492	1/10.93	20×28@123	295	1/14.11		
10		集虚斋	18×40	422	1/10.55	18×28@105.5	285	1/10.18	2.5	
11		撷秀楼	10×35	249	1/7.11	16×28	454	1/15.66		边承重，对脊隔栅

179

江南园林建筑设计

（四）舫

舫是园林中一种特殊的建筑，外形模仿游船画舫，因其固定不能移动，又称为旱船。其下部往往用石材砌筑，故又称为石舫。舫多建于水边，常三面临水。舟船浮游于水，不宜作居住之用，正如北宋欧阳修在《画舫斋记》里所说："盖舟之为物，所以济险难而非要居之用。"石舫因其稳固，不涉风险，既是一种独特的景观，又有生活实用价值，故在皇家园林和私家园林中均可见到它的身影。舫在江南园林中极为常见，全国现有的园林石舫也以江南园林中为最多。如煦园、拙政园、怡园、狮子林、退思园、燕园、曾园、古漪园、曲水园、瘦西湖西园曲水、静香书院、西湖曲院风荷等都有石舫，大多建于清代。

石舫依水而不游于水，处于陆而不止于陆，似舟而非舟，似动而还静，赋与园林以独特优美的景观，给人以无穷的联想，创造了深邃的意境，具有极深的哲理。这种思想源远流长，《庄子·列御寇》云："巧者劳而知者忧，无能者无所求，饱食而敖游，泛若不系之舟，虚而敖游者也。"成玄英注疏："唯圣人泛然无系，譬彼虚舟，任远逍遥。"唐李白《宣州谢朓楼饯别校书叔云》云："人生在世不称意，明朝散发弄扁舟。"白居易《适意》诗之一："岂无平生志，扬牵不自由。一朝归渭上，泛如不系舟。"宋张孝祥《浣溪纱》："已是人间不系舟，此心元自不惊鸥，卧看骇浪与天浮"，显示人们向往坐享烟水之趣，又不履风波之险的生活，追求无劳无忧、无拘无束、逍遥自在的心态。煦园石舫匾额上题有乾隆皇帝手书的"不系舟"，古漪园石舫旧有祝枝山题额"不系舟"，曲水园旱船之额为"舟居非水"，秋霞圃也有"舟而不游轩"等，都是这种思想的体现。

舫类建筑在北宋以前均未见记载，李格非的《洛阳名园记》里没有提到，宋徽宗的"艮岳"里也未见。最早记载有似舫建筑的是欧阳修的《画舫斋记》，欧阳修在庆历二年（1042年）任滑州通判时，在衙署东面建有"画舫斋"，并著《画舫斋记》，文曰："斋广一室，其深七尺，以户相通。凡入余室者，如入乎舟中。其温室之奥，则穴其上以为明。其虚室之疏以达，则栏槛其两旁，以为坐立之倚。凡偃休与吾斋者，又如偃休于舟中。山石崎崒，佳花美木之植，列于门檐之外，又似泛乎中流，而左右林之相映皆可爱者，故因以舟名焉。"

之后有秦观的《艇斋诗》：

平生乐渔钓，放浪江湖间。
兀兀寄幽艇，不忧浪如山。
闻君城郭居，左右群书环。
有斋亦名厅，何时许追攀？
——（《淮海集》卷二）

南宋朱熹也有《船斋》诗与《舫斋》诗，其中有句："筑室水中聊尔尔，何须极浦望朱宫。"
——（《朱子大全》卷三）

南宋陆游《烟艇记》："陆子寓居得屋二楹。甚隘而深，若小舟然。名之曰烟艇。"

欧阳修的画舫斋面宽仅一间，进深七尺，按宋《营造法式》，此类房屋间广（即面宽）不会太大，一般在一丈五尺以下，故平面比例在1：2左右，分成左右两室，以门相通。一间较封闭，另一间较开敞，其两侧设栏槛。进门设在一端山墙上。它的平面形式以及栏槛与舟船相似，内部空间也可能类似，但整个建筑的外形并不一定像船，且不临水。陆游的烟艇亦同。

欧阳修的画舫斋可谓是舫一类建筑的滥觞，包括陆游、秦观、朱熹的烟艇、艇斋、船斋、舫斋，但只是象征性的，还不一定是船形的建筑，可能与前面所说的船厅相似。

最早记有船形建筑的是南宋周密的《武林旧事》，其卷四"故都宫殿"中有"旱船"，"德寿宫"中亦有"旱船"。周密另一著作《癸辛杂识》记载临安（今杭州）集芳园中有"旱船曰'归身'"，这些"旱船"应该是船形的建筑。吴兴牟端明园有"桴舫斋"。元代顾德辉（仲瑛）玉山佳处有"书画舫"，明代关于石舫的记载明显增多，邹迪光愚公谷有"半舸"，"阁前一池，屋跨其上，状如舟。"王世贞弇山园有"舫屋"，杭州江元祚横山草堂有"藏山舫"、绍兴苍霞谷"堂之左有楼，望之若雪溪一舫。"扬州休园在水池之北"建屋如舟形"，如皋水绘园的水明楼是一座船楼式水阁建筑等。清代更多，苏州凤池园"池傍筑室象舫，名'爱莲舟'。"五柳园"榭之西，有庐若舫……后有小阁，象柁楼。"可园"右亭作舟形，曰：'坐春舻'。"半园"有屋如舟，颜曰'不系舟'。"上海复园"有室如船曰：'壑舟'。"也是园有"太乙莲舟"，豫园内有"烟水舫"和"濠乐舫"。海宁拙宜园"凭庐而卧波者，为剩舫，剩言其材，舫言其容也。"遂初园"东曰：'浮槎'跨水如舟。"扬州万松叠翠园内有"春流画舫"，倚虹园有"小江潭"舫屋。还有许多建筑命名为"渔舫"、"凉舫"、"双流舫"、"银藤舫"、"虚舟"、"系舟"、"载月舟"、"船房"、"春水船"等。连扬州有些住宅里的小园也做有船舫，如康山街卢宅有旱船、永盛街40号魏宅有旱船（后迁建于西园曲水，即翔凫舫）。但是明末计成的《园冶》中关于屋宇只记有门楼、堂、斋、室、房、馆、楼、台、阁、亭、榭、轩、卷、广、廊等十五种，而没有舫。这大约是因为舫不是园林必备的，故不录。现存园林中的石舫多建于清代。所以仿舟船的建筑——石舫应始于南宋，源于江南，明清之际盛行于江南，并影响其他地方。如北京明代"事事模仿江南"的米万钟勺园有外形如舫的"定舫"、"太乙叶"，清代颐和园有仿江南的石舫"清宴舫"（图3.4-1），承德避暑山庄有"云帆月舫"（图3.4-2）、"青雀舫"等，此外记载尚有静明园的书画舫、静宜园的绿云舫、南苑团河行宫的狎鸥舫、圆明园的岚镜舫、绿帷舫等。北方私家园林中北京淑春园（今北京大学未名湖）有乾隆时期的权臣和珅所建的石舫（图3.4-3），绮园（索家花园）有仿自江南的船厅，澄怀园有"乐泉西舫"、"春流画舫"。倚虹园有"舫屋"，曰："小江潭"。兼有南北风格的山东潍坊十笏园有"稳如舟"船厅。

　　舫的形式，一种如拙政园之香洲（图3.4-4）、怡园之画舫斋（图3.4-5）、常熟兴福寺之团瓢舫（图3.4-6）、古漪园之不系舟（图3.4-7）、曲水园之舟居非水（图3.4-8）、扬州西园曲水之翔凫舫（图3.4-9）、乔园之文桂之舫（图3.4-10）、曾园的似舫（图3.4-11）等。它们常由船头与舱室两部分组成，舱室又可分为前舱、中舱、后舱三部分。船头有时围以矮栏，常有

石板小桥与池岸联系，象征船上跳板。前舱、中舱均为一层，前舱通常开敞，可在此观景，中舱地平或稍低，两侧安窗，可作休息之用，后舱有时模仿船之舵楼，作成二层，由楼梯登楼，在楼上可眺望俯瞰园中景色，是赏景的绝佳去处。瘦西湖的春流画舫是个特例，没有中舱，舫显得较短，不够舒展（图3.4-12）。另一种全是一层无楼，如燕园的天际归舟（图3.4-13），煦园之不系舟（图3.4-14），它们也有三个舱。煦园之不系舟模仿得惟妙惟肖，连船后的舵杆也做了，完全像真船一般，不过太过具象，不够含蓄。也有不临水而在陆上的，如豫园的亦舫（图3.4-15）。有的只有两个舱室，如退思园的闹红一舸（图3.4-16）、杭州曲院风荷的不系舟（图3.4-17）、瘦西湖静香书院的莳玉舫（图3.4-18）等。狮子林石舫形式比较西化，前后舱为楼，中舱仍为一层（图3.4-19）。立面处理一般前舱略高，中舱稍低，后舱较高，通常前后舱用歇山或悬山，中舱则用两坡顶。屋面多不做屋脊，用黄瓜环瓦，外形亦似卷棚。各舱屋顶高低错落、纵横相交，造型优美。前舱通透，两侧或做吴王靠，中舱室内多做成回顶形式，使室内与船篷接近，两侧设半窗或槛窗或和合窗。后舱如有楼则往往留有较大的白粉墙，与前面形成虚实、色彩的对比。怡园画舫斋宽4.5 m，长13.56 m，前舱檐高3.62 m，后舱底层高4.06 m，上层檐高2.58 m。退思园闹红一舸宽2.8 m，长7.5 m。故较大的舫宽一般在4～5 m，长10余米。较小的舫宽可在3 m左右，长约6～7 m。柱高低者2 m多，高者3 m以上，视需要而定。前舱似亭、中舱似小厅堂、后舱似楼阁，各部分可参照相应的厅堂、楼阁、亭等来设计。

图3.4-1 北京颐和园清宴舫

图3.4-2 承德避暑山庄云帆月舫

图 3.4-3 北京淑春园（北京大学）石舫遗迹

实景图

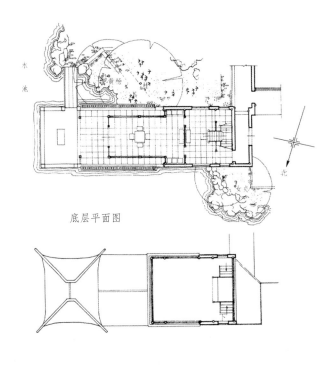

底层平面图

楼层平面图

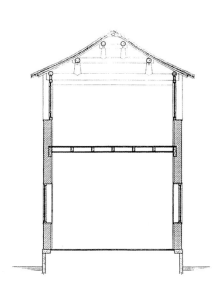

楼横剖面图

图 3.4-4 拙政园香洲

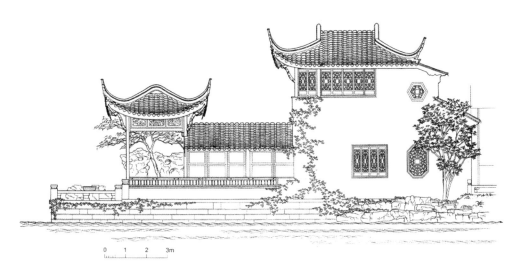

侧立面图

正立面图

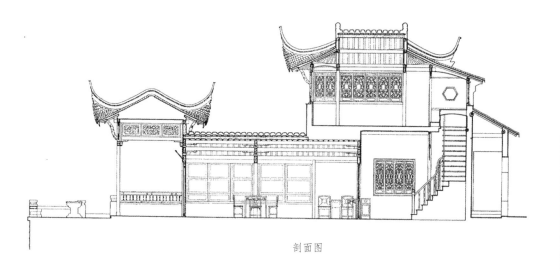

剖面图

续图 3.4-4　拙政园香洲

实景图

0　1　2　3m

正立面图

图 3.4-5　怡园画舫斋

水池

桂

北

平面图

0 1 2 3m

横剖面图

青枫

桂

侧立面图

续 3.4-5　怡园画舫斋

江南园林建筑设计

图 3.4-6　古漪园不系舟

图 3.4-7　常熟兴福寺团瓢舫

图 3.4-9　瘦西湖西园曲水翔凫舫

1	
2	3
4	

1　3.4-8　曲水园舟居非水
2　3.4-11　曾园似舫
3　3.4-12　瘦西湖春流画舫
4　3.4-13　燕园天际归舟

江南园林建筑设计

实景图

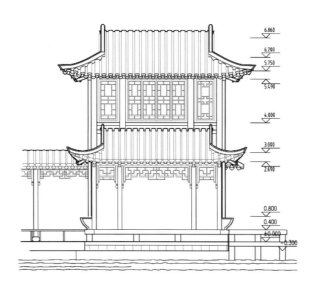

正立面图

图 3.4-10 乔园文桂之舫

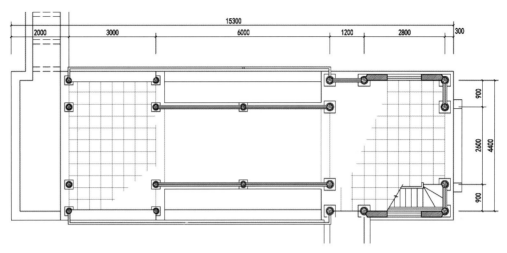

平面图

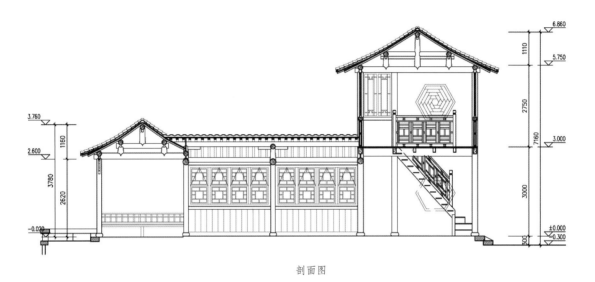

剖面图

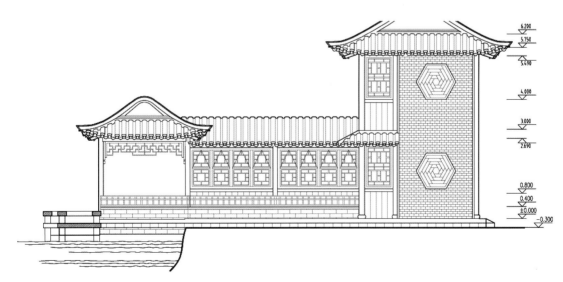

侧立面图

续图 3.4-10　乔园文桂之舫

189

实景图

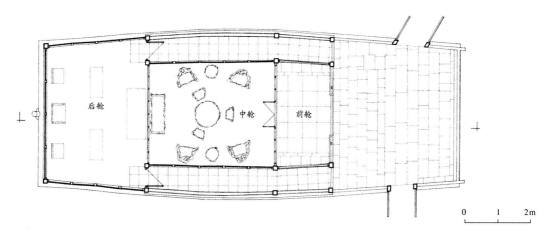

平面图

图 3.4-14 煦园不系舟

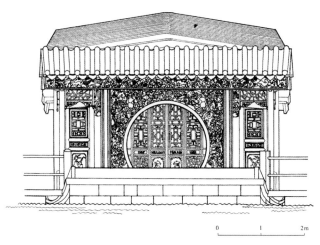

北立面图

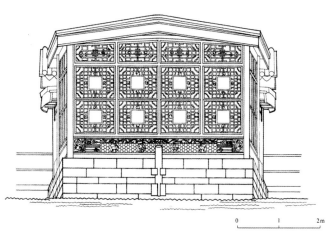

南立面图

东立面图

续图 3.4-14　煦园不系舟

图 3.4-15 豫园亦舫 　　　　　　　　　　图 3.4-16 退思园闹红一舸

图 3.4-17 杭州曲院风荷不系舟

图 3.4-18 瘦西湖静香书院莳玉舫

图 3.4-19 狮子林石舫

（五）亭

1. 亭

亭的主要功能是供游人停息、赏景，本身也是重要的园林风景。可建于山上、水边、林中、花间、路旁、院内，对环境的适应性极强。由于它大小随宜、造型各异，也是组景的重要手段。亭是园林建筑中最活跃的类型，无论大园小园，可说无园不亭，在其他各种园林及风景名胜区内也随处可见。

亭应为单层，平面形式有一柱、方、长方、三角、五角、六角、八角、圆、梅花、海棠、十字、圭角、扇等，梅花亭即将亭的平面、装饰细部等做成梅花形，如明刘侗《帝京景物略》所记"李皇亲新园"有"梅花亭"，"非梅之以岭、以林而中亭也，砌亭朵朵，其为瓣五，曰：'梅'也。镂为门、为窗，绘为壁，甃为地，范为器具，皆形如梅。"《园冶》梅花亭地图式："先以石砌成梅花基，立柱于瓣，结顶合檐，亦如梅花也。"并附有图样（图3.5.1-1）。海棠亭与梅花亭相仿，多用海棠为主题。亭的形状常见的是方、长方、六角、八角、圆亭，其中又以方、六角为最多。

亭立面或单檐或重檐，亭顶采用尖顶（攒尖）或歇山，体量一般较小，有的尖顶亭较大。可独立建亭，也可依墙建半亭，亦可组合成亭。

实例一柱亭有《江南园林志》所载上海学圃园之一柱亭（图3.5.1-2），今已不复存在。方亭如拙政园的梧竹幽居亭（图3.5.1-3）、滁州琅琊山醉翁亭（图3.5.1-4）、何园的水心亭（图3.5.1-5）、拙政园别有洞天亭（图3.5.1-6）、兰亭的"小兰亭"碑亭（图3.5.1-7）、沧浪亭的沧浪亭（图3.5.1-8）、艺圃的乳鱼亭（图3.5.1-9）等。长方亭有拙政园的香雪云蔚亭（图3.5.1-10）、绣绮亭（图3.5.1-11）、寄畅园梅亭（图3.5.1-12）、个园拂云亭（图3.5.1-13）、绮园滴翠亭（图3.5.1-14）。三角亭如曲水园的佛谷亭（图3.5.1-15）、西湖三潭映月小瀛洲上的开网亭（图3.5.1-16）、绍兴兰亭的鹅池碑亭（图3.5.1-17）、水绘园的小三吾亭（图3.5.1-18）。五角亭如古漪园白鹤亭（图3.5.1-19）、水绘园烟波玉亭（图3.5.1-20）。六角亭如拙政园的荷风四面亭（图3.5.1-21）、怡园的小沧浪亭（图3.5.1-22）、网师园月到风来亭（图3.5.1-23）、小盘谷风亭（图3.5.1-24）、豫园望江亭等（图3.5.1-25）。八角亭如拙政园的塔影亭（图3.5.1-26）、留园东部的小亭（图3.5.1-27）、曲水园石鼓亭（图3.5.1-28）、燕园赏诗阁（图3.5.1-29）等。圆亭如拙政园的笠亭（图3.5.1-30）、留园的舒啸亭（图3.5.1-31）、何园的月亭（图3.5.1-32）、小莲庄的圆亭（图3.5.1-33）、古漪园圆亭（图3.5.1-34）等。梅花亭实例如杭州龙井江湖一勺亭（图3.5.1-35）。海棠亭如苏州环秀山庄海棠亭（图3.5.1-36）。圭角亭如留园的至乐亭（图3.5.1-37）、天平山的四仙亭（图3.5.1-38）。扇亭有拙政园的与谁同坐轩（图3.5.1-39）、狮子林（图3.5.1-40）、瞻园（图3.5.1-41）、郭庄（图3.5.1-42）、小莲庄（图3.5.1-43）等扇亭、二分明月楼的梅溪吟榭扇亭（图3.5.1-44）等。杭州曲院风荷有的亭外形有些像扇亭，但不成扇形，而如将长方亭相折而成，可以称为折亭（图3.5.1-45），安徽滁州琅琊山亦有类似之亭（图3.5.1-46）。组合亭如煦园鸳鸯亭（图3.5.1-47）、曲水园机云亭（图3.5.1-48）、天平山的白云亭（图3.5.1-49）、南京中山植物园的鸳鸯亭（图3.5.1-50）、扬州瘦西湖的五亭桥（图3.5.1-51）和小莲庄的廊亭（图3.5.1-52）。半亭如四角的网师园冷泉亭（图3.5.1-53）、拙政园依虹亭（图3.5.1-54）、半园的五角依云亭（图3.5.1-55）、残粒园的长方栝苍亭（图3.5.1-56）、沧浪亭的六角仰止亭（图3.5.1-59）、怡园的长八角玉延亭（图3.5.1-58）、小莲庄的圆半亭（图3.5.1-59）等。园林亭多单檐，也有重檐，如拙政园的天泉亭（图3.5.1-60）、兰亭御碑亭（图2.5-5）均为八角重檐，南京清凉山还阳井亭（图3.5.1-61）、西园的月照潭心湖心亭（图2.5-9）、二分明月楼的伴月亭（图3.5.1-62）都为六角重檐。瘦西湖的小金山吹台（图3.5.1-63）、豫园鱼乐榭（图3.5.1-64）、瞻园小方亭（图3.5.1-65）、水绘园镜阁（图3.5.1-66）为重檐方亭。此外还有异形亭如天平山御碑亭，上檐戗脊先为八条，近宝顶时合并为四条（图3.5.1-67）。瞻园八角延辉亭中间是歇山顶，侧面三面成山面（图3.5.1-68）。马鞍山采石矶清风亭为下八角，上方攒尖顶（图3.5.1-69）。滁州琅琊山某亭为下八角，上圆顶，但其比例不佳（图3.5.1-70）。

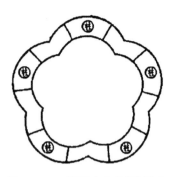

图 3.5.1-1　《园冶》梅花亭地图式

图 3.5.1-2　上海学圃园一柱亭

图 3.5.1-3　拙政园梧竹幽居亭

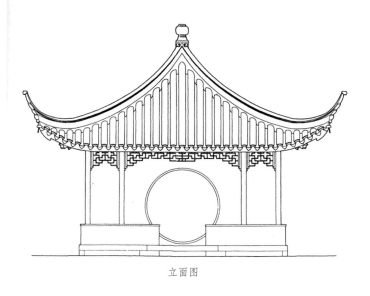

立面图

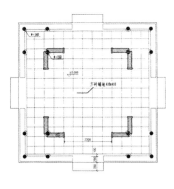

平面图

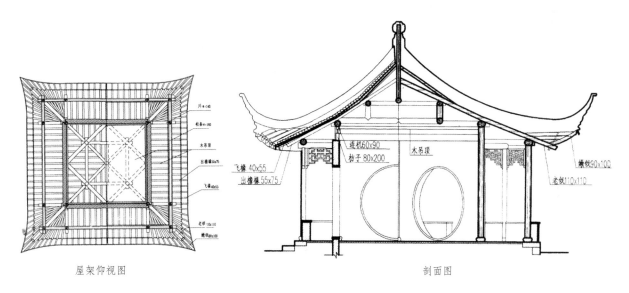

屋架仰视图

剖面图

续图 3.5.1-3　拙政园梧竹幽居亭

图 3.5.1-4　滁州琅琊山醉翁亭

实景图

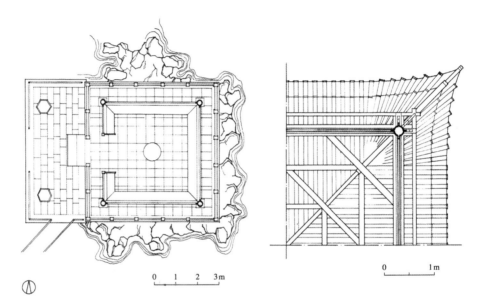

平面图及仰视图

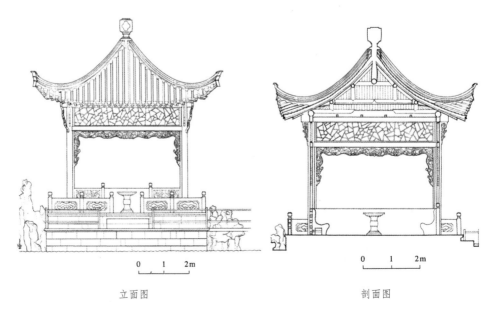

立面图   剖面图

图 3.5.1-5　何园水心亭

实景图

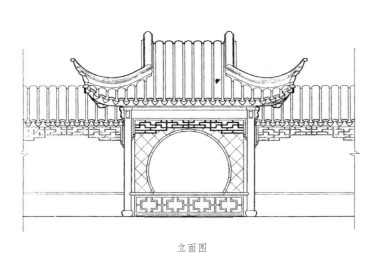

立面图

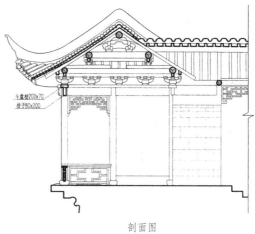

剖面图

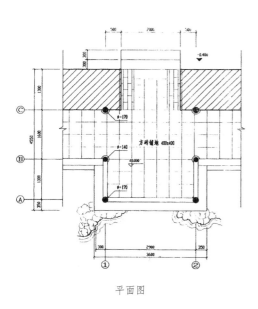

平面图

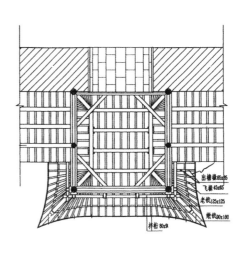

屋架仰视图

图 3.5.1-6 拙政园别有洞天亭

图 3.5.1-7 兰亭"小兰亭"碑亭

横剖图

仰视平图

正立面

0 1 2 3m

实景图

0 1 5m

北

图 3.5.1-8 沧浪亭的沧浪亭

实景图

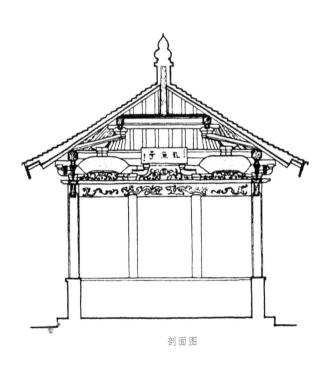

剖面图

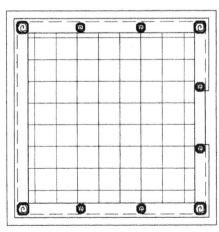

平面图

图 3.5.1-9 艺圃乳鱼亭

江南园林建筑设计

实景图

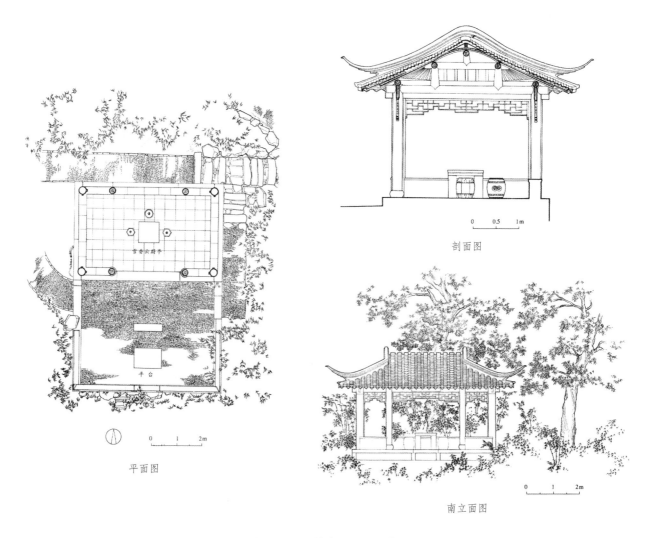

剖面图

平面图

南立面图

图 3.5.1-10　拙政园雪香云蔚亭

实景图

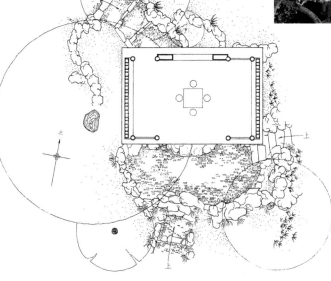

平面图

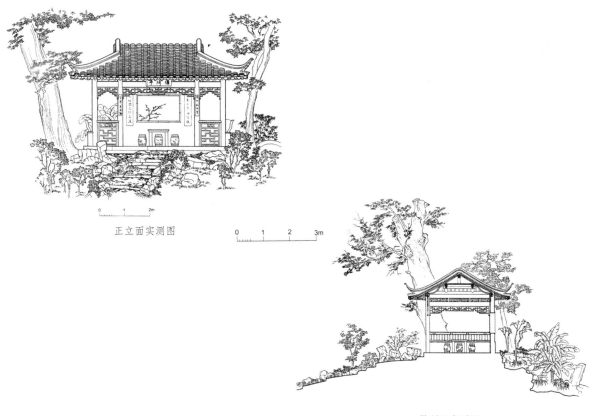

正立面实测图

横剖面实测图

图 3.5.1-11　拙政园绣绮亭

江南园林建筑设计

图 3.5.1-12 寄畅园梅亭

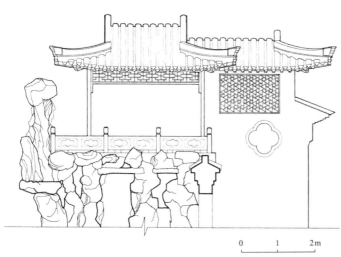

实景图

东立面图

0　　　1　　　2m

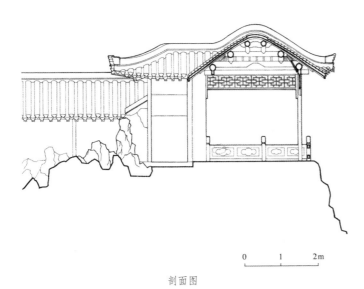

0　　　1　　　2m

剖面图

图 3.5.1-13　个园拂云亭

图 3.5.1-14　绮园滴翠亭

图 3.5.1-15　曲水园佛谷亭

江南园林建筑设计

实景图

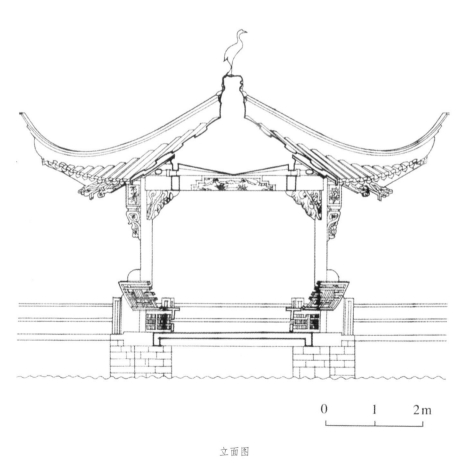

0   1   2m

立面图

图 3.5.1-16 西湖三潭映月开网亭

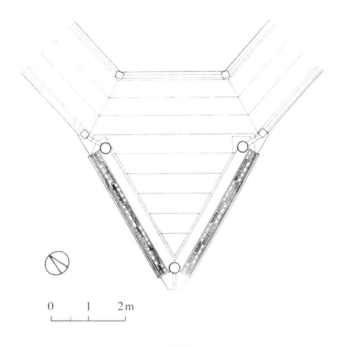

平面图

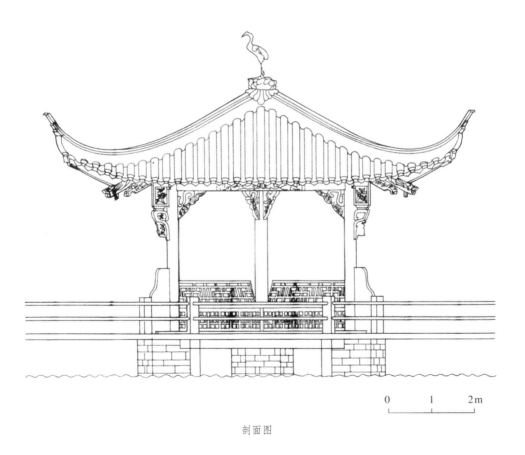

剖面图

续图 3.5.1-16　西湖三潭映月开网亭

图 3.5.1-17 兰亭鹅池碑亭

图 3.5.1-18 水绘园小三吾亭

图 3.5.1-19 古漪园白鹤亭

图 3.5.1-20 水绘园波烟玉亭

实景图

立面图

图 3.5.1-21　拙政园荷风四面亭

实景图

立面图

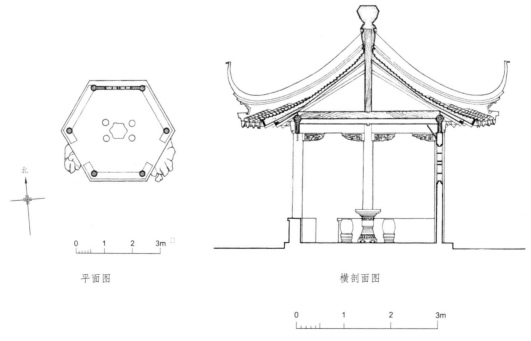

北

0 1 2 3m

平面图

横剖面图

0 1 2 3m

图 3.5.1-22　怡园小沧浪亭

208

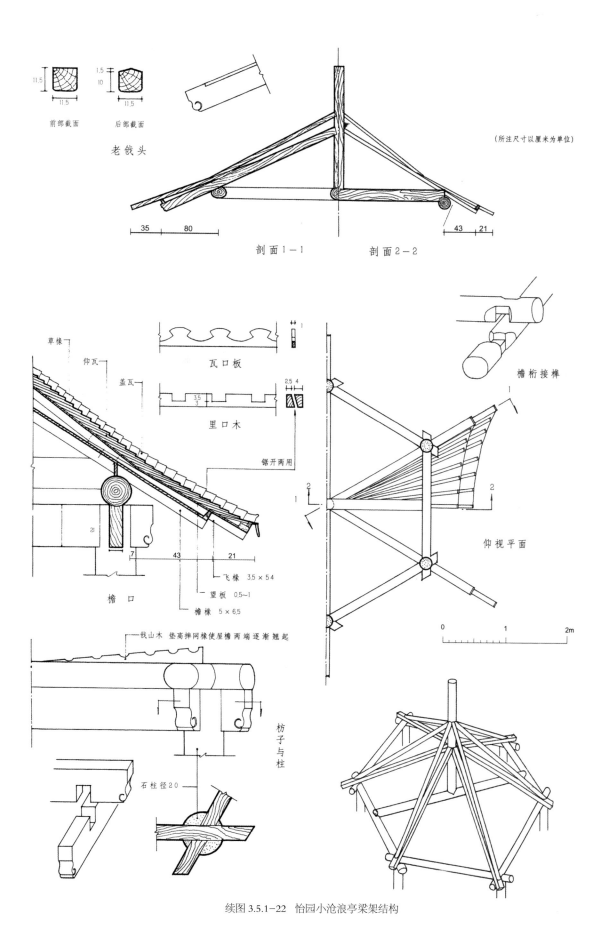

前部截面　后部截面

老戗头

（所注尺寸以厘米为单位）

剖面 1-1　　剖面 2-2

草椽

仰瓦

盖瓦

瓦口板

里口木

锯开两用

檐口

飞椽　3.5×5.4

望板　0.5~1

檐椽　5×6.5

戗山木　垫高摔网椽使屋檐两端逐渐翘起

枋子与柱

石柱径 20

檐桁接榫

仰视平面

0　　　　　1　　　　　2m

续图 3.5.1-22　怡园小沧浪亭梁架结构

实景图

立面图

1-1 剖面图

屋架仰视图

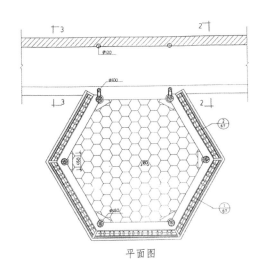

平面图

3.5.1-23　网师园月到风来亭

实景图

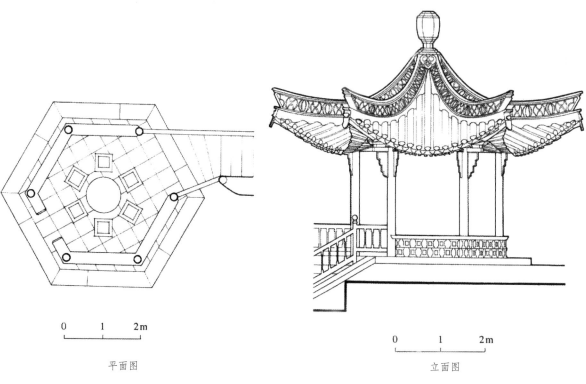

0   1   2m

平面图

0   1   2m

立面图

3.5.1-24 小盘谷风亭

图 3.5.1-25 豫园望江亭

正立面图

剖面图

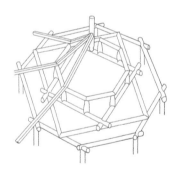

正立面图

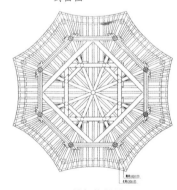

屋架仰视图

实景图

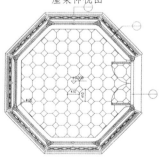

平面图

图 3.5.1-26 拙政园塔影亭

图 3.5.1-27 留园东部八角小亭

图 3.5.1-28 曲水园石鼓亭

图 3.5.1-29 燕园赏诗阁

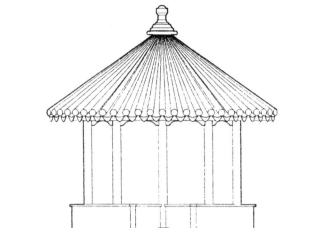

立面图

平面图

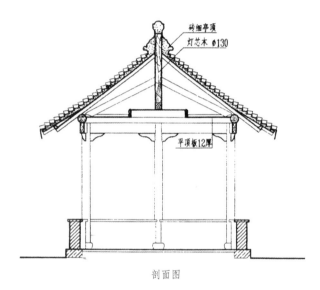

剖面图

实景图

图 3.5.1-30　拙政园笠亭

图 3.5.1-31　留园舒啸亭

实景图

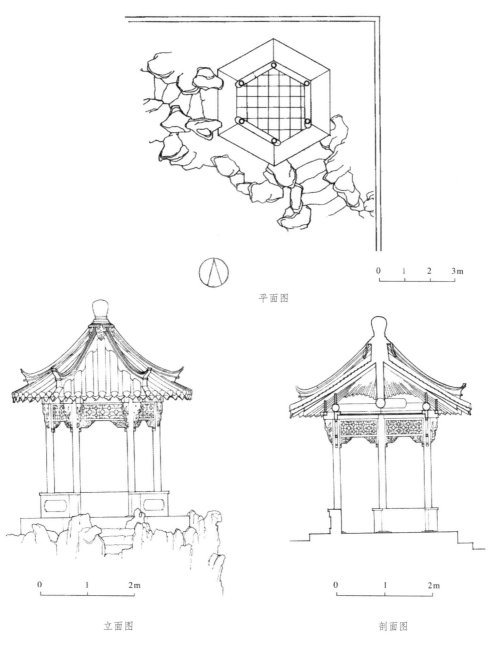

0　1　2　3m

平面图

0　1　2m

立面图

0　1　2m

剖面图

图 3.5.1-32　何园月亭

图 3.5.1-33　小莲庄圆亭

图 3.5.1-34　古漪园圆亭

图 3.5.1-35　杭州龙井江湖一勺亭

图 3.5.1-37　留园至乐亭

图 3.5.1-36　环秀山庄海棠亭

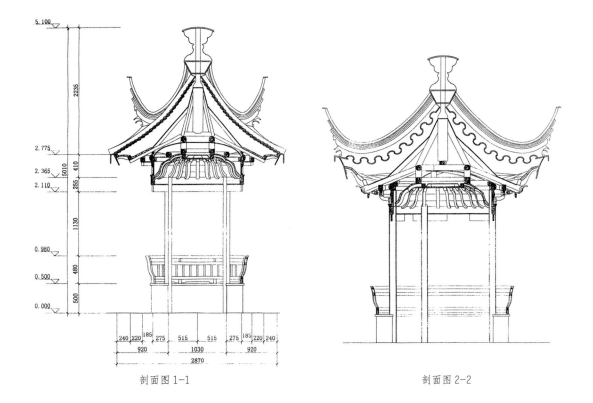

剖面图 1-1　　　　　　　　　　剖面图 2-2

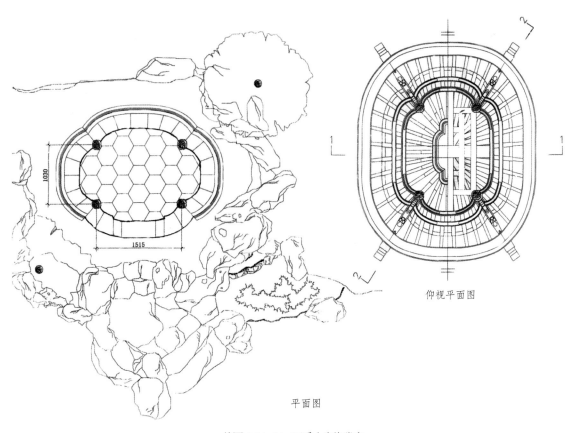

平面图　　　　　　　　　　仰视平面图

续图 3.5.1-36　环秀山庄海棠亭

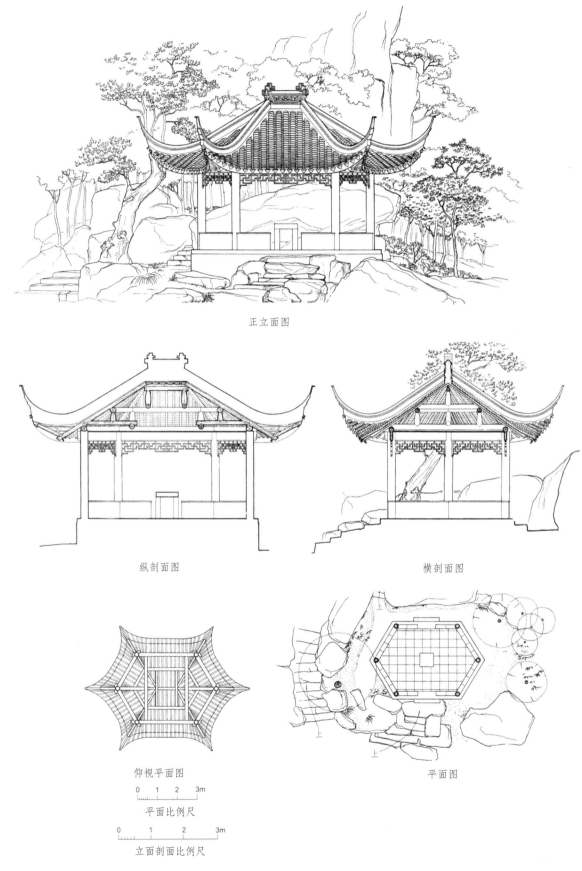

正立面图

纵剖面图　　　　　　　　　　　　横剖面图

仰视平面图　　　　　　　　　　　平面图

0　1　2　3m

平面比例尺

0　1　2　3m

立面剖面比例尺

图 3.5.1-38　苏州天平山四仙亭

实景图

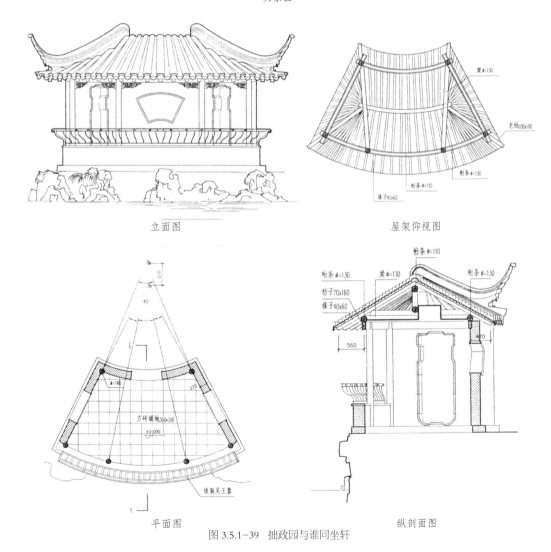

立面图

屋架仰视图

平面图

纵剖面图

图 3.5.1-39 拙政园与谁同坐轩

江南园林建筑设计

实景图

横剖面图

平面图

图 3.5.1-40　狮子林扇亭

图 3.5.1-41　瞻园扇亭

图 3.5.1-42　郭庄扇亭

图 3.5.1-43 小莲庄扇亭

图 3.5.1-44 二分明月楼梅溪吟榭

图 3.5.1-45 杭州曲院风荷折亭

图 3.5.1-46 滁州琅琊山折亭

图 3.5.1-47 煦园鸳鸯亭

图 3.5.1-48 曲水园机云亭

江南园林建筑设计

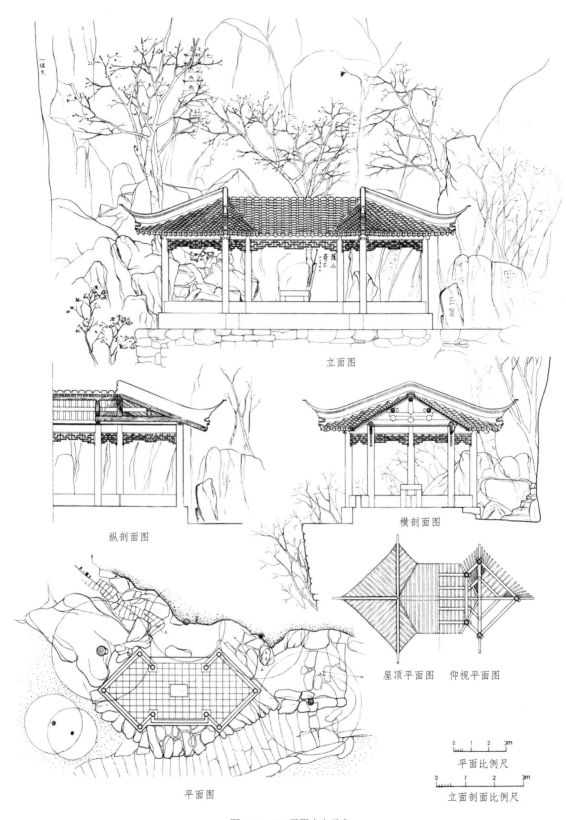

立面图

纵剖面图

横剖面图

屋顶平面图　仰视平面图

平面图

平面比例尺

立面剖面比例尺

图 3.5.1-49　天平山白云亭

图 3.5.1-50　南京中山植物园鸳鸯亭

图 3.5.1-51　瘦西湖五亭桥

图 3.5.1-52　小莲庄廊亭

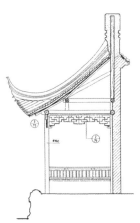

剖面图

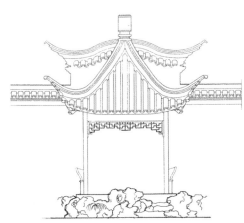

立面图

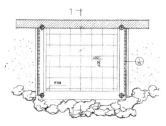

平面图

实景图

图 3.5.1-53　网师园冷泉亭

横剖面图

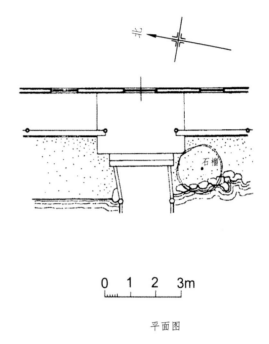

平面图

外观

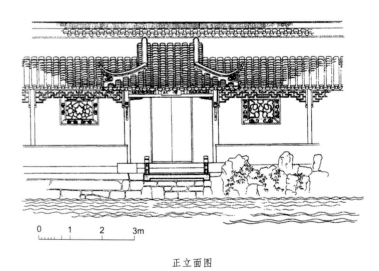

正立面图

图 3.5.1-54　拙政园倚虹亭

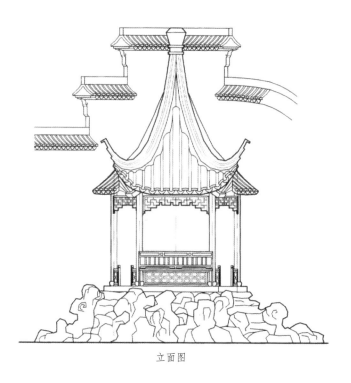

立面图

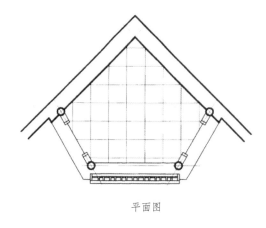

平面图

实景图

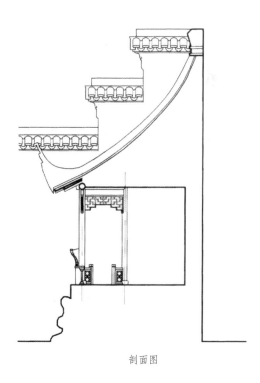

剖面图

图 3.5.1-55　北半园依云亭

实景图

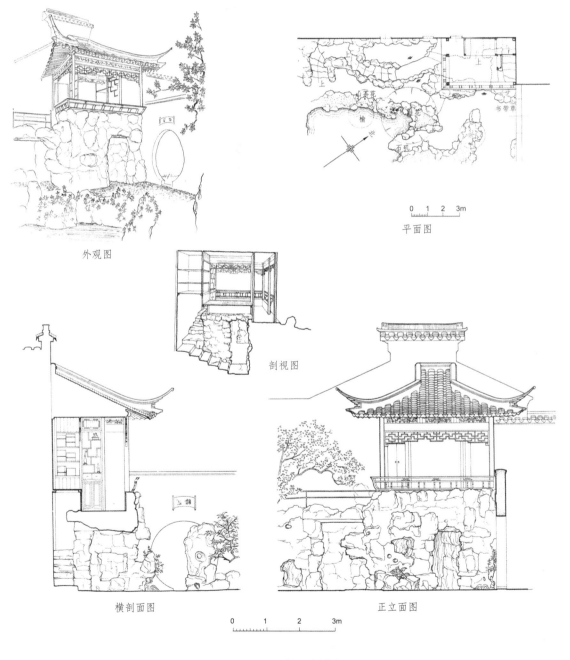

外观图

平面图

剖视图

横剖面图

正立面图

0 1 2 3m

图 3.5.1-56　残粒园栝苍亭

图 3.5.1-57 沧浪亭仰止亭

图 3.5.1-58 小莲庄半圆亭

图 3.5.1-59 怡园玉延亭

实景图

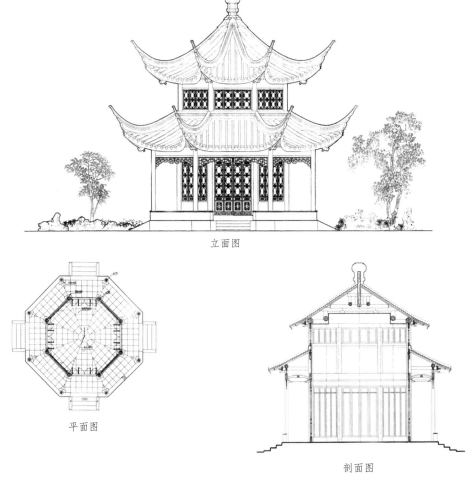

立面图

平面图

剖面图

图 3.5.1-60　拙政园天泉亭

图 3.5.1-61 南京清凉山还阳井亭

图 3.5.1-62 扬州二分明月楼伴月亭

图 3.5.1-63 瘦西湖小金山吹台

图 3.5.1-64 豫园鱼乐榭

图 3.5.1-65 瞻园小方亭

图 3.5.1-66 水绘园镜阁

江南园林建筑设计

实景图

立面图

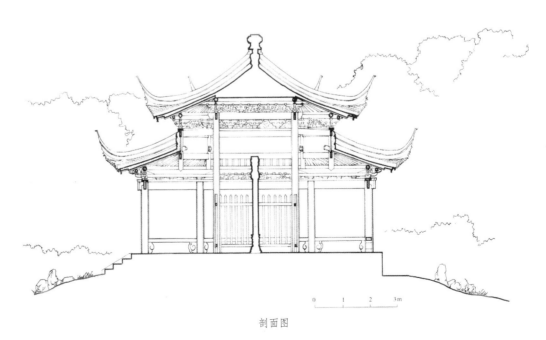

剖面图

3.5.1-67 天平山御碑亭

图 3.5.1-68　瞻园延辉亭

图 3.5.1-69　马鞍山清风亭

图 3.5.1-70　滁州琅琊山某亭

江南园林建筑设计

用柱数通常与亭的形式一致，三角、四角、五角、六角、八角亭的柱数均随其角而定，三角三柱、四角四柱、五角五柱、六角六柱、八角八柱。有时每边可做成三间，柱数相应增加。大型的亭子和重檐亭除了廊柱外，有时还需增加步柱，形成两圈柱列，具体要视其功能和结构的需要而定。

亭的平面尺度，四柱方亭开间一般在 3 m 左右，稍大者约可在 3.5 m，较大者如扬州寄啸山庄水心亭约达 4.6 m。开间再增加就要加柱，成三间。如拙政园长方之绣绮亭共开间 5 m，分为三间，亦为长方的雪香云蔚亭开间约 5.2 m，也分作三间。当然也有开间不甚大却也分成三间的，如艺圃乳鱼亭开间 3.4 m，有三边也用四柱。长方亭长边与短边的比例不宜过大，以接近黄金比最佳。如拙政园之绣绮亭两边之比约为 1.5，雪香云蔚亭约为 1.6，比例较好。多边形亭的边长，单檐在 2 m 左右，重檐可至 3 m 多直至 5 m 许。苏州西园月照潭心湖心亭为重檐攒尖顶，其边长即 5 m。亭之大小要根据环境空间来决定，小者如留园东部八角小亭，边长仅 0.75 m，大者如西园的六角重檐湖心亭，边长达 5 m。浙江绍兴兰亭的重檐御碑亭边长还不到 4 m，但在兰亭的场地环境，它已成庞然大物。亭的尺寸见表 18。

亭大多为木结构，在私家园林里一般不用石、砖、竹等结构，公共园林里偶有用者。柱一般都用木柱，偶用石柱，如沧浪亭、寄畅园梅亭即用方石柱，怡园小沧浪亭、寄畅园碑亭用圆石柱，拙政园雪香云蔚亭枋之下用石柱。柱的断面除四角亭有时用方柱或在四角刻海棠线脚外，多用圆柱。柱下可用鼓磴、磉石，亦可不用，柱即直接立在阶沿石上。磉石多为方形，也可随亭的平面成六角或八角形，廊柱下可用半磉。

亭的比例按《营造法原》的记载："方亭柱高按面阔十分之八。柱径按高十分之一。六角、八角亭柱高按每面尺寸十分之十五，八角亭可酌高，占十分之十六。柱径同方亭。圆亭柱高可按八角亭做法。"这种比例与清工部《工程做法则例》和《营造算例》里记载的完全相同。江南园林实例亭中却较自由，不一定按此比例。方亭柱高一般约为面阔的 7/10，如艺圃乳鱼亭。但拙政园绿漪亭、松风亭却为 11/10。一些小六角亭更为自由，如怡园螺髻亭约为 24/10，扬州何园月亭也在 20/10 以上。拙政园塔影亭按《营造法原》图版十一，亭之直径为 400 mm、柱围径为 62 mm、柱高为 299 mm，则亭每边长 153 mm、柱径为 19 mm，

柱高为面阔的 19.5/10。但据近年的资料，塔影亭的边长为 170 mm，则柱高为面阔的 17.6/10。天平山八角重檐御碑亭大约为突显碑亭的庄重，下檐立面设计扁平，柱高与面阔之比约为 6.2/10。北方亭柱柱径为柱高的 1/10，显得较粗壮、厚重、稳定，江南园亭比较细巧、轻盈，其比例显然与北方是不同的，柱的径高比应比北方的小，不能与北方一样大。从实例来看，江南亭柱的径高比都小于 1/10，约为 1/13 ～ 1/17，柱径 120 ～ 200 mm。只要体量合适、比例恰当、造型优美，完全不必受 1/10 比例的制约，可以根据需要来设计。

亭柱上架桁、连机、枋与一般厅堂无异，它们的尺度可参照厅堂。但因亭的面阔一般比厅堂小，所以构件也比厅堂要小，为便于结构与施工，构件又不能太小，因此就要将比例适当加大，一般桁径与柱径接近，枋多在 60 ～ 80 mm×160 ～ 200 mm。

亭的提栈，根据《营造法原》，歇山方亭提栈自五算起，以七算、八算、九算之式递加之。尖顶方亭、六角、八角等亭，提栈自六算起，在剖面上，视需要确定屋面坡度及总高，定出灯心木（雷公柱）之高低长短。苏州有些亭顶很尖，顶界提栈远超十算，如西园月照潭心湖心亭（图 2.5-9）。

亭的出檐大小也要与亭的体量协调，实例檐出与檐高之比在 1/5 ～ 1/3，大多在 1/4 左右，与厅堂的比例相似。但亭的界深（步架）较小，多在 750 mm 左右，须注意"檐不过步"的原则，根据经验，檐出最好要小于界深。当檐出需要超过界深时，就与前述厅堂一样，要在檐下增加桊桁，或改变界深来调整二者的比例关系。

亭之屋顶主要有尖顶（攒尖顶）与歇山两种，歇山顶常用于正方及长方形亭。尖顶应用最为普遍，圆形、正方及各种多边形（包括楼阁在内）都可用。尖顶做法一般有三种。①用搭角梁法，根据《营造法原》，搭在廊桁上的梁都称作搭角梁，这是架设亭顶最基本的方法，其中又分两种。a.于前后或左右廊桁上架长搭角梁（长扒梁），然后在其上设短梁（短扒梁），再在其上立童柱支金桁。六角、八角亭应用较多，如网师园月到风来亭（图 3.5.1-23）。方亭亦可用，如水绘园镜阁（图 3.5.1-71）。b.在廊桁上按界深用转过 45° 的搭角梁（抹角梁），层层向上叠加。由于一般亭子屋顶每面进深多为二界，故八角亭先在廊桁中点上架搭角梁，形成方形，然后转过 45° 在其中点上再架搭角梁，又形成一个方形，再在其上立童柱支金桁，如拙政园塔影亭（图 3.5.1-26）。六角亭亦可在桁中

表 18　亭尺度（m）

序号	名称	平面	边长或尺寸	檐高	屋顶	备注
1	拙政园　绿漪亭	方	2.87	3.2	尖	
2	拙政园　松风亭	方	2.85	3.2	尖	
3	艺圃　乳鱼亭	方	3.4	2.8	尖	
4	沧浪亭　沧浪亭	方	3.4	3.75	尖	
5	拙政园　别有洞天亭	方	2.9	3	歇山	
6	拙政园　梧竹幽居亭	方	5.36	2.75	尖	
7	拙政园　绣绮亭	长方	5×3.22	2.8	歇山	
8	狮子林　真趣亭	长方	6.2×5.16	3.6	歇山	
9	残粒园　栝苍亭	长方半亭	4×2.7	2.7	歇山	
10	拙政园　宜两亭	六角	2.06	3.32	尖	
11	怡园　小沧浪亭	六角	1.7	2.5	尖	
12	网师园　月到风来亭	六角	2	2.99	尖	
13	狮子林　湖心亭	六角	1.65	2.9	尖	
14	怡园　螺髻亭	六角	1.02	2.3	尖	
15	天平山　四仙亭	长六角	5.1×3.2	2.7	尖	
16	拙政园　与谁同坐轩	扇	4.6×2.3	2.3	歇山	
17	拙政园　塔影亭	八角	1.7	3.57	尖	
18	拙政园　笠亭	圆（五柱）	r=1.38	2.24	尖	
19	环秀山庄　海棠亭	长方	1.5×1.05	2.76	尖	
20	网师园　冷泉亭	长方半亭	2.98×2.45	2.92	尖	
21	拙政园　依虹亭	长方半亭	2.8×1.3	2.3	歇山	
22	北半园　依云亭	五角半亭	3.3×2.75	2.54	尖	
23	天平山　白云亭	方组合	2.85	2.8	尖	
24	西园　月照潭心亭	六角	5	3.4	尖	重檐
25	拙政园　天泉亭	八角	3.38	3.4	尖	重檐
26	拙政园　荷风四面亭	六角	1.8		尖	
27	拙政园　雪香云蔚亭	长方	5.2×3.15			
28	天平山　御碑亭	八角	4.5	2.8	尖	重檐
29	兰亭　小兰亭	方	3.7			
30	个园　拂云亭	长方	3.4×2.3			
31	何园　月亭	圆（六柱）	1.15			
32	何园　水心亭	方	4.6			
34	小盘谷　六角亭	六角	1.6			
35	平山堂　井亭	方	3			
36	留园　可亭	六角	1.32		尖	
37	留园　东部小亭	八角	0.75		尖	
38	留园　冠云亭	六角	1.12		尖	
39	留园　舒啸亭	圆（六柱）	1.1		尖	
40	寄畅园　梅亭	长方	3.4×2.6		歇山	
41	寄畅园　碑亭	六角	1.94		尖	
42	曾赵园　不碍云山亭	八角	2.3		尖	重檐
43	水绘园　烟波玉亭	五角	1.2		尖	
44	水绘园　小三吾亭	三角	1.43		间	

注：本表数据主要采自《苏州古典园林营造录》、《江南理景艺术》，部分由著者测量。

设搭角梁，形成一个三角形，而后在其上立童柱架金桁，如二分明月楼的伴月亭（图3.5.1-72）。方亭则搭角梁（抹角梁）架在廊桁上，然后均在梁上立童柱，童柱上架金桁形成一界。亭的老戗就架在廊桁与金桁上，以灯心木结顶，灯心木下端做成垂莲或花篮，上端筑亭顶，如梧竹幽居亭（图3.5.1-3）、莫愁湖某亭（图3.5.1-73）。如果亭较大，仍可用此法层层叠架而上，如扬州寄啸山庄水心亭（图3.5.1-5）。三角亭、五角尖顶亭亦可用搭角梁法，如曲水园佛谷亭（图3.5.1-74）。《营造法原》第十五章园林建筑总论云："单檐六角亭或八角亭，则于前后左右桁面，架斜搭角梁，成四方形，于梁之中立童柱，再于童柱架搭角梁，与下层搭角梁转过45°，亭之老戗及角梁即架于其上，上端相交，支于垂直之灯心木。"这个说法两处有误，一是这种做法如上所述仅能用于八角亭，而不能用于六角亭，六角亭是围不成正方形的。二是桁上架起第一层搭角梁成四方形后，并不是于梁中立童柱，再于

童柱架第二层搭角梁。而是第二层搭角梁转过45°直接搁置在第一层搭角梁上，这一层不能用童柱。然后再在第二层搭角梁上立童柱架金桁。②直接用老戗支撑灯心木，如拙政园笠亭（图3.5.1-30）、留园可亭（图3.5.1-75）、秋霞圃即山亭（图3.5.1-76）、水绘园小三吾亭（图3.5.1-77）。屋面的提栈曲面则在老戗之上另用木枋按提栈支起，上铺望板。此法即宋《营造法式》中的簇角梁法，用大角梁（即老戗）支撑帐杆（即灯心木），是比较古老的传统方法，在北方已不再应用（图3.5.1-78）。但此法刚性较差，常用于较小的亭。但拥翠山庄月驾轩平面呈方形，边长达3.92m，亦直接用老戗相交（图3.5.1-79）。③用大梁支撑灯心木，一般用一根大梁，上立灯心木。如怡园螺髻亭（图3.5.1-80）、留园小沧浪亭（图3.5.1-22）、扬州何园月亭（图3.5.1-32）。尖顶偶尔也用在矩形平面上，如环秀山庄海棠亭（图3.5.1-36）、绮园滴翠亭（图3.5.1-14），正侧两面屋顶的坡度可以不一致。

图3.5.1-71 水绘园镜阁梁架

图3.5.1-72 二分明月楼伴月亭梁架

图3.5.1-73 莫愁湖某亭梁架

图3.5.1-74 曲水园佛谷亭梁架

图 3.5.1-75　留园可亭剖面

图 3.5.1-76 秋霞圃即山亭

图 3.5.1-77　水绘园小三吾亭梁架

图 3.5.1-79　拥翠山庄月驾轩

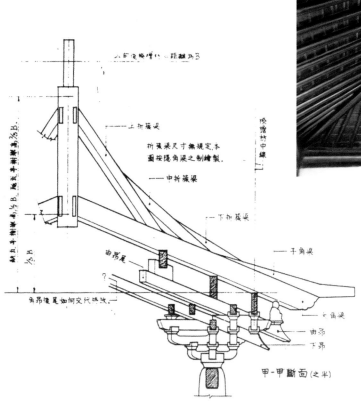

图 3.5.1-78　《营造法式注释》之簇角梁图

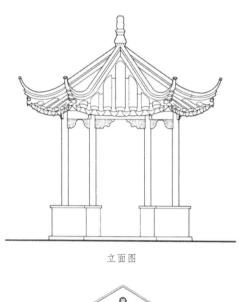

立面图　　　　　　　　　　　　　　　　　　　　剖面图

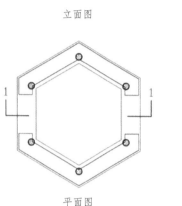

平面图

图 3.5.1-80　怡园螺髻亭

歇山顶的梁架结构有两种做法，① 大梁直接搁置在前后柱或廊桁上，如拙政园雪香云蔚亭之四架梁就搁在柱上（图 3.5.1-10），绣绮亭大梁则放在前后廊桁上（图 3.5.1-11）。②用搭角梁，这与上述尖顶做法相似，只是上部不用灯心木而用桁条，如拙政园别有洞天亭（图 3.5.1-6）、寄畅园知鱼槛（图 3.5.1-81）。

除了尖顶与歇山顶外，尚有盝顶等做法，但较少见。镇江金山白龙洞浮玉亭就是盝顶（图 3.5.1-82），绍兴兰亭小兰亭碑亭采用了比较奇特的屋顶构造（图 3.5.1-7）。

重檐亭的构造，如亭较大，可在廊柱内增加一圈步柱，步柱升高即成上檐柱，上下檐间还可设窗。如西园湖心亭（图 2.5-9）、拙政园天泉亭（图 3.5.1-60）。这样的做法使下檐的老戗可直接插进步柱，对结构是有利的。如果廊较深，为免使上檐部分收进过大，造成立面比例不匀称，也可采用骑廊做法，即将上檐柱立在廊步的川枋之上，如天平山的御碑亭（图 3.5.1-67）。如亭不大，可不加柱，而用搭角梁承上檐柱。如二分明月楼伴月亭（图 3.5.1-62）、瘦西湖小金山吹台（图 3.5.1-63）。

扇面亭结构是在桁上架梁，梁上立童柱承脊桁，如拙政园与谁同坐轩扇面亭（图 3.5.1-39）。

有时亭因功能需要，结构形式略有变化，比如井亭为便于采光和淘井，在顶上留洞，屋顶就像盝顶。如扬州平山堂西园池中第五泉的井亭（图 3.5.1-83）、无锡惠山愚公谷井亭（图 3.5.1-84）。

江南园林中常做半亭，所谓半亭，它不是一个完整、独立的亭，往往倚着后墙而建，结构上只有前半部分。因亭顶较高，后墙也需较高，如网师园冷泉亭（图 3.5.1-53）、北半园依云半亭（图 3.5.1-55）。

组合亭中拙政园倚虹亭（图 3.5.1-54）为歇山顶，内部采用回顶形式，用梁挑出承虚柱，梁架结构乃以单亭的做法为根据，加以组合变化，如曲水园的机云亭（图 3.5.1-85）、中山植物园的鸳鸯亭（图 3.5.1-86）、天平山的白云亭（图 3.5.1-49）等，还可将若干亭按一定的构图规律排列起来，形成一个造型高低错落、主次分明、丰富多变的亭子组群，如扬州瘦西湖的五亭桥（图 3.5.1-51）。

上面所述只是亭的一般常用做法，实际上亭的构造做法十分灵活，可以说千变万化。有些亭子就采用了独特的做法，如艺圃之乳鱼亭（图3.5.1-87），它也是用搭角梁，但此梁为扁作梁，不架在桁上而架在牌科上，是一种变例。沧浪亭之沧浪亭（图3.5.1-88）内部做了轩，其结构做法尚不清楚，有可能用角梁后尾承挑四垂莲柱。又如水绘园烟波玉亭（图3.5.1-89），设置了颇似明苏州府文庙的牌科（斗栱），利用下昂向内挑出，上承金桁。某些形体独特的亭或组合亭，它们的屋顶做法就需要变通，把各种做法组合起来，如留园至乐亭（图3.5.1-37）、天平山白云亭（图3.5.1-49）、曲水园机云亭（图3.5.1-85）等。

亭的翼角做法也分嫩戗发戗与水戗发戗两种，详见前面厅堂一节。《营造法原》定亭的老戗用料为四六寸，实例在120 mm左右，高宽或相等，或宽度略大（表19）。圆亭没有翘角。

屋面大多用蝴蝶瓦，偶也有用筒瓦者，如沧浪亭之沧浪亭（图3.5.1-8）、留园至乐亭（图3.5.1-37）。圆亭若无水戗，必须用竹节筒瓦，才能与屋面大小契合，如拙政园笠亭（图3.5.1-30）、留园舒啸亭（图3.5.1-31）、狮子林扇面亭（图3.5.1-40）。也有圆亭用小青瓦的，那就要在屋面上做脊，用水戗，如扬州何园的月亭（图3.5.1-32）。歇山顶通常不做脊而用黄瓜环瓦，显得较轻巧。也有用屋脊的，如沧浪亭之沧浪亭（图3.5.1-8）、安徽滁州琅琊山醉翁亭（图3.5.1-4）等，不可一概而论。尖顶屋面除圆亭可不做脊，其他均须做戗脊。戗脊的线条造型应挺拔有劲，苏州各亭做得较好。有的亭顶下凹太大，屋顶线条显得软绵无力，如中山植物园的鸳鸯亭（3.5.1-50）。但对屋脊也可按需要灵活处理，天平山御碑亭上檐的八条戗脊在中途近顶处合并成四条，使顶部不致过分拥挤繁复（图3.5.1-67）。瞻园延

辉亭为八角歇山半亭，屋顶正面两道竖带一直延伸到檐前，其他两面的戗脊从竖带分出，均作水戗发戗（图3.5.1-68）。扇亭如用蝴蝶瓦只能依靠调整两列瓦楞间的上下豁距，即使檐口和屋脊处的豁距不一致来实现。郭庄的扇亭平面呈折线形，屋顶坡面也随之转折，由于转折处未做脊，瓦楞直接相交不太稳妥（图3.5.1-90）。

尖顶之宝顶，扬州多用砖雕，其他多用灰塑，考究者用砖细贴面，如拙政园塔影亭用的是砖雕（图3.5.1-91）。宝顶式样繁多，基本分为几何形与动物形两类。几何形有圆、四边、多边、葫芦等（图3.5.1-92）。动物类是在几何形顶上加塑动物，有鸟类如黄鹂、仙鹤、凤凰等，走兽类有象、鹿等（图3.5.1-93）。

亭主要用于停憩与凭眺，明钟惺在《梅花墅记》里说："高者为台，深者为室，虚者为亭，曲者为廊。"一个虚字概括了亭的特征，故一般设计亭都较通透开敞。枋下悬挂落，柱间下部设半墙或半栏，半墙高约400 mm，上设木或砖细坐槛，有时外设短栏，称吴王靠或美人靠，高约300 mm。也有在柱间安门窗者，如拙政园塔影亭（图3.5.1-26）、燕园赏诗阁（图3.5.1-29）等。也有砌墙者，墙上往往辟有洞门或景窗，形成框景，如扬州瘦西湖小金山吹台，其三面砌墙，辟圆门洞，把白塔与五亭桥巧妙纳入，构成了一幅优美、空灵的图画（图3.5.1-94）。水绘园镜阁的门洞也如此（图3.5.1-95）。亭一般为暴露结构，不做天花，因层层相叠上收的结构，能给人一种有韵律的美感。只有当结构形式不美，或要显示隆重，尤在用牌科（斗科、斗栱）时才用天花。如寄畅园碑亭（图3.5.1-96）、沧浪亭（图3.5.1-88）、小莲庄方亭（图3.5.1-97）等。亭正如《园冶》说的"法无定式"，只要构造处理得恰当、合理，各种做法都能得到良好的效果。

图3.5.1-81　寄畅园知鱼槛

图3.5.1-82　镇江金山白龙洞盔顶浮玉亭

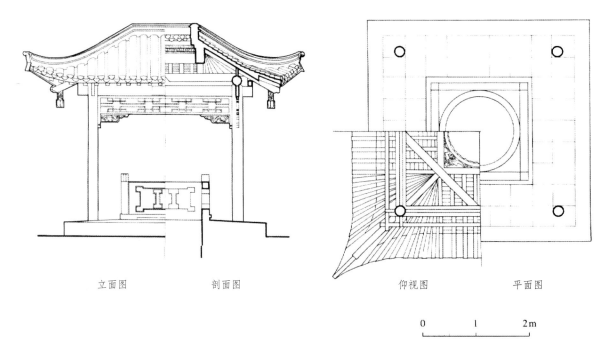

立面图   剖面图   仰视图   平面图

0   1   2m

图 3.5.1-83 平山堂西园井亭

图 3.5.1-84 惠山愚公谷井亭

图 3.5.1-85 曲水园机云亭梁架

表 19 亭构件尺寸（mm）

序号	名称	廊柱径	廊桁	檐椽	飞椽	老戗	嫩戗
1	拙政园 绿漪亭	Φ200	Φ200	65×85	45×65	125×125	90×100
2	拙政园 松风亭	Φ200	Φ180	65×85	45×65	125×135	90×100
3	拙政园 别有洞天亭	Φ170		65×85	45×65	125×125	90×100
4	拙政园 梧竹幽居亭	Φ140	Φ160			110×110	90×100
5	拙政园 绣绮亭	Φ190		50×70	40×55	115×120	
6	拙政园 宜两亭	Φ180					
7	怡园 小沧浪亭	Φ200 石柱		50×65	35×54	115×115	
8	拙政园 与谁同坐轩	Φ140	Φ130	40×60		100×100	
9	拙政园 塔影亭	Φ170	Φ160			120×125	100×120
10	拙政园 笠亭	Φ150					
11	拙政园荷风四面亭	Φ150					
12	拙政园 天泉亭	Φ170					
13	留园 可亭	Φ141					
14	留园 东部小亭	Φ112					
15	留园 冠云亭	Φ142					
16	留园 舒啸亭	Φ132					
17	沧浪亭 沧浪亭	Φ300 石柱	Φ200				
18	网师园 月到风来亭	Φ180	Φ180				
19	网师园 冷泉亭	Φ160					
20	寄畅园 梅亭	Φ220 石柱					
21	寄畅园 碑亭	Φ212					
23	曾赵园 不碍云山亭	Φ200					
24	水绘园 烟波玉亭	Φ156					
25	水绘园 小三吾亭	Φ180					
26	小盘谷 风亭	Φ174					

注：本表数据主要采自《苏州古典园林营造录》、《苏州古典园林》，部分由著者测量。

图 3.5.1-86 南京中山植物园鸳鸯厅梁架

图 3.5.1-87 艺圃乳鱼亭搭角梁

江南园林建筑设计

图 3.5.1-88　沧浪亭内轩

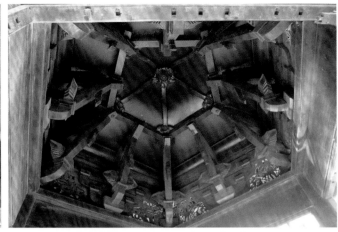
图 3.5.1-89　水绘园波烟玉亭天花

图 3.5.1-90　郭庄扇亭屋面

图 3.5.1-91　拙政园塔影亭砖雕宝顶

何园月亭

何园水心亭

小盘谷六角亭

天平山御碑亭

拙政园梧竹幽居亭

拙政园荷风四面亭

拙政园塔影亭

拙政园宜两亭

怡园小沧浪亭

网师园月到风来亭

艺圃乳鱼亭

拙政园笠亭

图 3.5.1-92　几何形宝顶

图 3.5.1-93　动物形宝顶

图 3.5.1-94　瘦西湖小金山吹台门洞景观

图 3.5.1-95　水绘园镜阁门洞景观

图 3.5.1-96　寄畅园碑亭天花

图 3.5.1-97　小莲庄方亭内轩

江南园林建筑设计

2. 牌科

牌科,江南园林建筑中虽用得不是很普遍,但还不算凤毛麟角似的罕见,尤其在亭上,故在此做一介绍。厅堂中用牌科较少,拙政园三十六鸳鸯馆用了一斗三升,曲水园凝和堂施重昂,小莲庄净香诗窟、水绘园湘中阁也用了重昂,燕园三婵娟室用重栱,曾园清风明月阁施单栱。亭上用得相对较多,沧浪亭之沧浪亭、艺圃乳鱼亭、拙政园塔影亭、别有洞天亭、天平山御碑亭、寄畅园碑亭、梅亭、瞻园岁寒亭、秋霞圃碑亭、小莲庄方亭、廊亭、未园垂虹亭、水绘园波烟玉亭等都做有牌科。但豫园建筑中用牌科的很多,厅堂、楼阁、亭都有,如三穗堂、仰山堂、点春堂、玉华堂、和煦堂、老君殿、九狮轩、静宜轩、静观、涵碧楼、听涛阁、会景楼、还云楼、耸翠亭、打唱台、听鹂亭、古井亭等。这是江南园林中的特例,也许是由于曾作商业公所的缘故。

江南牌科的构造总体上与北方官式斗栱相近,但也有许多地方异于北方,为江南所独有。在廊枋上须设斗盘枋(平板枋),斗盘枋比廊枋宽,呈宽而扁的形状,与北方平板枋的形态不同。枋上坐牌科。牌科的构造是用斗、栱、升、昂等构件层层叠加组成。最下层为斗,斗底凿 30 mm(一寸)方眼,于斗盘枋上作榫,称斗桩榫,坐斗于榫上。斗上根据不同牌科,或桁向一面开口(顺身口),或十字开口,口上架栱或昂。栱之外形略似弓形,无论其与桁平行或垂直,皆称栱,与桁平行者称桁向栱,与桁垂直者称十字栱,而北方将垂直出跳之栱称为翘。栱头或昂之上置升,升的形状与斗一样且尺寸较小,升也按所处的位置不同而开一字口或十字口。升上再架栱、昂或牌条(拽枋),牌条即栱上与桁平行的、断面与栱料相同的木枋。出跳栱之栱头延长向下斜垂者,称昂。昂形似北方昂者称为靴脚昂,主要用于庙宇的殿宇等处。而昂嘴又微微向上卷起,似凤头者,称凤头昂,仅一卷头者,称卷头昂,它们用处不拘,在园林中经常使用(图3.5.2-1)。

官式斗栱按所在位置分为平身科、柱头科、角科三种。平身科在柱间平板枋之上,柱头科在柱之上,角科在房屋转角柱头之上。江南牌科同样也有这三种,但《营造法原》并没有说得很明确、清楚。17页第四章牌科解释为:"一斗三升及一斗六升牌科,常用于厅堂廊柱间廊桁之下,故称桁间牌科。"辞解"桁间牌科"云:"凡一斗三升及一斗六升之牌科,置于廊

桁之下,介于两柱头之间,枋子之上者。"这两种说法均只把一斗三升及一斗六升这种不出跳的牌科称为"桁间牌科"。但在辞解"桁间牌科"辞条后,北方术语的括号内却注明为"平身科",平身科不仅指不出跳的,也包括出跳的斗栱在内,平身科要比前述"桁间牌科"范围广。实际上图版十九就标明是五七寸式十字、丁字桁间牌科,故上述的解释不够全面。"桁间牌科"应包括不出跳与出跳的牌科,才是平身科。关于角科与柱头科,《营造法原》只在文中提到在柱头与角柱处要设牌科,在辞解"角栱"条目下括号内标为"角科",其解为"栱之位于房屋转角处者。"角栱本指转角上的栱,现在扩大成转角的整座牌科,感觉不太确切。《营造法原》对柱头科却始终没有下过定义,在图版十八上也只注明柱头处牌科。综合起来,我们可以将这三种牌科称为桁间牌科(平身科)、柱头牌科(柱头科)、转角牌科(角科)。

按牌科的形状来分,可分为一斗三升、一斗六升、十字科、丁字科、琵琶科、网形科这五种。丁字科仅向外出跳,整座牌科平面成丁字形。琵琶科颇似北方之溜金斗栱,里跳将昂之后尾斜上延伸作斜撑。网形科每座牌科除桁向与垂直方向设栱外,在 45° 方向均出栱,类似北方之如意斗栱,主要用于牌坊之上。但这后两种在园林中未见,故不多赘述,仅就前三种做一介绍。

(1)一斗三升与一斗六升。

坐斗在平行桁向一面开口(顺身口),口上架栱,称为斗三升栱(正心瓜栱),栱上两端及中央各置一升,所以名一斗三升。升上也于桁向一面开口,上架连机。如在一斗三升之升子上再架一层较长之栱,称为斗六升栱(正心万栱),栱头及中央亦各置一升,称一斗六升。一斗三升与一斗六升均用于廊桁下,是一种不出跳的桁间牌科。《营造法原》图版十八即为五七寸式桁间牌科(图3.5.2-2),实例用一斗三升者有豫园仰山堂、玉华堂,寄畅园卧云堂、梅亭、未园垂虹亭、拙政园三十六鸳鸯馆、塔影亭、环秀山庄问泉亭、艺圃乳鱼亭等,乳鱼亭因斗口之上斜出搭角梁头,故栱上无中间之升(图3.5.2-3)。用一斗六升的有豫园古井亭、九狮轩、会景楼底层等。厅堂类柱头牌科如用一斗三升,由梁头出跳成云头,上承梓桁,云头下以栱头承之,栱头里转为梁垫。如拙政园三十六鸳鸯馆(图3.5.2-4)、豫园玉华堂(图3.5.2-5)等。如用一斗六升,除《营造法原》图版十八所示外,也有出二跳栱,

上承云头、梓桁，如豫园九狮轩（图3.5.2-6）。也有柱直上承桁而不用坐斗者，如豫园会景楼（图3.5.2-7）。但亭类建筑许多面阔仅一开间，即无柱头牌科。《营造法原》没有给出转角牌科的图样，实例转角牌科有两种做法，① 无角栱，由正侧两面的半个斗三升栱或斗六升栱向侧面、正面伸出栱头，上承连机与廊桁之出头，或承梓桁，在45°方向无角栱，这与官式均有角栱不同，如拙政园别有洞天亭（图3.5.2-8）、拙政园塔影亭（图3.5.2-9）、艺圃乳鱼亭（图3.5.2-10）等。② 用角栱，则角栱上用云头，承梓桁。如拙政园三十六鸳鸯馆之暖阁（图3.5.2-11）、环秀山庄问泉亭（图3.5.2-12）、寄畅园梅亭（图3.5.2-13）、豫园九狮轩（图3.5.2-14）等。九狮轩之里转角从斗上出45°斜栱，上为梁垫承扁作梁（图3.5.2-15）。桁间牌科不出跳，柱头与转角牌科可用栱出一跳或两跳承梓桁，这与官式平身、柱头、角科出跳与否必须保持一致是不同的。

（2）十字科。

内外均出跳的牌科称十字科，按位置也分桁间、柱头、转角三种。

桁间牌科：坐斗十字开口，口内十字架栱，桁向之栱仍为斗三升栱或斗六升栱，垂直出跳之栱称十字栱，里外出跳称出参（踩），出一跳为三出参（三踩），出二跳为五出参（五踩），依此类推。园林中通常以五出参为多，少数达七出参。外跳之栱官式称翘，而南方无论何种方向仍皆称栱。向外出参可用单栱、单昂或重栱、重昂，少数有单栱重昂或三昂，里跳均用栱，出参数随设计而定。具体做法有两种，① 在十字栱的跳头上架平行于桁之栱，称桁向栱（单材瓜栱、单材万栱或外拽瓜栱、外拽万栱，里拽瓜栱、里拽万栱）。桁向栱上之枋子，称牌条（拽枋）。此种形式即栱头上用单栱的《营造法原》插图四——十字牌科桁向栱图式（图3.5.2-1），在园林中较少见，豫园三穗堂即用单栱排条（图3.5.2-16），还云楼亦与此同，但为三出参，廊桁下用斗三升（图3.5.2-17）。桁向用重栱者更少，瞻园岁寒亭桁间牌科用了重栱（图3.5.2-35）。② 在跳头上用枫栱，不用桁向栱与牌条，这是南方牌科特有之栱，为140 mm×200 mm×20 mm长方形木板，一端稍高，向外倾斜，以代桁向栱。多雕镂

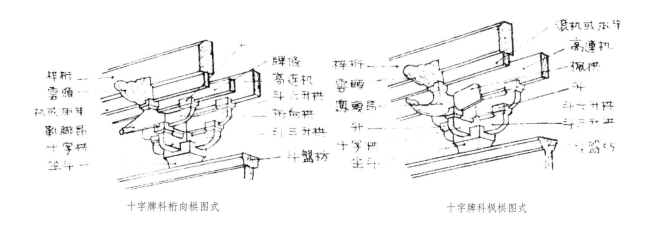

图3.5.2-1 《营造法原》插图四——十字牌科桁向栱图式、四—二——十字牌科枫栱图式（1）

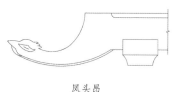

凤头昂

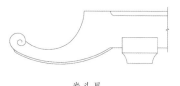

卷头昂

靴脚昂

图3.5.2-1 昂的式样（2）

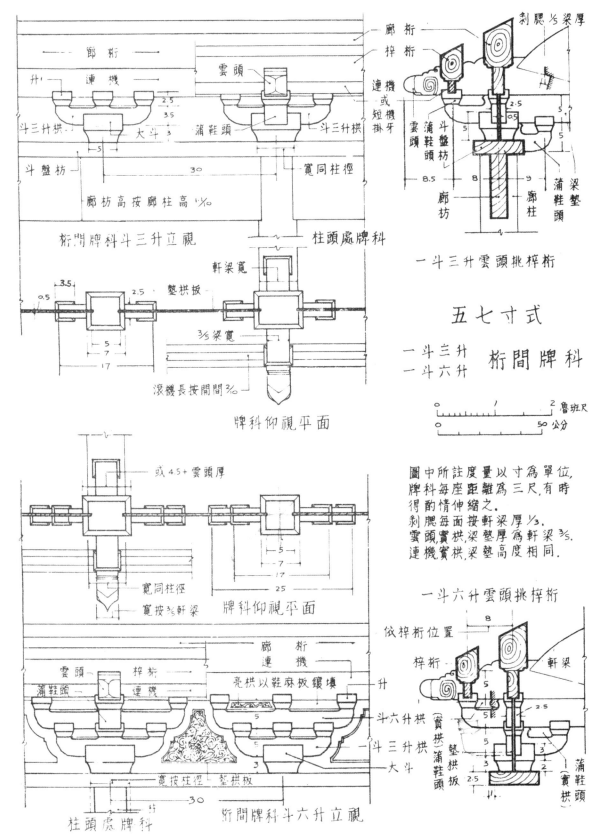

图 3.5.2-2 《营造法原》图版十八——一斗三升、一斗六升桁间牌科

图 3.5.2-3　艺圃乳鱼亭桁间牌科

图 3.5.2-4　拙政园卅六鸳鸯馆柱头牌科

图 3.5.2-5　豫园玉华堂柱头牌科

图 3.5.2-6　豫园九狮轩柱头牌科

图 3.5.2-7　豫园会景楼柱头牌科

图 3.5.2-8　拙政园别有洞天亭转角牌科

图 3.5.2-9　拙政园塔影亭转角牌科

图 3.5.2-10　艺圃乳鱼亭转角牌科

江南园林建筑设计

图 3.5.2-11　拙政园三十六鸳鸯馆暖阁转角牌科

图 3.5.2-12　环秀山庄问泉亭转角牌科

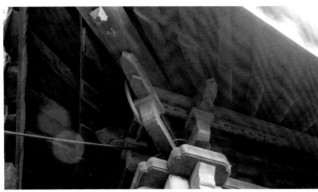

图 3.5.2-13　寄畅园梅亭转角牌科

图 3.5.2-14　豫园九狮轩转角牌科

图 3.5.2-15　豫园九狮轩转角牌科里转

图 3.5.2-16　豫园三穗堂牌科

图 3.5.2-17　豫园还云楼牌科

图 3.5.2-18　水绘园湘中阁牌科

空花饰，颇具风趣，园林里多采用，但庄严的建筑则很少采用。式样见《营造法原》插图四—二——十字牌科枫栱图式（图3.5.2-1），豫园听涛阁、涵碧楼、水绘园湘中阁（图3.5.2-18）之桁间牌科与之相同，唯将单栱单昂换成双昂。这种形式在实例中还有一些变化，第一跳头上虽用了枫栱，但在第二跳头或昂头上仍出一桁向栱，上承梓桁。豫园和煦堂、听鹂亭、点春堂、打唱台（图3.5.2-19）、老君殿等均如此。桁间牌科昂上最高一层均为两端头都刻作云头（麻叶头或麻叶云）的构件，云头上承梓桁。每座牌科间，镶以垫栱板，板上多镂刻花纹。《营造法原》图版版十九给出了十字科与丁字科的桁间牌科的图样（图3.5.2-20），但它们都是用的枫栱。

柱头牌科：坐斗上于廊桁下仍设一斗三升或一斗六升，外跳出十字栱或昂，跳头上或用桁向栱或用枫栱，须与桁间牌科保持一致。一斗六升里跳用栱、梁垫承梁，一斗三升则用梁垫直接承托梁底，梁头外延成云头，宽为梁厚之3/5，上承梓桁，栱也同宽，比桁间牌科之栱要宽。但也有与桁间同宽的（图3.5.2-17、图3.5.2-18、图3.5.2-21、图3.5.2-22）。

转角牌科：转角牌科的结构异于桁间及柱头，其正、侧两面都要出参，还要在45°斜出角栱、角昂。枫栱或桁向栱的使用还有差异。坐斗上第一层正面之桁向的斗三升栱，至侧面即成出参的十字栱或昂，同样，侧面的斗三升栱须延长成正面的出参十字栱或昂。相互交错之外，又于45°斜出角栱，其长为出参十字栱形成方形的对角线，如用枫栱。第二层正侧两面的斗六升栱，也互相交错成十字的出参之栱出参。一般第一层出参栱的栱头上，于升上两旁安枫栱，角栱上也安枫栱，若牌科间空间狭窄，或与两侧之枫栱相碰，则以角栱上枫栱为先，形状大小随此空间。上层昂侧可出桁向栱，亦可不用（图3.5.2-19）。角上最上层可用昂（由昂），也可用云头（图3.5.2-23～图3.5.2-29）。用桁向栱则不然，转角亦设角栱或角昂，在出参栱的栱头上须设桁向栱，不用枫栱，桁向栱的一端可延长交错而为侧面或正面之栱、昂，即官式的搭角闹之栱、昂（图3.5.2-30～图3.5.2-32）。也可撞上角栱或昂后不再伸出，即无搭角闹（图3.5.2-16）。其最上一层可用角昂（由昂），也可用云头，与官式不同。还有跳出的栱头上不用牌条，而用雕花板代替（图3.5.2-33、图3.5.21-34）。转角有时不用牌科，而直接用柱顶上，如瞻园岁寒亭（图3.5.2-35）。

十字科的里跳，桁间牌科均用栱头，出参数与外跳一样。柱头已见上述，转角可与柱头相同，如上无梁，则与桁间一样（图3.5.2-29、图3.5.2-32、图3.5.2-34）。

（3）丁字科。

丁字科之十字栱只向外出参，向里不出，整座牌科成丁字形，这是与十字科不同之处，其外观及做法与十字科完全相同，只是内观为一斗三升或一斗六升。厅堂牌科多用丁字栱，豫园所用牌科大多为丁字栱。

南方牌科各部之分件比例、划分没有官式那样细，官式用材以斗口为标准，从斗口一寸至六寸分为十一等，但一、二、三等材实际没有应用，常用四等（斗口四寸半）及以下的材分。南方用材，《营造法原》中只记有四六式、五七式、双四六式三种，以斗之高宽命名。实际还有八六、一七、九十三、双五七式等。五七式牌科，用途较广，常用于华丽的厅堂。其斗高五寸（138 mm），斗宽七寸（193 mm），斗底宽亦为五寸（138 mm），栱高三寸半（96 mm），宽二寸半（69 mm），称为亮栱（单材栱）。升料则以栱料扁做，升高二寸半（69 mm），升宽三寸半（96 mm）。实栱（足材栱）高五寸（138 mm）。第一层栱长一尺七寸（470 mm），第二层长二尺五寸（670 mm）。若以斗口为准，栱宽1斗口，栱高1.4斗口，斗宽2.8斗口，斗高2斗口，斗底2斗口。升宽1.4斗口，高1斗口。斗高与官式相同，斗宽略小于官式。斗在高度上分作斗腰与斗底两部分，而斗腰又分为上斗腰（斗耳）、下斗腰（斗腰），上斗腰、下斗腰、斗底三部高度的比例为2：1：2。斗底侧面与宋式一样为内凹曲线，不像清官式的直线。斗十字开口之中心留高五分（14 mm），不挖掉，称留胆，这是江南独特的做法，

图3.5.2-19　豫园打唱台牌科

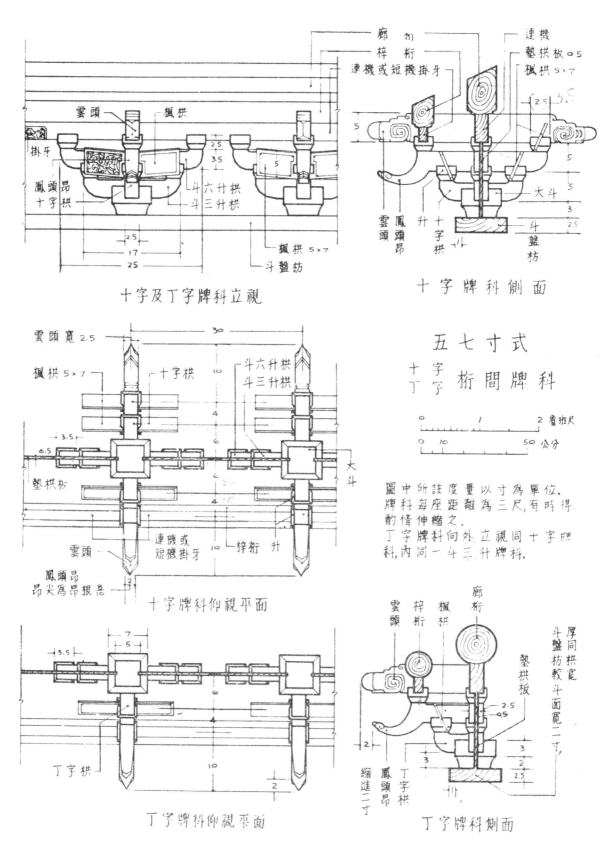

图 3.5.2-20 《营造法原》图版十九——丁字、十字桁间牌科

图 3.5.2-21　曾园清风明月阁牌科

图 3.5.2-22　曾园清风明月阁牌科里转

图 3.5.2-23　曾园清风明月阁转角牌科

图 3.5.2-24　豫园涵碧楼转角牌科

图 3.5.2-25　豫园听鹂亭转角牌科

图 3.5.2-26　寄畅园碑亭转角牌科

图 3.5.2-27 寄畅园碑亭转角牌科里转

图 3.5.2-28 沧浪亭沧浪亭转角牌科

图 3.5.2-29 沧浪亭沧浪亭转角牌科里转

图 3.5.2-30 豫园耸翠亭转角牌科

图 3.5.2-31 小莲庄方亭转角牌科

图 3.5.2-32 小莲庄方亭转角牌科里转

图 3.5.2-33 小莲庄廊亭转角牌科

图 3.5.2-34 小莲庄廊亭转角牌科里转

图 3.5.2-35 瞻园岁寒亭转角牌科

与宋式、清式都不一样。宋式、清式都在出跳方向开口内留下部分不去掉，宋式称为隔口包耳，清式称鼻子。其目的是使构件稳固不致移动，但因十字栱乃互相开口咬合，已不会移动，留胆或隔口包耳、鼻子并不起主要作用，反而费工。第一层栱长合 6.8 斗口，第二层栱长合 9.7 斗口，栱略长于清官式之 6.2 斗口、9.2 斗口。升亦与斗一样分为上升腰、下升腰与升底三部分，高度分配比例也为 2：1：2，与斗相同。当斗直接用于柱头上时，斗底应与柱头同宽，斗面各出斗底一寸（2.75 mm）。用于梁背上时，梁跨方向按原规定不变，侧面斗底需同梁宽，斗面出一寸。称为亮栱（单材栱）的两层构件之间有空隙，可镶以镂空雕花板，称鞋麻板。柱头上出跳的栱则要加高至上升腰底，为实栱。据《营造法原》记载，实栱主要作用是"为增加荷重能力，将栱料加高"，但这里只说在柱头之上，而未提及桁间牌科，图版十八十字牌科侧面和丁字牌科侧面，出跳栱均画为实栱，但在图版二十一分件图中出跳的十字栱栱高只有 3.5 寸，这是亮栱，存在矛盾，按力学原理，应是实栱为佳。而官式不论平身科、柱头科、角科，凡出跳栱及正心栱均用足材，比较符合力学原理。亮栱的栱背边缘须铲去宽三分（8 mm）的圆弧形折角。实栱要在升子之间，做出圆珠形的栱眼。各栱之两端均锯成三段小平面相连，称为三板（三瓣卷杀），不似官式建筑卷杀瓣数有"瓜四、万三、厢五"，随栱而异。三板边缘，各挖去宽三分（8 mm）的半圆形折角。官式却没有这种做法。

四六式即斗高为四寸（110 mm），斗面宽六寸（165 mm），斗底宽四寸（110 mm）。栱高三寸（82.5 mm），宽二寸（55 mm），升高二寸（55 mm），宽三寸（82.5 mm）。

按五七式打八折。若以斗口为准，则栱宽 1 斗口、高 1.5 斗口，斗宽 3 斗口、高 2 斗口，升宽 1.5 斗口、高 1 斗口。栱之高宽比与宋式一致，比清官式 1.4 斗口略高。斗三升栱长一尺四寸（385 mm），合 7 斗口，斗六升栱长二尺（550 mm），合 10 斗口，也比官式斗口略长。四六式牌科常用于亭阁等建筑。

五七式十字科与丁字科出参第一层从桁中至栱头升中为六寸（165 mm），合 2.4 斗口，第二层为四寸（110 mm），合 1.6 斗口，第三层也为四寸（110 mm）。这与官式出跳一律 3 斗口不同，但与宋式第二跳以上可减跳接近。一斗三升与一斗六升柱头科的蒲鞋头则出挑 8 寸（220 mm），合 3.2 斗口。《营造法原》规定如限于出檐，得将出参尺寸按规定八折收减，即出参可按实际情况调整。每座牌科中距为三尺（825 mm），合 12 斗口，但可酌情伸缩，比官式 11 斗口略宽。两座牌科间之空挡，以垫栱板填封。板厚 0.5 寸（14 mm）多刻镂空花纹，镶嵌于两旁栱头之槽中，槽宽深各半寸（14 mm），栱料亦不因此加宽，与官式将正心之栱枋均加宽不同（图 3.5.2-1、图 3.5.2-2）。

双四六式即牌科各部之大小尺度为四六式的两倍，故名双四六式。此式尺度较大，常用于殿庭等大建筑。

现在设计用公制，可以不用零碎尾数，应化零为整。

总的说来，江南牌科因是地方做法，不像官式建筑那么规范，没有官式那样完备、严密、详尽，多凭经验，没有严格、统一的规定，比较简略、笼统。如官式斗栱每个分件皆有专用名词，使人一看就知是何部位的构件，可谓一目了然。而江南则把里外拽栱统称桁向栱，不象官式分为瓜、万、厢等，且在角科上分搭角正、搭角闹等。《营造法原》对柱头、转角牌科介绍得也较简略，有关图样主要都是桁间牌科的，柱头牌科仅有一斗三升、一斗六升的图样，十字科、丁字科都没有，转角牌科一斗三升及一斗六升文中没有提起，十字科与丁字科文中介绍有用枫栱及桁向栱两种做法，但图样却一幅也没有。现根据实例将桁间、柱头、转角牌科加以补充（图 3.5.2-36 ~ 图 3.5.2-44）。正因如此，江南牌科做法比较自由，尤其在细部上，给工匠留下了较大的创作空间，如斗盘枋线条、廊枋转角处出榫、云头、枫栱、短机等均有变化，做法各异。图 3.5.2-45 所示是《营造法原》图版二十一——牌科分件图。

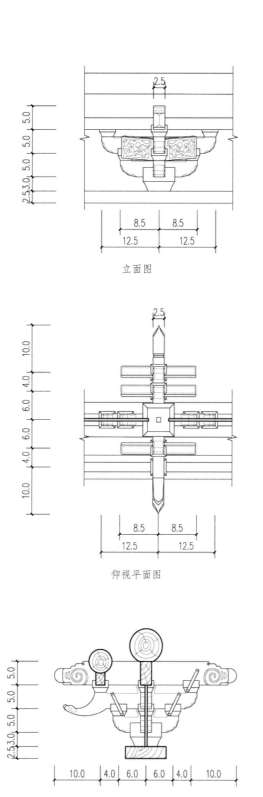

立面图

仰视平面图

剖面图

图 3.5.2-36 十字科桁间牌科用枫栱（1）

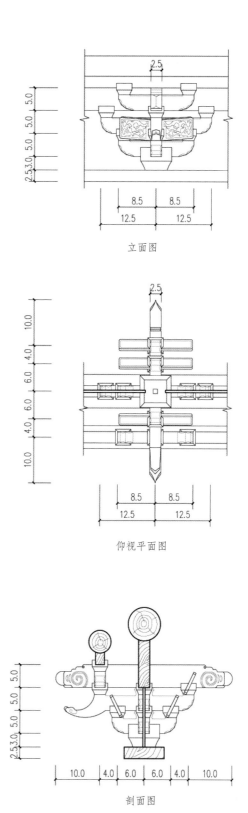

立面图

仰视平面图

剖面图

图 3.5.2-37 十字科桁间牌科用枫栱（2）

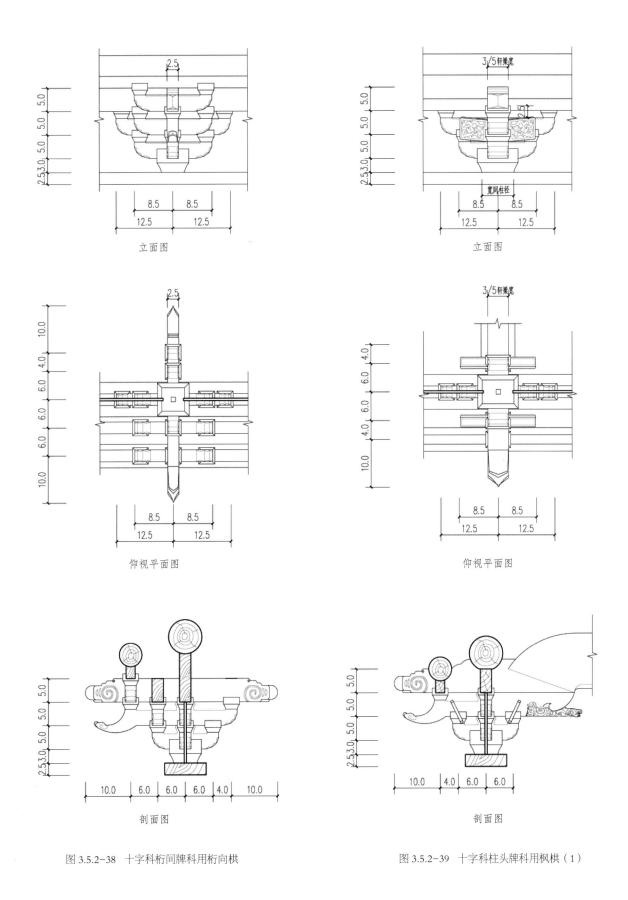

立面图　　　　　　　　　　　立面图

仰视平面图　　　　　　　　　仰视平面图

剖面图　　　　　　　　　　　剖面图

图 3.5.2-38　十字科桁间牌科用桁向栱　　　　图 3.5.2-39　十字科柱头牌科用枫栱（1）

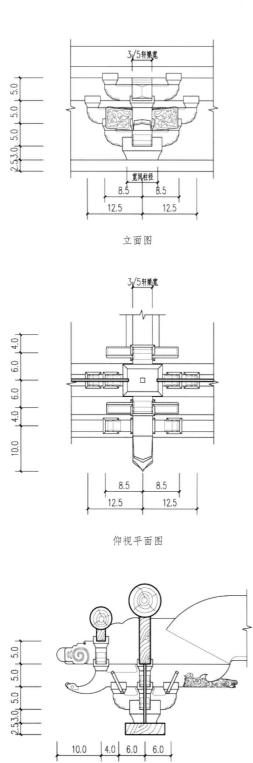

立面图

仰视平面图

剖面图

图 3.5.2-40　十字科柱头牌科用枫栱（2）

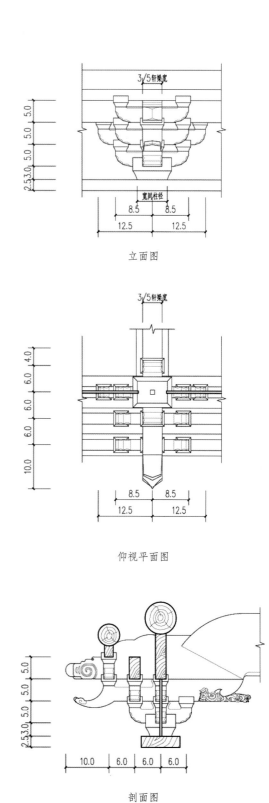

立面图

仰视平面图

剖面图

图 3.5.2-41　十字科柱头牌科用桁向栱

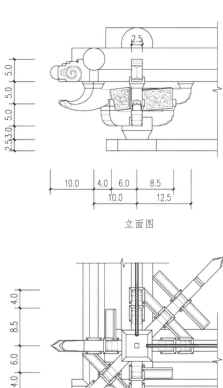

立面图

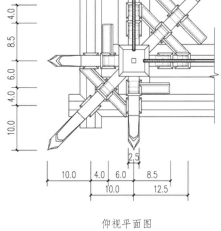

仰视平面图

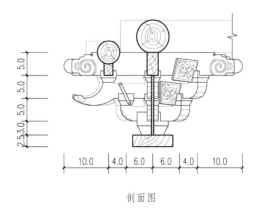

剖面图

图 3.5.2-42　十字科转角牌科用枫栱（1）

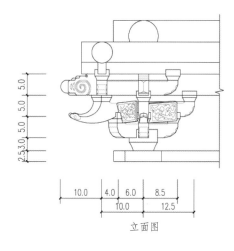

立面图

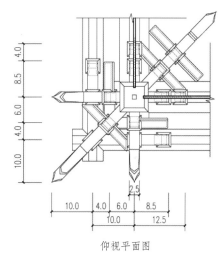

仰视平面图

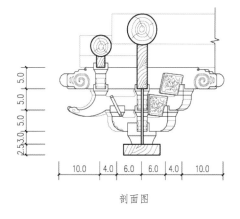

剖面图

图 3.5.2-43　十字科转角牌科用枫栱（2）

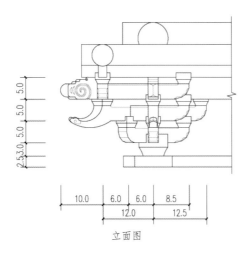

立面图

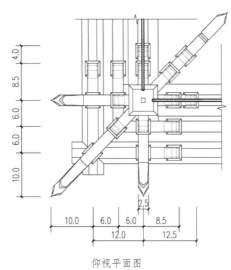

仰视平面图

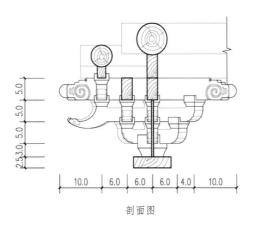

剖面图

图 3.5.2-44　十字科转角牌科用桁向栱

水绘园波烟玉亭牌科用了类似明苏州府文庙大成殿牌科的做法，如用下昂挑斡承金桁，其下用斜撑，昂嘴下用华头子等（图 3.5.2-46、图 3.5.2-47）。

江南牌科尚留有一些宋式的余绪，如斗底为曲面，栱除了柱头外，余皆同宽等。南方牌科没有官式的菊花头、六分头及蚂蚱头等做法。此外牌科中的枫栱为江南独有，雕花的鞋麻板、垫栱板体现了江南精巧之风格。

（六）廊

廊是指结构独立的、跨度较小而开间较多的狭长建筑。它不包括含于房屋之内、在前后或两侧的廊。它是联系各建筑物的脉络，同时也是风景的观赏导游线，还起到划分园林空间、丰富景物层次、增加风景深度的作用。廊的造型宜轻巧玲珑，忌开间过大，高度过高。一般多为开敞式结构，也可局部用墙，墙上设空窗或漏窗。"别梦依依到谢家，小廊回合曲栏斜。"点明了廊的妙境。

廊按形式与位置分有直廊、曲廊、沿墙廊、水廊、波形廊、桥廊、爬山廊、复廊、楼廊等。

直廊即笔直的廊，修长平直，感觉稳重端庄。如小盘谷、曾园、燕园之直廊（图 3.6-1）。曲廊即平面曲折，弯曲随意的廊，有活泼多致之感。如拙政园（图 3.6-2）、留园的曲廊。一般长廊都由直廊、曲廊组合而成，在许多园林里都可见到。

沿墙廊是贴着围墙而建的廊，通常也是直廊与曲廊的组合，部分依墙而建，部分则转折向外，在廊与墙之间构成若干形状各异的小院，院内栽植花木、布置石峰，形成无数小景。江南园林多宅园，为与城市尘嚣隔开，故在周围多建高大的界墙，又常用围墙来划分园内空间，贴墙建廊可以打破、冲淡高大的实墙面带来的沉重、封闭感。许多园林里都有沿墙廊，如狮子林（图 3.6-3）、留园（图 3.6-4）、网师园、怡园（图 3.6-5）等。

水廊为建在水上之廊，波形廊顾名思义即像波浪起伏的廊子。水廊与波形廊常结合在一起，凌跨于水面之上，使水面上的空间半通半隔，这样可增加水面的广度与深度，给人以水面辽阔、源远流长的感觉。廊也显得轻盈、空灵，富有动感。如拙政园西部的水廊（图 3.6-6），豫园的积玉水廊等（图 3.6-7）。

桥廊为廊与桥的结合，廊建于桥上，或拱起如虹，或弯曲萦回。如拙政园小飞虹（图 3.6-8）、郭庄桥廊（图 3.6-9）、燕园绿转廊（图 3.6-10）。

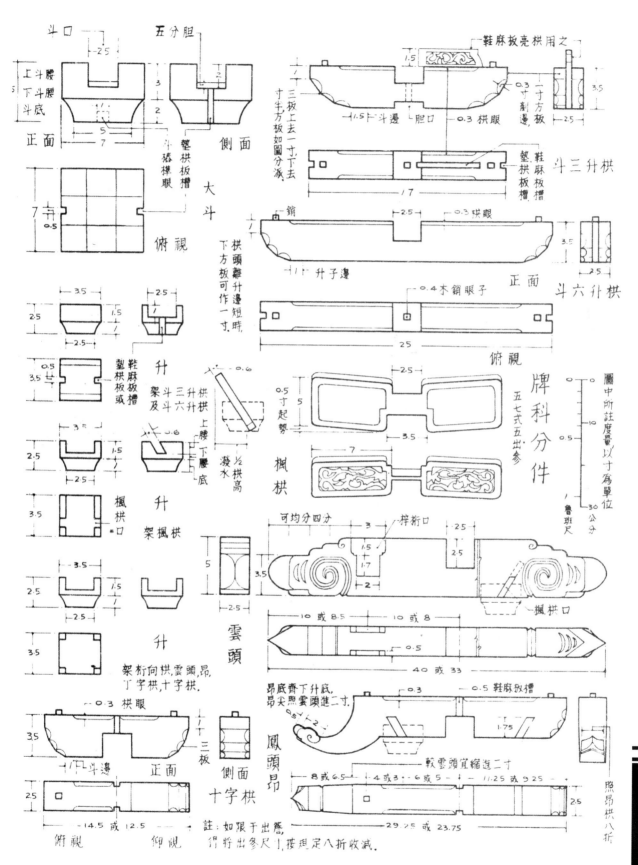

图 3.5.2-45 《营造法原》牌科分件图

图 3.5.2-46　水绘园波烟玉亭牌科　　　　　　　　　图 3.5.2-47　水绘园波烟玉亭牌科里转

图 3.6-1　燕园直廊　　　　　　　　　　　　　图 3.6-2　拙政园柳荫路曲曲廊

图 3.6-3　狮子林沿墙廊　　　　　　　　　　　图 3.6-4　留园沿墙曲廊小院

图 3.6-5 怡园沿墙曲廊小院

实景图

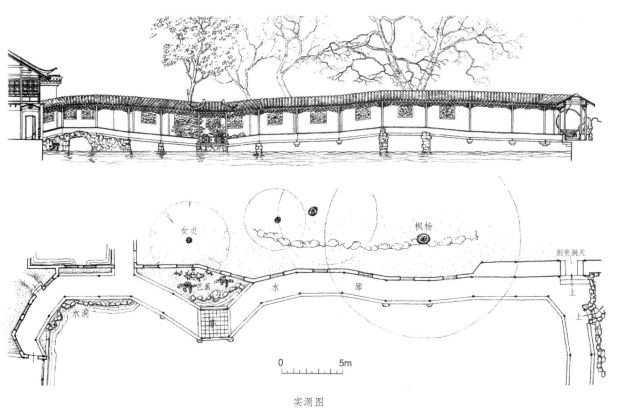

实测图

图 3.6-6 拙政园水廊

图 3.6-7　豫园积玉水廊

图 3.6-8　拙政园小飞虹

图 3.6-9　郭庄桥廊

图 3.6-10　燕园绿转廊

　　爬山廊建于山坡上，把依山而建的上下建筑联系起来。而且廊子的造型高低起伏，又使园景更加丰富、生动。如留园闻木樨香轩（图 3.6-11）、拙政园见山楼西面（图 3.6-12）、沧浪亭看山楼（图3.6-13）、曾园琼玉楼（图 3.6-14）、小盘谷风亭（图3.6-15）、瞻园（图 3.6-16）、惠山（图 3.6-17）等处爬山廊。

　　复廊即两廊合并为一体，中间以墙隔开，墙上设漏窗，两面可以通行。既可分隔景区，又可通过漏窗使两个景区互相联系，空间互相流通、渗透。尤其作为内外景色的过渡，更为自然。如沧浪亭复廊（图3.6-18）、怡园复廊（图 3.6-19）、扬州寄啸山庄复廊（图3.6-20）、豫园复廊（图 3.6-21）、小盘谷复廊（图3.6-22）等。

　　楼廊又称边楼，由上下两层走廊叠加而成。楼廊不能独立存在，多用于与楼阁相连，亦用于假山与楼阁相连接。如拙政园见山楼边楼（图 3.6-23）、环秀山庄楼廊（图 3.6-24）、退思园辛台小楼边之天桥（图3.6-25）、扬州寄啸山庄楼廊（图 3.6-26）等。

　　廊的平面忌大段平直，宜曲折，即"曲者为廊"。如拙政园中部东墙下的廊，南自听雨轩侧，北达梧竹幽居亭北之北墙，为 60 多米一条笔直长廊，缺少变化，显得单调（图 3.6-27）。实例中廊有各种平面（图3.6-28），廊的柱径约 150 mm 以下，柱下用鼓凳或磉石。开间通常为 3 m 左右，廊深一般在 1.2 ~ 1.5 m，小者约 1.1 m，再小则不利通行，如网师园月到风来亭后之游廊。大者可达 1.6 m，如拙政园柳荫路曲之空廊。三十六鸳鸯馆东面之廊深更达 2.2 m，比较少见。

　　廊的剖面也是多种多样的（图 3.6-29）。柱高 2.5 m左右，通常柱上直接承廊桁，桁下设枋。因廊不深，梁一般跨度为二界，中立脊童柱，上承脊桁。梁多用圆料，直径同柱径接近。出檐多在 500 mm 左右。廊内常暴露结构，也有做轩者，廊不深时多选用茶壶档轩和弓形轩，廊深较大时或用三界回顶做船篷轩。屋顶一般不筑脊，仅用黄瓜环瓦覆盖。柱间多设矮墙或砖砌花格，上做砖细或木坐槛，或加做吴王靠，以供坐息。廊枋下做挂落。地面可用方砖平铺或用砖侧砌，成人字纹、席纹等。

1	2
3	4
5	6
7	

1 3.6-11 留园闻木樨香轩爬山廊
2 3.6-12 拙政园见山楼西爬山廊
3 3.6-13 沧浪亭看山楼爬山廊
4 3.6-14 曾园琼玉楼爬山廊
5 3.6-15 小盘谷风亭爬山廊
6 3.6-16 瞻园爬山廊
7 3.6-17 惠山爬山廊

图 3.6-18　沧浪亭复廊内、外侧

图 3.6-19　怡园复廊

图 3.6-20　何园复廊

图 3.6-21　豫园复廊

图 3.6-22　小盘谷复廊

实景图

实景图

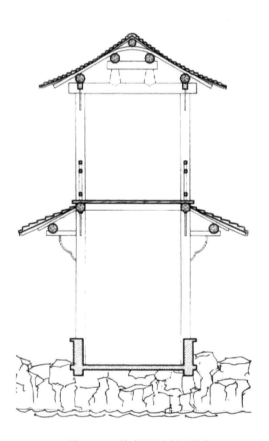

图 3.6-23 拙政园见山楼边楼廊

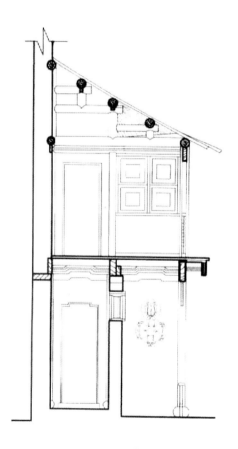

图 3.6-24 环秀山庄楼廊

263

图 3.6-25　退思园辛台天桥　　　　　　　　图 3.6-26　何园楼廊　　　　　图 3.6-27　拙政园中部东廊

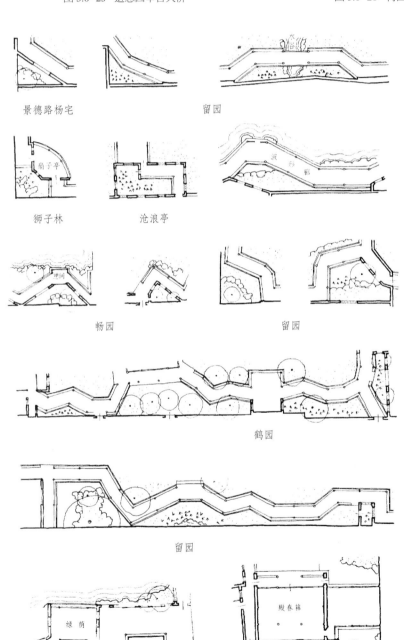

图 3.6-28　廊的平面实测图

264

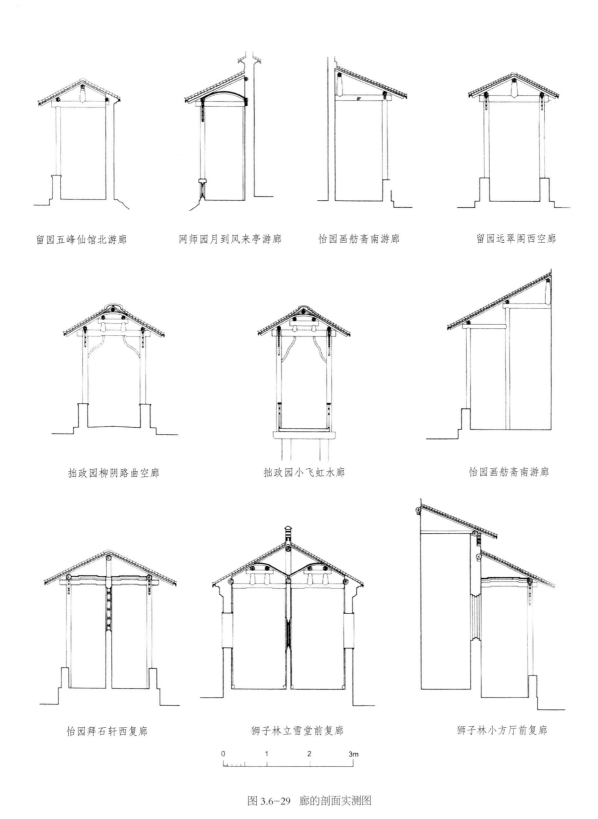

留园五峰仙馆北游廊　　　网师园月到风来亭游廊　　　怡园画舫斋南游廊　　　留园远翠阁西空廊

拙政园柳阴路曲空廊　　　　　拙政园小飞虹水廊　　　　　怡园画舫斋南游廊

怡园拜石轩西复廊　　　　　狮子林立雪堂前复廊　　　　狮子林小方厅前复廊

0　　1　　2　　3m

图 3.6-29　廊的剖面实测图

江南园林建筑设计

廊靠墙而建时，屋顶常做成单坡，避免屋顶与墙以天沟相交，以利排水，参见图3.6-29中网师园月到风来亭游廊与怡园画舫斋南廊。

复廊即两个廊合并而成，中间立脊柱，其贴式类似厅堂之边贴。中间用墙分隔，墙上可设漏窗，或根据需要开辟门洞。如怡园复廊（图3.6-29）、沧浪亭复廊（图3.6-30）。

水廊、桥廊等因所处位置不同于平地之廊，只是下部结构不同而已，上部结构则完全相同。

爬山廊虽有高低起伏，但其结构并无异于平地之廊。须注意坡度不可太大，过大则建筑不够稳定，行走也不便。其地面可做成坡道或宽踏面的踏步。坡度较大时，可做成跌落式的廊子，每层梁架高差在500 mm左右，不宜太小，使廊子山面可安放较完整的博风板，侧立面屋顶之高低错落比较显著，不显局促。地面也要做踏步（图3.6-31）。

楼廊的结构下层可参照楼阁隔栅的做法，上层屋顶与单层廊一样。

独立廊的端头屋顶可做成悬山式或处理成歇山、庑殿式（图3.6-32～3.6-34）。

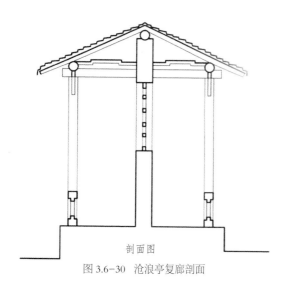

剖面图

图3.6-30 沧浪亭复廊剖面

图3.6-31 何园阶梯式廊

图3.6-32 醉白池

图 3.6-33　燕园　　　　　　　　　　　　　　　图 3.6-34　秋霞圃

（七）装折

宋《营造法式》及清《工部工程做法则例》均将建筑之斗栱、柱、梁、桁、椽等的骨干木构架称为大木作，门窗、栏杆、挂落等归为小木作，而苏南地区则均仍归大木，但过去由花作专营，小木仅指专做器具之类。《营造法原》第八章有云："至于门窗、栏杆、挂落等项，即北方之内檐装修，吴语称为装折，今沿用之。"装折，北方应称为装修，不仅仅是内檐装修还包括外檐装修。它具有中国古建筑装修轻便、灵活的特点，采用了富于变化和重点装饰的手法，形成形式丰富、主次分明、生动活泼的江南园林装修风格，它的纹样多变、雕刻精美、用材上乘、制作考究，不但具有分隔空间的实用价值，还具有良好的装饰性，更加强了园林建筑的艺术效果。

装修可分为外檐装修与内檐装修两大部分。外檐装修主要用于建筑檐下，分隔室内外空间，起围护作用和外部的装饰作用。内檐装修纯用于室内，作用是划分空间及装饰，它不受风雨寒暑的影响。

1. 外檐装修

外檐装修的种类有长窗、地坪窗、半窗、横风窗、和合窗、栏杆、吴王靠、花窗及挂落、花牙子等。

（1）长窗（格扇或槅扇）。

长窗又称落地长窗，用于正间或全部开间。一间可分四扇、六扇、八扇或十扇，均为双数，视开间大小而定，一般以六扇居多。开间正中须安装一对开启长窗，边上可单扇开启。窗如装于廊柱间，官式称檐里装修。为避雨水侵入，故向外开，常在夹堂和裙板外装木板，称雨挞板。如装在步柱间，官式称金里装修。由于前面留出廊子，为不碍人们在廊内行走，窗宜向内开。先于柱旁、枋下用木枋组成槛框，枋下设上槛（上槛），地上设下槛（下槛），俗称门槛或门限，两柱旁分立垂直之框称抱柱（抱框），长窗即装置在槛框之中。如房屋较高，可在上槛之下另设中槛（中槛），上、中槛之间装横风窗（横披窗）。

长窗构造亦先由木料组成窗之木框，竖者称边挺或窗挺（大边或边挺），横者称横头料（抹头）。一般在竖向用六根横头料分作五部分，每两根横头料间镶板，组成上夹堂、中夹堂（绦环板）、下夹堂（绦环板），上、中夹堂间为内心仔（槅心），中、下夹堂间为裙板（裙板）。内心仔部分为长窗采光之用，在边挺与横头料间四周设木条，称边条（仔边），边条中间的小木条，称心仔（棂子），心仔组成各种花纹图案。心仔外面过去装半透明的蛎壳作明瓦，花纹搭配须受明瓦大小的限制，后来改用玻璃，就比较灵活了（图 3.7.1.1-1）。

长窗之夹堂板与裙板上常用浅浮雕施以花纹，简单的雕方框，华丽者雕如意、花卉、古器皿、吉祥物、故事等。一般去掉板周围的衬底，使中间的花纹突出于板面。或阴刻线条，或在板中间部分挖去衬底，留出花纹，花纹与四周板面齐平。花纹可单面做，亦可双面做。夹堂板见图 3.7.1.1-2，裙板花纹可见图 3.7.1.1-3、图 3.7.1.1-4。

江南园林建筑设计

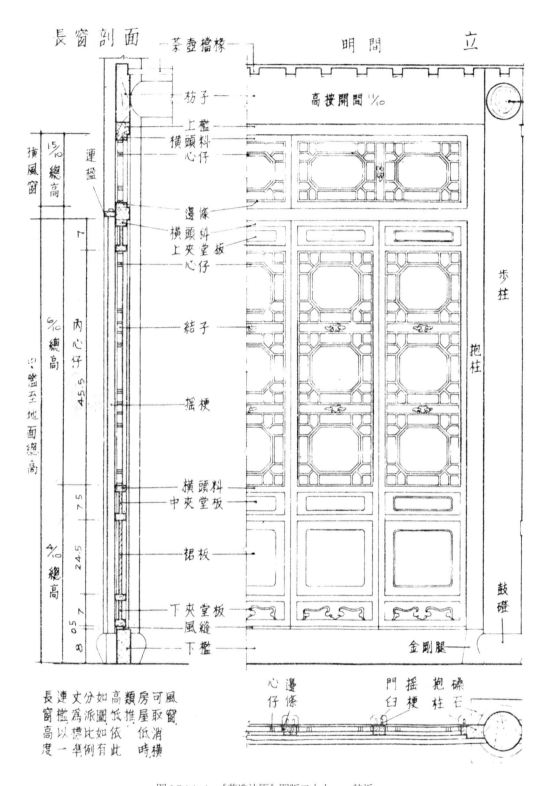

長窗剖面　　茶壺擋椽　　　　明間　　立

高按開間 11/10

橫風窗　15/20 總高

連楹

枋子
上檻
橫頭料
心仔

邊條
橫頭斜
上夾堂板
心仔

結子

搖梗

橫頭料
中夾堂板

裙板

下夾堂板
風縫
下檻

7
內心仔
45.5
6/10 總高

7.5

24.5
4/10 總高

0.5
8

步柱

抱柱

鼓磴

金剛腿

自上檻至地面總高

心邊　　　門搖抱磴
仔條　　　臼梗柱石

長連丈分如高類房可風
窗檻為派圖低推屋取窗
高以樣比如依低消
度一舉例有此時橫

图 3.7.1.1-1　《营造法原》图版二十七——装折

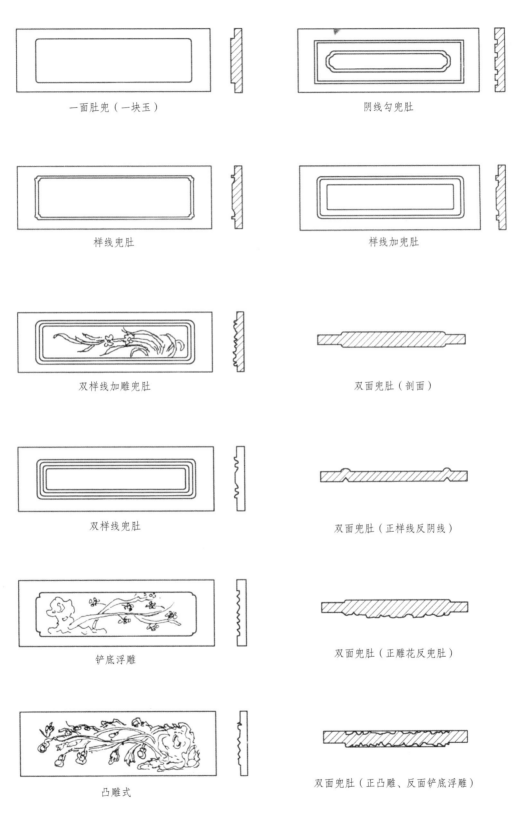

一面肚兜（一块玉）　　　　　　　　　　　阴线勾兜肚

样线兜肚　　　　　　　　　　　　　　样线加兜肚

双样线加雕兜肚　　　　　　　　　　双面兜肚（剖面）

双样线兜肚　　　　　　　　　双面兜肚（正样线反阴线）

铲底浮雕　　　　　　　　　双面兜肚（正雕花反兜肚）

凸雕式　　　　　　　双面兜肚（正凸雕、反面铲底浮雕）

图 3.7.1.1-2　夹堂板花纹图案

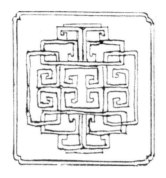

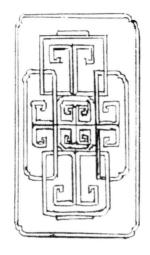

回文套式　　　　　　　　　回文套式　　　　　　　　　香草夔龙图

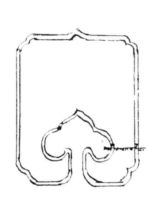

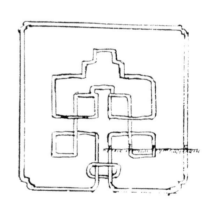

汗文寿字　　　　　　　　　如意头　　　　　　　　　连环套式

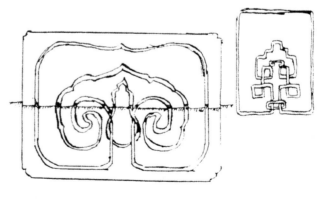

香草四合　　　　　　　　　云头锦

图 3.7.1.1-3　裙板花纹图案

图 3.7.1.1-4 曲水园裙板花纹

内心仔内由心仔组成各种花纹图案，有万川、回纹、书条、冰纹、八角、六角、灯景、井子嵌凌等式。做法上还有宫式、葵式之分，整纹、乱纹之别。宫式的心仔均为直线相连，葵式心仔之端多作钩形。整纹者内心仔构成之花纹，相连似葵式而多扭曲，空挡间常饰结子，上雕各式花卉。乱纹唯花纹间断，粗细不一，其余皆似整纹（图 3.7.1.1-5 ～ 图 3.7.1.1-9）。

边挺、横头料断面为矩形，看面窄，深面宽，与现代建筑不同。边挺、横头料一般正面起线脚，外开者正面在内，内开者正面朝外。起线分亚、混、木角、文武、合桃等类，边挺与横头料之线脚须贯通交圈。讲究的长窗，内外均起同样的线脚，内心仔可做成内外两层，图案须一致（图 3.7.1.1-10）。

长窗高通常在 2.5 ～ 3 m，高自枋底至地面，分成十份，自地面（包括下槛在内）至中夹堂上之横头料顶面占四份，以上内心仔至窗顶占六份。《营造法原》43 页第八章装折有云："高自枋至地，以四六分派。自中夹堂顶横头料中心，至地面连下槛，占十分之四。以上窗心仔连上夹堂至窗顶占六份。以窗高一丈计，……裙板高一尺七寸，……"但图版二十七（图 3.7.1.1-1）的长窗剖面上，下部 4/10 却标在中夹堂上横头料之顶面，而不在中心。很可能是文中叙述有误，如在横头料中心，则各部尺寸细小，造成施工不便，当以图版所标至横头料顶面为准。图上所注裙板高为窗高之 24.5%，内心仔高之 45.5%，这两个数字是错误的，按照这两个数字，上下两部分的比例应为 52.5 与 47.5，与边上所注 6/10 总高、4/10 总高不符，而且图上裙板高度比例也不到 24.5%。所以裙板高应为 17%，内心仔高 53%。长窗用料以窗高为准，各料俱以窗高之百分比来定（表 20）。可能由于江南

园林建筑正间开间大都在 4 ～ 5 m，每扇长窗宽约在 600 ～ 700 mm，高度成为其主要影响因素，故以窗高为准。官式做法用料以格扇宽为准，上下比例虽仍为四六分派，但下槛不包括在内，与南方做法有些差异。四六分派并不是丝毫不能变动的，只是一个基本的比例，具体要根据设计来定。槛框用料，厚度均与枋同，约 80 mm（三寸）许，看面上槛与抱柱均宽 110 mm（四寸）余，下槛一般为 220 ～ 280 mm（八寸至一尺），过高则不利于行走。同时，下槛还要比石鼓凳高出 60 ～ 100 mm，以利于抱柱之安装。

窗上安木旋转轴，称摇梗（转轴）。上槛上装门楹，纳摇梗之上端。门楹如为通长整体者，称连楹（连楹），连楹外缘可作各种曲线。摇梗下端立在钉于下槛之门臼（门枕）上。摇梗尺寸一般为 30 ～ 35 mm×40 ～ 45 mm（一至一寸二 × 一寸四至一寸六），摇梗上端应比长窗长出 70 ～ 80 mm（二寸五至三寸），下端长出 40 ～ 55 mm（一寸五至二寸），近代也有做金属摇梗者。门楹宽 70 ～ 85 mm（二寸五至三寸），厚 40 ～ 55 mm（一寸五至二寸）。门臼厚 70 ～ 85 mm（二寸五至三寸），宽可略小于楹宽，高比下槛低 30 ～ 40 mm（一寸至一寸五）。

一对开启窗的中缝，即相邻两扇窗的门挺间的缝有平缝、鸭蛋缝和高低缝三种做法，高低缝盖缝与开启方式协调，一般关闭时右扇在后（图 3.7.1.1-11）。

长窗于中夹堂处之边挺上装拉手以便开关。拉手常由铜片与风圈组成，铜片刻花，端头做如意形，风圈做圆形、海棠形等。长窗下端安羁骨（俗称鸡骨）搭钮，鸡骨为金属片，一端有孔，一端连钉，钉入槛中。鸡骨搭钮普通为铁制，亦可用铜。用铜制时，还可配上各式花饰的底板，用于装饰较华丽处（图 3.7.1.1-12）。图 3.7.1.1-13、图 3.7.1.1-14 为长窗的实测图。

表 20　长窗各部高度及构件用料占窗高之比例　（%）

序号	名称	各部高度	厚（深）	备注
1	边挺、横头料	1.5	2.2	
2	边条、心仔	0.5	1	
3	上夹堂	4		
4	内心仔	53		
5	中夹堂	4.5		
6	裙板	17		
7	下夹堂	4		
8	风缝	05		
9	下槛	8	约 8 cm	

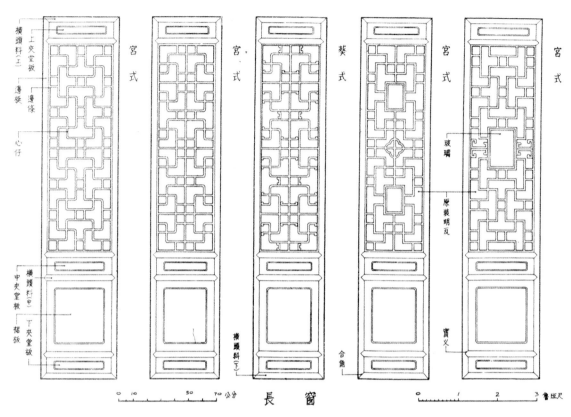

图 3.7.1.1-5《营造法原》图版二十八——长窗

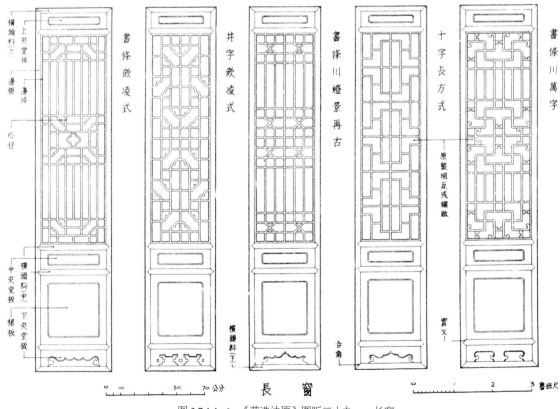

图 3.7.1.1-6 《营造法原》图版二十九——长窗

272

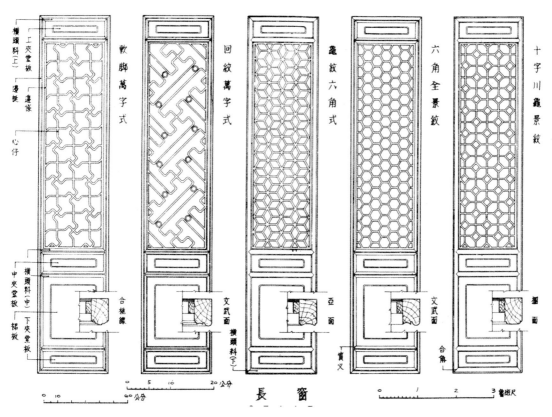

图 3.7.1.1-7 《营造法原》图版三十——长窗

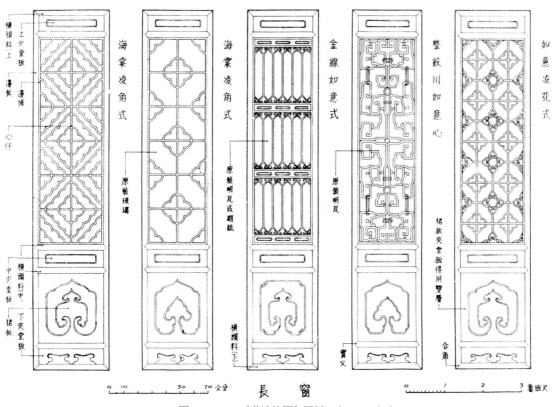

图 3.7.1.1-8 《营造法原》图版三十一——长窗

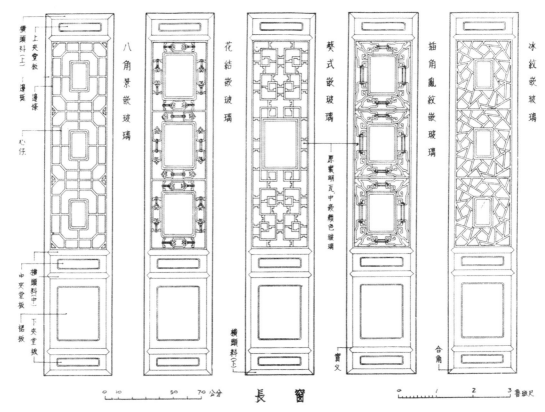

图 3.7.1.1-9 《营造法原》图版三十二——长窗

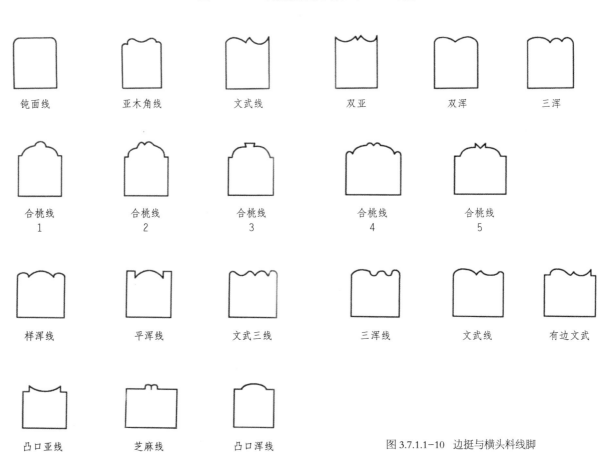

图 3.7.1.1-10 边挺与横头料线脚

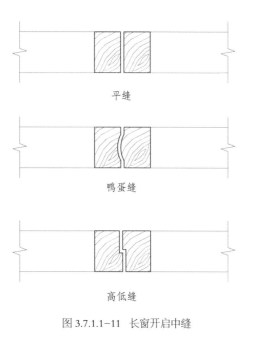

平缝

鸭蛋缝

高低缝

图 3.7.1.1-11 长窗开启中缝

图 3.7.1.1-12 豫园窗拉手、吊扣

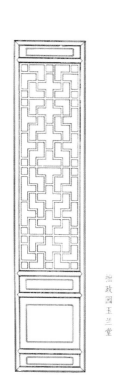

拙政园玉兰堂

沧浪亭清香馆

留园竹云庵

拙政园三十六鸳鸯馆

沧浪亭明道堂

图 3.7.1.1-13 长窗实测图

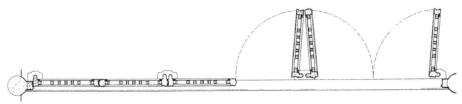

图 3.7.1.1-14　留园揖峰轩长窗实测图

（2）地坪窗（槛窗）。

式样及构造与长窗相似，唯无长窗之下夹堂与裙板。可分为上夹堂、内心仔与下夹堂三部。窗下为栏杆。常用于厅堂次间，均分为六扇。立面上地坪窗底之横头料要与长窗中夹堂下之横头料平齐，而且内心仔花纹与长窗一致，以求取得统一的效果（图 3.7.1.2-1、图 3.7.1.2-2），图 3.7.1.2-3 为留园揖峰地坪窗实测图，窗下安捺槛，捺槛下即为栏杆。栏杆及窗之花纹均向里，栏杆之外可钉雨挞板。栏杆的高度要符合现行规范，故长窗上下 6：4 的比例也需适当调整。还有一种做法《营造法原》没有提及，即窗下不用栏杆，而是砌墙，或用板封。如拙政园枇杷园玲珑馆（图 3.7.1.2-4）。如不与长窗共用，窗下墙高度即按通常的窗台高

设计。如拙政园松风亭（图 3.7.1.2-5）、郭庄两宜轩（图 3.7.1.2-6）。

（3）半窗（槛窗）。

半窗常用于次间、过道、亭阁，较长窗短，由上夹堂、内心仔与裙板三部分组成，窗下砌半墙，高约 400 mm，上设坐槛，以装半窗，又供凭坐，参见《营造法原》图版三十三载有的半窗图（图 3.7.1.3-1）。图 3.7.1.3-2 是地坪窗与半窗的实测图。也可在坐槛外加设吴王靠（图 3.7.1.3-3、图 3.7.1.3-4），坐槛须注意排水坡度等，勿使雨水倒流入室内。窗扇要成双数，内心仔同样由边条和心仔构成，心仔搭成花纹图案，式样有宫式、书条式等。为防雨水，常于夹堂板、裙板外面再钉一层雨挞板。半窗与地坪窗相对长窗比较

图 3.7.1.2-1 豫园地坪窗

图 3.7.1.2-2 曾园归耕课读庐地坪窗

短，有的把它们统称为短窗，它们的做法也相同，除下部半窗用裙板，地坪窗用夹堂外，二者几乎没有差别。

（4）横风窗（横披）。

房屋较高大时，为免长窗过高，可用横风窗。在槛框中间增加一道中槛，横风窗即安在上槛、中槛之间。窗以边挺与横头料各构成窗框，为横长形，中为内心仔。通常每间以短枨（间柱）分隔成三扇，一般均固定不能开启。内心仔之花纹须与长窗协调（图 3.7.1.1-1）。

（5）和合窗（支摘窗）。

和合窗是一种不同于上述各种式样的窗，常用于厅堂次间，或亭、阁、舫上。下部与地坪窗一样为栏杆，栏杆捺槛面与长窗中夹堂下横头料底平。窗下亦可不用栏杆而以墙或木板。外框用边枨（即抱柱，在和合窗称枨）、上槛与捺槛构成，通常每间以中枨分隔成三行，每行上下又分成三扇，上下两扇固定，中扇为上悬开启窗，可用摘钩撑起。分扇的方式也可根据实际，视需要而定。槛与枨均可拆卸，用榫槽插入拼装。窗扇与横风窗一样，成横长形，两边为边挺，上下用横头料，组成窗框，框内为内心仔，内心仔的图案纹样与长窗一致。和合窗的安装乃于边枨、中枨之侧面钉闲游，闲游为铁制，宽约 30 mm，厚约 6 mm，长约 45 mm，两端出尖钉，钉入枨内约 30 mm，露出15 mm 做榫头，或用硬木榫。于窗之边挺上开槽，使闲游或榫插于其中，上中两窗用铰链相连。和合窗图参见图 3.7.1.5-1，实测图参见图 3.7.1.5-2。小莲庄静香诗窟用的就是和合窗（图 3.7.1.5-3）。扬州园林厅堂喜用和合窗，如个园透风漏月轩（图 3.7.1.5-4）。

（6）栏杆。

栏杆有高低两种，高者称栏杆，高度参照相关规范。低者称半栏，高约 400 mm。

栏杆常装于廊下，或装于地坪窗、和合窗之下。于柱旁置短抱柱，短抱柱应比鼓凳宽出约 30 mm（一寸）为宜。短抱柱上横向置捺槛，短抱柱与捺槛间，由两根垂直脚料与三横档组合成框，最上端的横档称盖挺，第二根称二料，最下面一根称三料。盖挺与二料之间称夹堂，二料与三料之间称总宕，三料以下称下脚。夹堂里施花饰称花结或结子。总宕内以心仔木条组成各种图案。下脚部分常中立两根小脚，而分成三段，脚料间镶牙头木板，或略加雕饰。栏杆纹样常见的有万川、一根藤、整纹、乱纹、回文、笔管诸式，可随宜设计（图 3.7.1.6-1）。

栏杆之高度，如上部有窗，则捺槛上平须与长窗中夹堂下之横头料底齐平；如不装在窗下，可按规范设计。栏杆上装窗时，因有围护功能，栏杆一侧需增设雨挞板，以避风雨。如栏杆在廊柱间，则板钉在外侧，如在步柱间，可在内侧钉板（图 3.7.1.6-2 ~ 图3.7.1.6-5）。

栏杆各部比例及构件用料见表 21。

表 21 栏杆各部高度及构件用料占栏杆总高之比例（%）

序号	名称	各部高度（看面）	厚（深）	备注
1	盖挺	6	6.6	栏杆上须另加捺槛约8 cm×13 cm
2	夹堂	13.3		
3	二料	6	6.6	
4	总宕	60		
5	下料	6	6.6	
6	下脚	8.7		
7	脚料	6	6.6	
8	心仔	5	6	
9	小脚	6	6.6	

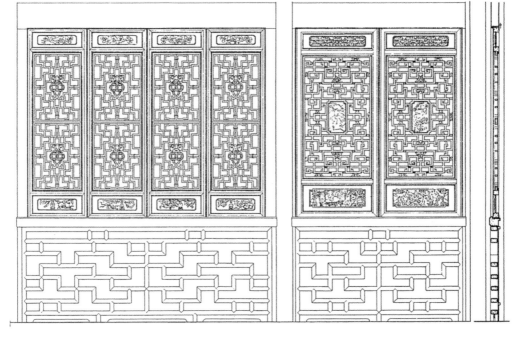

立面图

平面图

0 10   50   100cm

3.7.1.2-3　留园揖峰轩地坪窗实测图

图 3.7.1.2-4　拙政园玲珑馆地坪窗

图 3.7.1.2-5　拙政园松风亭地坪窗

图 3.7.2.1-6　郭庄两宜轩地坪窗

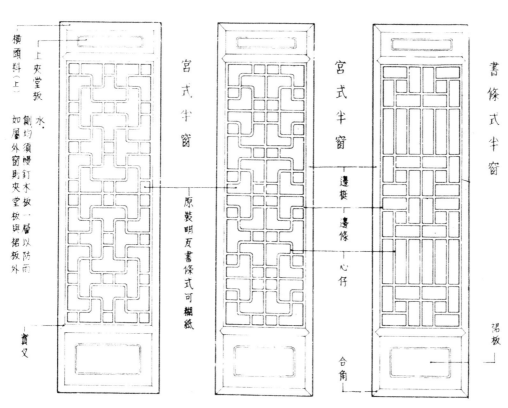

图 3.7.1.3-1　《营造法原》图版三十三——半窗

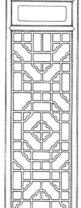

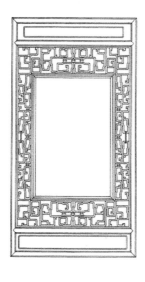
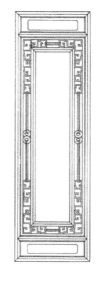

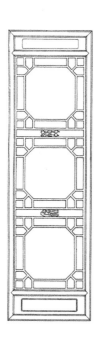
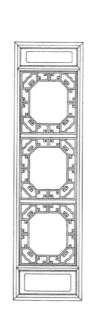

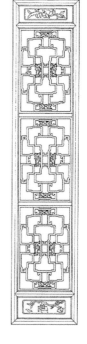

0　10　　　50　　　　　100cm

图 3.7.1.3-2　半窗及地坪窗实测图

图 3.7.1.3-3　寄畅园凌虚阁半窗及吴王靠

图 3.7.1.3-4　杭州曲院风荷半窗及吴王靠

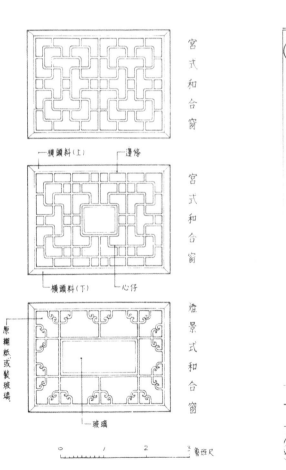

图 3.7.1.5-1　《营造法原》图版二十七、三十三——和合窗

江南园林建筑设计

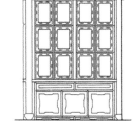

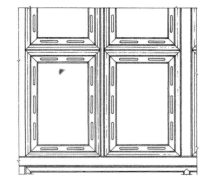

网师园殿春簃

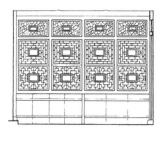

网师园梯云室

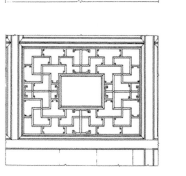

怡园画舫斋

网师园濯缨水阁

0　1　2　3m

0　10　50　100cm

图 3.7.1.5-2　和合窗实测图

图 3.7.1.5-3 小莲庄净香诗窟和合窗

图 3.7.1.5-4 个园透风漏月轩和合窗

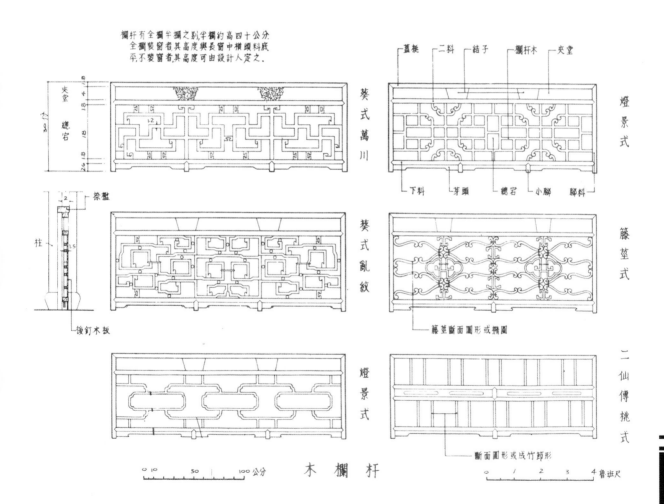

图 3.7.1.6-1 《营造法原》图版三十五——木栏杆

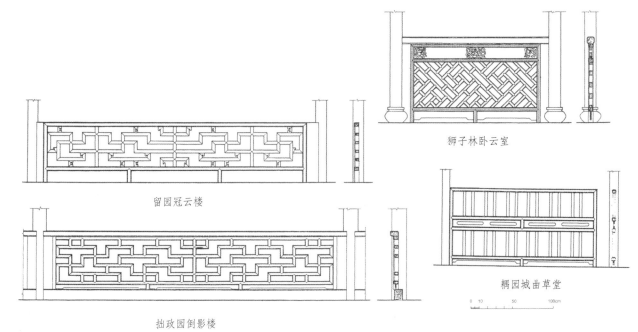

狮子林卧云室

留园冠云楼

耦园城曲草堂

拙政园倒影楼

图 3.7.1.6-2 木栏杆实测图

1	2
3	

1 3.7.1.6-3 寄畅园秉礼堂木栏
2 3.7.1.6-4 豫园木栏
3 3.7.1.6-5 何园蝴蝶厅木栏

半栏通常装于廊庑间，上设坐槛，坐槛厚约80 mm，宽约140～200 mm。槛下可根据半栏之高，仿栏杆的做法，或加以简化。半栏有时可用砖细或砖砌（图3.7.1.6-7～图3.7.1.6-11）。

（7）吴王靠。

吴王靠又称美人靠或鹅颈椅，安装在亭、榭、廊等外围半墙或半栏上，供人们凭靠休息。其构造与栏杆相仿，水平方向有盖挺、中横档、下横档三根木料，将吴王靠分成三部分，竖直的亦称脚料。中间部分也由芯子拼成各种图案，常用的有万字、回纹、直条、竹节、海棠等（图3.7.1.7-1）。吴王靠高450～500 mm，向外倾斜，坡度为3/10～4/10，不能过大。竖向三部分除去盖挺与中、下横档看面之厚，余下部分可按1:3～1:4来分配，或视情况设计，只要美观大方即可。盖挺与脚头用料相同，一般为40～48 mm×60～68 mm，芯子可比栏杆芯子尺寸略小，约为20 mm×30 mm。靠脚料下端作榫插入坐槛或砖细面来固定，上部用铁或铜拉钩或木拉杆与柱相连，使之安全、牢固。吴王靠应选用较硬且带韧的木材，各构件宜用同一种材质方便于制作，又不易开裂。常用柳桉、香樟、榆木、水曲柳等（图3.7.1.7-2～图3.7.1.7-5）。

靠如不与柱拉结，则需增加短柱，如狮子林真趣亭，短柱栽在半墙上，柱头上雕座狮（图3.7.1.7-6）。另外须将竖向脚料加大，并向下延伸，固定在下部墙上，颇似宋式栏槛钩窗之鹅颈柱，如瞻园观鱼亭与岁寒亭吴王靠、豫园古井亭吴王靠（图3.7.1.7-7～图3.7.1.7-9）。吴王靠如于无柱处，则需立望柱作支撑、固定之用（图3.7.1.7-10）。

（8）花窗。

花窗有时又称景窗，多用于山墙及后檐墙上。花窗的尺度较大，宽1.5 m左右，高也在1 m以上。通常外周做砖细窗框，内做木窗。形状有方形、六角形、八角形、长方形等。木窗部分由外框、边条、芯子组成，在中心部位设有一木框，称栅子，栅子可以是方形，也可与窗之外形相同。芯子可组成各种图案，常用的有回纹、冰裂纹、万字、藤景等，藤景是用透雕刻成（图3.7.1.8-1）。图3.7.1.8-2～图3.7.1.8-7为各种花窗。

花窗常为固定窗，不开启。窗框一般内外两面都起线，窗外侧装整块玻璃，以免风雨侵蚀。当要求较高时，芯子可做成双层，图案相同，把玻璃夹在中间，此时，花窗外面应能防雨。

花窗用料可参照长窗。

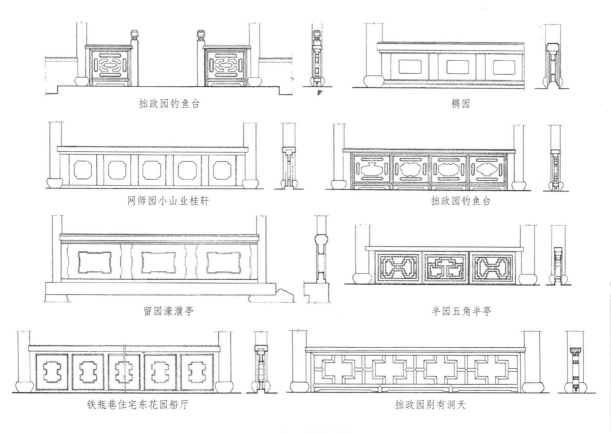

拙政园钓鱼台　　　　　　　　　　耦园

网师园小山业桂轩　　　　　　　　拙政园钓鱼台

留园濠濮亭　　　　　　　　　　　半园五角半亭

铁瓶巷住宅东花园船厅　　　　　　拙政园别有洞天

图3.7.1.6-6　木及砖半栏实测图

1	2
3	4
5	

1 3.7.1.6-7 煦园木半栏
2 3.7.1.6-8 留园仁云庵木半栏
3 3.7.1.6-9 留园濠濮亭砖细半栏
4 3.7.1.6-10 个园砖半栏
5 3.7.1.6-11 瘦西湖砖半栏

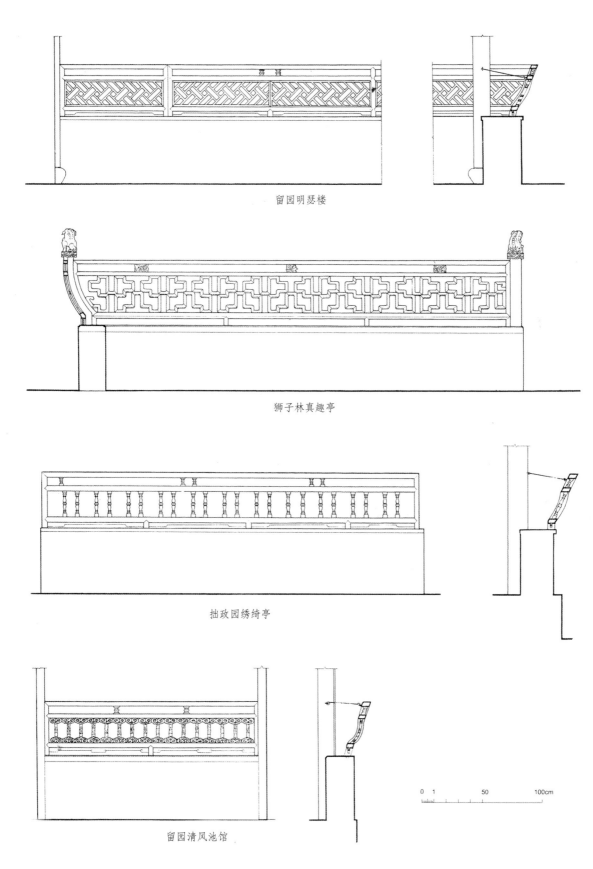

留园明瑟楼

狮子林真趣亭

拙政园绣绮亭

留园清风池馆

0 1　　　　50　　　　100cm

图 3.7.1.7-1　吴王靠实测图

1	2
3	4
5	6
7	

1 3.7.1.7-2　瞻园静妙堂吴王靠
2 3.7.1.7-3　瞻园观鱼亭吴王靠
3 3.7.1.7-4　个园宜雨轩吴王靠
4 3.7.1.7-5　瘦西湖小南海吴王靠
5 3.7.1.7-6　狮子林真趣亭吴王靠
6 3.7.1.7-7　瞻园观鱼亭吴王靠鹅颈柱
7 3.7.1.7-8　瞻园岁寒亭吴王靠鹅颈柱

图 3.7.1.7-9 豫园古井亭吴王靠鹅颈柱

图 3.7.1.7-10 拙政园香洲吴王靠望柱

留园远翠阁

拙政园海棠春坞

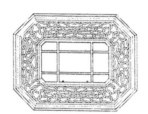

网师园蹈和馆

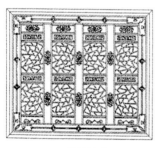

留园鹤所

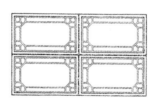

留园冠云楼

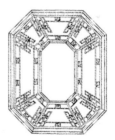

狮子林燕誉堂

狮子林立雪堂

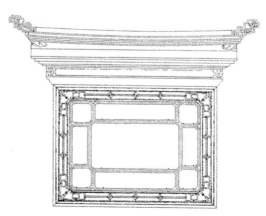

留园还我读书处

0 10   50   100cm

图 3.7.1.8-1 花窗实测图

江南园林建筑设计

289

1	2
3	4
5	6

1 3.7.1.8-2 瞻园花窗
2 3.7.1.8-3 个园花窗
3 3.7.1.8-4 片石山房花窗
4 3.7.1.8-5 个园花窗
5 3.7.1.8-6 醉白池花窗
6 3.7.1.8-7 拙政园花窗

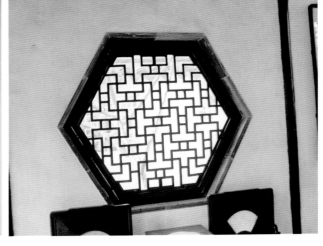

图 3.7.1.8-8 狮子林花窗　　　　　　　图 3.7.1.8-9 沧浪亭花窗　　　　　　　图 3.7.1.8-10 留园花窗

（9）挂落与花牙子。

挂落通常悬装于廊柱间、枋子之下，安装高度应伸手不能够到，要在 2.2 m 以上。构造做法为两端与上部三面设边框，上部框亦称盖挺，两边称挂落脚头，底部不设框。亦有在两旁柱上先安抱柱，然后再三面设框的。框内用挂落条或称芯子镶成图案。图案有万川、藤茎二式，按做法又有宫式、葵式之分。万川宫式最常用且易于制作，万川葵式则适用于装饰要求较高的建筑。其他式样如整纹、乱纹藤茎等形式比较复杂，故不常用，较少见。挂落可见图 3.7.1.9-1 ～ 图 3.7.1.9-3。

两旁抱柱与脚头之下端做成各种收头式样，有直脚式和弯脚式。弯脚式即成钩头形，有小弯脚和大弯脚之分。直脚式样式很多，有一落水、如意、方锤、圆鼓、垂莲、花篮等。抱柱的端头一般比脚头简单（图 3.7.1.8-4）。挂落用料，脚头约 40 mm × 60 mm，芯子看面 12 ～ 15 mm，深约为看面之 2 倍，抱柱长度要比脚头长出 80 ～ 110 mm，看面宽同脚头，深稍大。用竹或木插销与柱连接。挂落横向芯子之净距在40 ～ 55 mm，竖向芯子间净距在 70 ～ 100 mm。挂落构件表面可起线，单面或双面起线。

柱间有时不用挂落而用插角形式，插角又称花牙子或挂牙。它不同于雀替，不是受力构件，纯为装饰之用。制作方法可由整板雕成（图 3.7.1.8-5），也可由小构件拼接而成。

2. 内檐装修

内檐装修主要起着分隔空间与装饰的作用，其布置灵活、式样多变，使室内空间富于变化，并具有重要的装饰作用。主要的有纱槅、罩、屏门等。它们用材优良，常用银杏木或红木，制作精雕细刻，有的堪称工艺品。

（1）纱槅。

纱槅又称纱窗，其外形与长窗相似，均有上、中、下三个夹堂，下部设裙板，夹堂板与裙板上或雕花，唯上部内心仔部分不用芯子做花纹图案，或镶木板或糊轻纱，上裱字画。椰油上部设框档，四周镶回纹装饰，称插角，或在四周连雕花结子。在框内填木板或双层玻璃内夹字画等（图 3.7.2.1-1、图 3.7.2.1-2）。图 3.7.2.1-3 是网师园看松读画轩纱槅。

纱槅可连续排列，其中两扇可开关，以供人员出入，其余为固定。纱槅的安装方式与长窗相同，装于上下槛之间，下槛比长窗下槛稍低。若在纱槅之间装挂落或地罩时，就无通长的下槛，纱槅下为两节短槛，可做成细眉座（须弥座）的形式（图 3.7.2.1-4），座底用管脚榫插入地面。

（2）罩。

罩是一种既起分隔空间又表示通道的装饰构件，它上面遍布花纹图案。从形式上可分为地罩和飞罩两类。地罩又称落地罩，因罩之两端从地坪起而得名。宽度达两抱柱边之整个开间，高度自地坪至上槛或枋子底。飞罩两端不落地，而"飞"在空中，其下垂处低可及手。如飞罩形似挂落，两端下垂较飞罩为高者，称挂落飞罩。

地罩内框有圆形、八角形、方形、六角形及带植物的自然形等。圆形罩亦称地圆罩或圆光罩。地罩的外形尺寸较大，适用于主要厅堂前后分隔，或建筑内部的入口。飞罩因体量较小，显得轻巧，比较适用于建筑次间及轩、榭等小型建筑内。飞罩下垂部分不宜过宽，以免影响行走（图 3.7.2.2-1）。

江南园林建筑设计

291

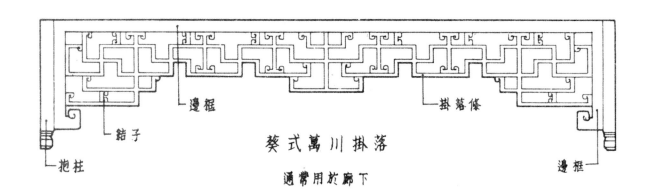

图 3.7.1.9-1　《营造法原》图版三十四——挂落

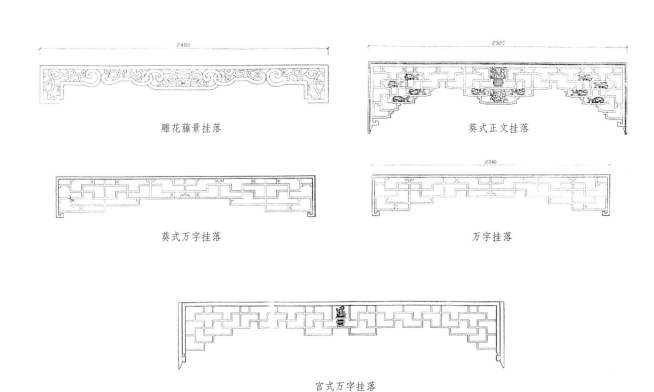

雕花藤景挂落

葵式正文挂落

葵式万字挂落

万字挂落

宫式万字挂落

图 3.7.1.9-2　挂落图

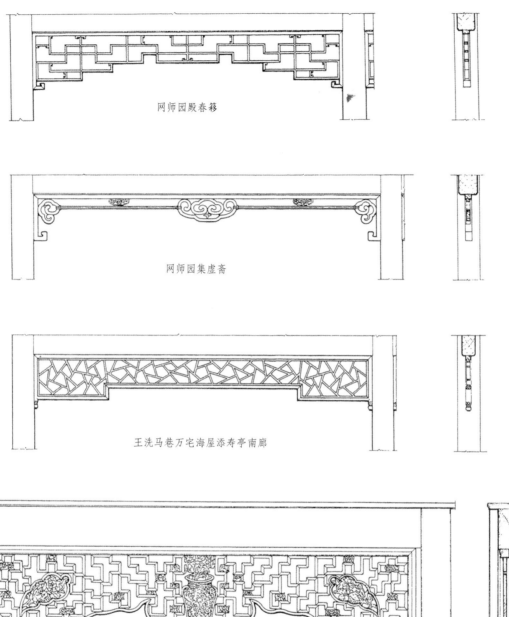

网师园殿春簃

网师园集虚斋

王洗马巷万宅海屋添寿亭南廊

狮子林燕誉堂

0 10   50   100cm

图 3.7.1.9-3 挂落实测图

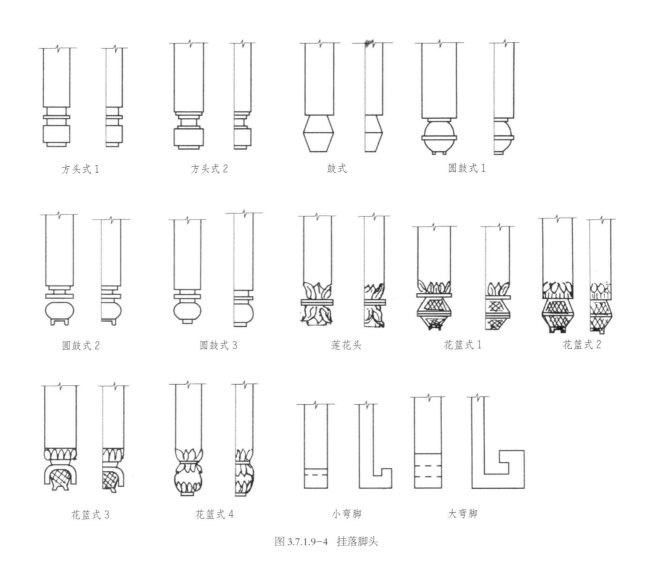

方头式 1   方头式 2   鼓式   圆鼓式 1

圆鼓式 2   圆鼓式 3   莲花头   花篮式 1   花篮式 2

花篮式 3   花篮式 4   小弯脚   大弯脚

图 3.7.1.9-4 挂落脚头

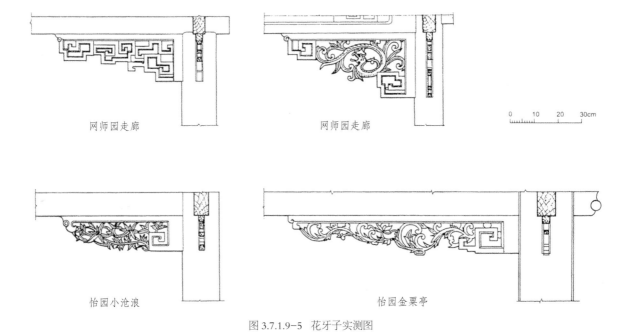

网师园走廊   网师园走廊

怡园小沧浪   怡园金粟亭

图 3.7.1.9-5 花牙子实测图

从制作方式上可分为雕刻罩和镶拼罩。雕刻罩是在拼合好的木板上雕镂各式图案，雕刻的内容以"岁寒三友"、"雀梅"等居多。镶拼罩即用芯子拼成如窗格的图案，有藤景、整纹、乱纹、雀梅、松鼠合桃、喜桃藤等式。

地罩要求两面一样均须起线，地罩下端置放在须弥座上，用短榫相接。须弥座下用榫与地面相连。飞罩的安装方法与挂落相同。挂落飞罩常与纱槅连用，两边置纱槅，中间设挂落。图 3.7.2.2-2 ~ 图 3.7.2.2-7 为实测图。

（3）屏门。

屏门用作厅堂内的隔断，常设在后步柱中心线上。

屏门做法有实拼门与框档门两种，实拼门即由厚木板拼成，板厚 30 ~ 40 mm，板拼合可做平缝、高低缝、企口缝、抽槽缝等，在缝中用竹、木或铁销钉销住木板，两面做光。实拼门较坚固，但用木料多。框档门由门料组合成框，两边竖料称边挺，上下两端之横料称横头料，中间几道横料称光子，外钉木板。门挺与横头料看面宽 70 ~ 80 mm，厚 40 ~ 50 mm。光子厚按挺厚减板厚，再减去约 5 mm，宽为 40 ~ 50 mm。板厚为 15 mm 或以下。屏门正面为光面，通常刷白漆。屏门的安装与长窗一样，用摇梗、门槛、门臼，可开启（图 3.7.2.3-1）。

内檐装修的装饰性很强，有的可称工艺品，设计时需建筑、工艺等密切配合，才能圆满完成。

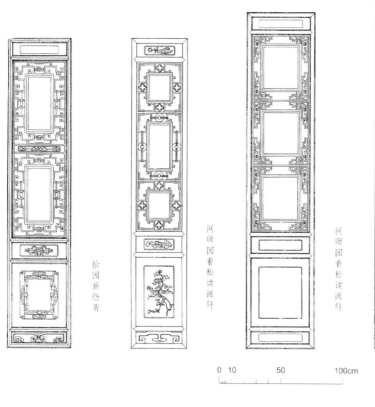

图 3.7.2.1-1　纱槅实测图

江南园林建筑设计

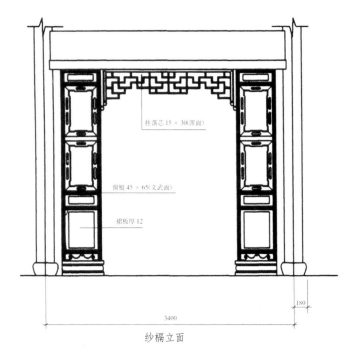

挂落芯 15 × 300(浑面)

窗框 45 × 65(文武面)

裙板厚 12

3400

180

纱槅立面

葵式方棚纱槅

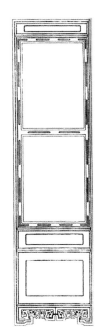

方棚纱槅

葵式方棚纱槅

雕花插角纱槅

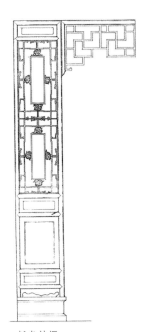

插角纱槅

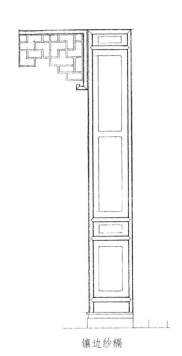

镶边纱槅

图 3.7.2.1-2　各色纱槅

图 3.7.2.1-3　网师园看松读画轩纱槅　　　　　　　图 3.7.2.1-4　豫园纱槅下细眉座

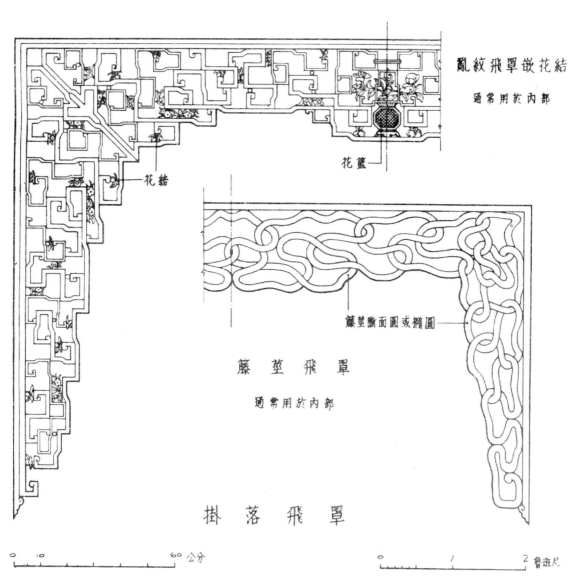

乱纹飞罩嵌花结

通常用於内部

花篮

花结

籐茎断面圆或椭圆

籐茎飞罩

通常用於内部

掛落飛罩

0　10　　　　　　　　　60公分　　　　　　　0　　　　1　　　2营造尺

图 3.7.2.2-1　《营造法原》图版三十四——飞罩

图 3.7.2.2-2 耦园山水间落地罩实测图

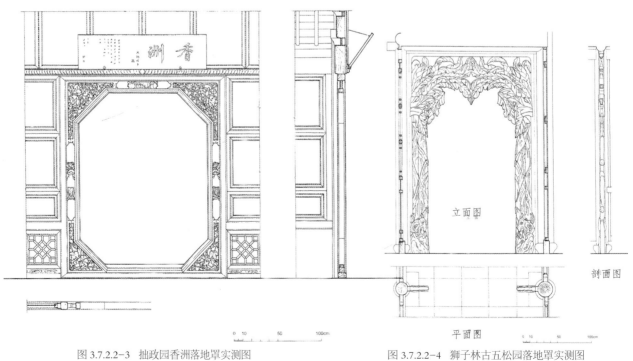

图 3.7.2.2-3 拙政园香洲落地罩实测图

图 3.7.2.2-4 狮子林古五松园落地罩实测图

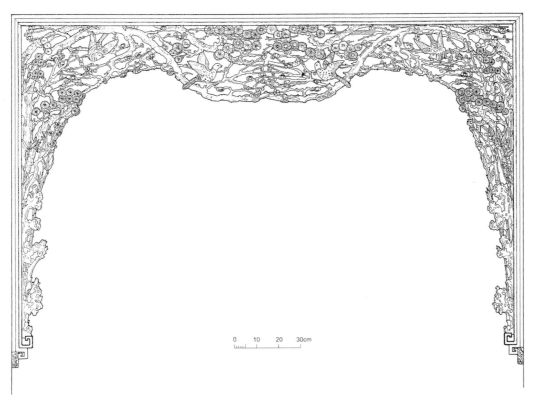

0　10　20　30cm

图 3.7.2.2-5　拙政园留听阁飞罩实测图

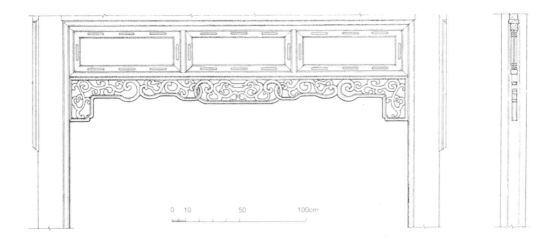

0　10　　　　50　　　　100cm

图 3.7.2.2-6　网师园殿春簃飞罩实测图

江南园林建筑设计

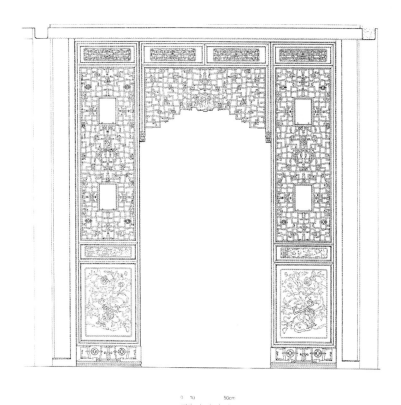

0 10   50cm

图 3.7.2.2-7　留园五峰仙馆挂落飞罩实测图

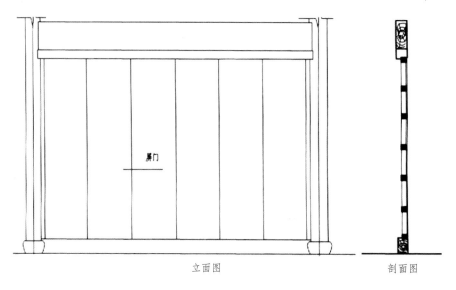

立 面 图   剖 面 图

图 3.7.2.3-1　屏门

四、室外工程

室外工程主要包括围墙、漏窗、门洞、窗洞、门景、砖刻、花街铺地、驳岸、桥、平台栏杆等。门景用于建筑之上，漏窗、门洞、窗洞等除用于室外，还常用于较开敞的亭、廊、轩、榭等处，为叙述方便，一并列入此节。

（一）围墙

墙垣有两大类，一类是附属类建筑，作为建筑物的围护或分隔体，如建筑的前檐墙、后檐墙、山墙、隔墙等，前已述及。另一类是主要用于室外，不附属于建筑、独立的墙体，可称之为围墙。围墙也有两种，一种是围绕园林、分隔内外界限者，可称为界墙。一种是园林内部，建筑间天井或庭院的围墙，可称为院墙。天井两旁及前后的院墙又称塞口墙。界墙较高，有的高达 6、7 m。院墙高视需要而定。

墙上部最简单的是挑出一层线脚，上粉出弧形顶（图 4.1-1）。再就是用砖逐皮挑出 2 ~ 3 层线脚，其上筑脊覆瓦，一般常用甘蔗脊（图 4.1-2）。更为复杂者，则在线脚下再施通长的枋子，突出墙面少许，称为抛枋。抛枋的高度按其与墙高的比例，一般在 200 ~ 300 mm。抛枋下做圆形线脚，名托浑，抛枋与托浑可以砖砌，外做粉刷（图 4.1-3）或染黑色（图 4.1-4）。较精细的则在屋面以下的线脚、抛枋与托浑用砖细（图 4.1-5）。墙顶以平直者为多，称平墙。有时墙顶做成高低起伏如波浪者，称为云墙（图 4.1-6 ~ 图 4.1-8）。有的云墙还塑成龙形，甚至将龙身立体化，龙头高昂、鳞甲毕现（图 4.1-9、图 4.1-10），但由于龙的造型过于形象化，不免陷入流俗。正如《园冶》批评道："历来墙垣，凭匠作雕琢花鸟仙兽，以为巧制，不第林园之不佳，而宅堂前之何可也。"乃"市俗村愚之所为也，高明而慎。"墙面除塞口墙有时用较高级的砖细外，一般多为白色粉刷，称为粉墙，也有用黑色和青灰色者。扬州地区常用清水青砖墙（图 4.1-11）。

院墙多用来划分空间、衬托景物或遮蔽视线，是园林空间构图的一个重要因素。江南园林本来面积不甚大，且建筑密集，要在小面积内划分许多空间，院墙就用得很多。为使它们暴露的墙面不致突兀、呆板、单调，通过墙本身形体的变化：如漏窗、门窗洞的设置而形成的种种虚实、明暗的对比；白粉墙与黑灰色屋顶的色彩对比；太阳光照射在墙上形成的变幻莫测的光影（图 4.1-12）；点缀在墙前的花木竹石构成的一幅幅生动的画面，这些使院墙反而成了清新活泼的造园要素，成为江南园林的一大特色（图 4.1-13）。

图 4.1-1　拙政园枇杷院院墙

图 4.1-2　拙政园西部围墙

江南园林建筑设计

301

1	2
3	4
5	

1 4.1-3　网师园围墙
2 4.1-4　醉白池院墙
3 4.1-5　耦园围墙
4 4.1-6　煦园云墙
5 4.1-7　小盘谷云墙

图 4.1-8 惠山云墙

图 4.1-9 豫园龙墙

图 4.1-10 豫园龙墙

图 4.1-11 乔园云墙

图 4.1-12 寄畅园墙上光影

图 4.1-13 留园粉墙

江南园林建筑设计

过去传统的墙体材料为青砖，砌法很多，主要有实滚、花滚与斗子（即空斗）三类。实滚即用砖扁砌或以丁头侧砌，用于房屋需坚固的部位，如勒脚与楼房的下层等。花滚为实滚与空斗相间而砌，用于次要部位。空斗墙可用于不承荷载的隔墙，又可分为单丁、双丁、三丁、大镶思、小镶思、大合欢、小合欢等。小镶思、小合欢墙厚仅半砖，仅用于简陋之屋。墙厚随砌法与用砖而不同，一般在 300 ~ 500 mm。比较讲究的墙，其勒脚用石砌。若靠近山区，石料便宜，也可用石砌墙，需要因地制宜。

现在传统青砖的生产已很稀少，物以稀为贵，青砖不再廉价，普通机制砖也被逐渐淘汰，所以墙体应少用青砖，尤其是那些表面要做粉刷的混水墙，完全可用普通砖或新型墙体材料来砌筑。但要求较高的清水墙，则仍需用青砖。有一种贴面材料，外观与青砖一样，可用作青砖的替代品，但以与青砖同质的贴面砖为好，方能达到以假乱真的效果。

（二）漏窗

漏窗又称花漏墙洞。在《园冶》中称漏砖墙或漏明墙，并载有漏明墙图式一十六式，都是用薄砖砌的较坚固者。它不仅可改变平长墙面的呆板、单调，也可使墙两边的空间似隔非隔，景物若隐若现，使得景深增加、空间层次变得丰富。有时仅为点缀墙面而不需通透，则仅在墙一侧做不透空的假漏窗。

漏窗下框距地面 1.3 m 左右，以利观看窗外景色。如专为采光、通风和装饰用的漏窗，不妨离地面较高。漏窗的外形有方、横长、直长、圆、六角、八角、扇形与其他各种不规则的形状，而以方和横长形居多。漏窗的花纹图案灵活多样，一座园林中往往无一雷同。形式主要有几何式与自然式两种，但也有混合使用的。几何图案多由直线、弧线、圆形等组成。全用直线的有万字、定胜、六角景、菱花、书条、绦环、橄榄景、席景、竹节、冰纹等。全用弧线的有套钱、球纹、秋叶、海棠、波纹、破月、葵花、如意等。混合用直线和弧线的有夔式、夔式海棠、夔式梅花、万字海棠、六角梅花、宫式万字、葵花与各种灯景式。自然式图案有松、柏、牡丹、梅、竹、兰、菊、芭蕉、荷花、佛手、桃、石榴等植物花卉题材，狮、虎、云龙、蝙蝠、凤凰、和松鹤图、柏鹿图等鸟兽题材。另外还有小说传奇、佛教故事、戏剧故事等人物故事题材。几何图案的最多，植物花卉的较少，鸟兽人物故事的极少，且易流入庸俗。直线图案较简洁大方，曲线图案较生动活泼，

直线和曲线组合时，应以一种线条为主，任何线条都要避免过于粗短或细长，以免显得笨拙、纤弱和凌乱（图 4.2-1 ~ 图 4.2-6）。图 4.2-7 ~ 图 4.2-25 为各种漏窗。醉白池一处漏窗镶以玉石芭蕉（图 4.2-26），豫园有的漏窗主要已不再作为窗之用，而似乎是显示技艺的工艺品（图 4.2-27 ~ 图 4.2-30）。

漏窗的构造、窗框常以望砖砌成，通常只做两道线脚，顶部设木过梁。框内构造与图案形式有关，几何图案常用瓦、砖、木等传统材料来搭设，各构件间以麻丝纸筋灰浆黏结。因其强度不高，现已较少使用。自然形体图案旧时用木片、竹筋做骨架，以后多改用铁片、铁丝为骨架，然后以灰浆、麻丝裹堆塑成。当前常用钢丝网水泥砂浆粉饰漏窗，其材料来源方便，图案变化不受制约，而且比较坚实、牢固。它以钢丝网、钢筋做骨架，以水泥砂浆粉刷修饰，外框也可用混凝土制作。

苏南地区的漏窗一般不做砖细框，均以石灰刷白，在阳光下，日移光影动，为园景增色不少。扬州却好用磨砖漏窗，虽无白色漏窗奇妙的光影变化，但也朴素淡雅，别有情趣（见上述扬州的漏窗）。

（三）门洞、窗洞、门景

门洞即园林中的院墙和走廊、亭、榭等处的墙上辟有的孔洞，供人行而不装门者，《营造法原》称之为地穴，也有把它称作洞门的。窗洞同样为无窗扇的窗孔，《营造法原》称为月洞，也有名其为空窗，历来没有统一称呼，《园冶》将圆窗洞称为月窗，还有把底下有一水平缺口的正圆形门洞称为地穴。目前根据它们的形式与功能还是称呼门洞或窗洞为宜。门洞、窗洞的设置，除了通行及通风、采光的功能外，还可以点缀园林，形成框景，呈现各种或大或小的生动画面，并使不同空间互相渗透、流动，使平板的墙面变得生动、活泼，达到良好的艺术效果。

门洞的形式有圆形、椭圆形、矩形、圭形、六角、八角、定胜、海棠、桃、葫芦、秋叶、汉瓶等（图 4.3-1），图 4.3-2 和图 4.3-3 ~ 图 4.3-11 是门洞实测图和照片。窗洞式样也有方形、矩形、六角、八角、圆形、扇形、葫芦、秋叶、海棠、菱花、如意诸式（图 4.3-12 ~ 图 4.3-23）。《园冶》所载门窗图式就已有方门合角、圈门、上下圈门、入角、长八方、执圭、葫芦、莲瓣、如意、贝叶、剑环、汉瓶、菁草、花觚、月窗、片月、八方、菱花、六方、如意、梅花、葵花、海棠、鹤子、贝叶、六方嵌栀子、栀子花、罐等二十八式三十三种。

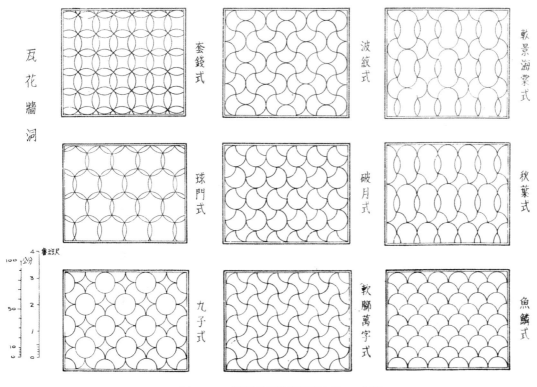

图 4.2-1 《营造法原》图版四十五——漏窗

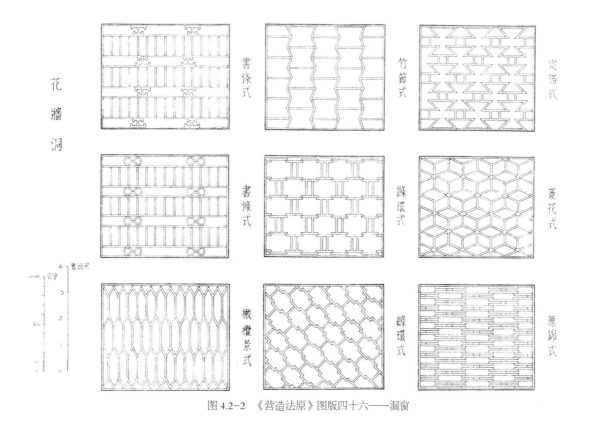

图 4.2-2 《营造法原》图版四十六——漏窗

江南园林建筑设计

305

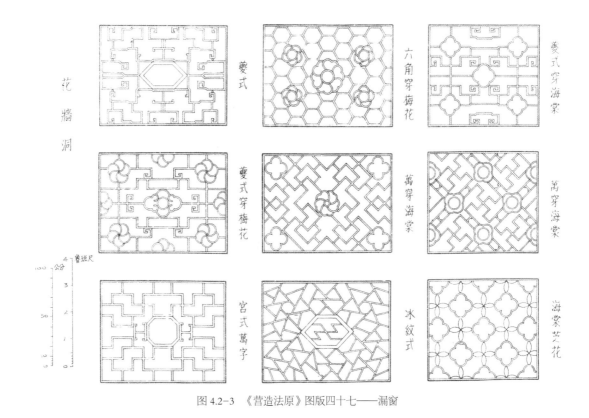

花牆洞

夔式　六角穿梅花　夔式穿海棠

夔式穿梅花　萬穿海棠　萬穿海棠

宮式萬字　冰紋式　海棠菱花

魯班尺
公分

图 4.2-3　《营造法原》图版四十七——漏窗

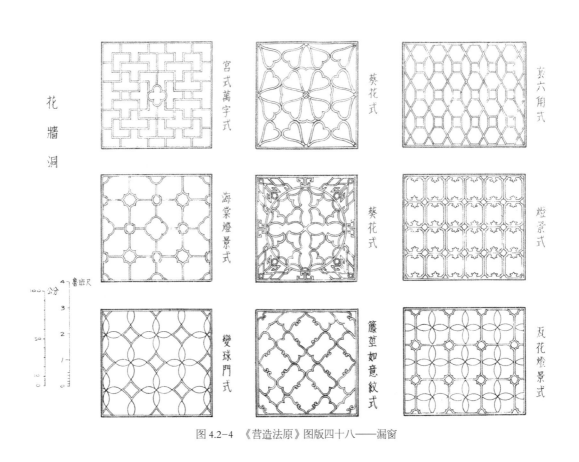

花牆洞

宮式萬字式　葵花式　夔六角式

海棠燈景式　葵花式　燈景式

夔球門式　簾垂如意紋式　瓦花燈景式

魯班尺
公分

图 4.2-4　《营造法原》图版四十八——漏窗

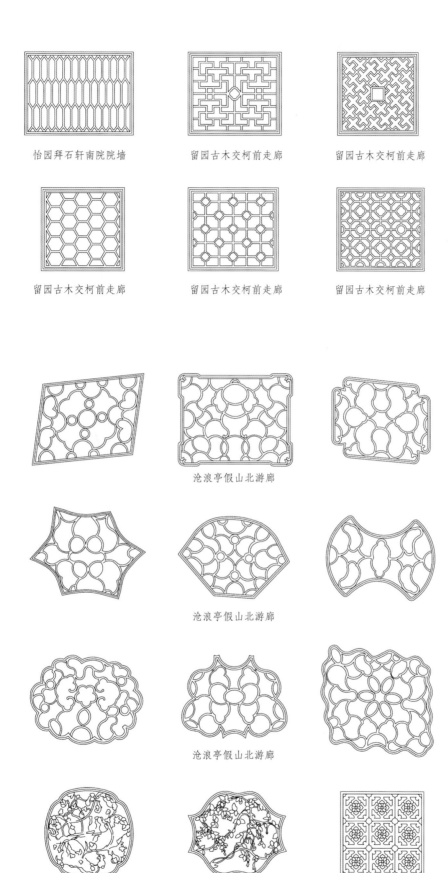

怡园拜石轩南院院墙　　　　　留园古木交柯前走廊　　　　　留园古木交柯前走廊

留园古木交柯前走廊　　　　　留园古木交柯前走廊　　　　　留园古木交柯前走廊

沧浪亭假山北游廊

沧浪亭假山北游廊

沧浪亭假山北游廊

狮子林指柏轩东游廊　　　　　狮子林指柏轩西游廊　　　　　狮子林问梅阁后游廊

图 4.2-5　漏窗实测图

江南园林建筑设计

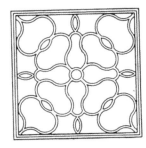

留园古木交柯前走廊　　　　　狮子林燕誉堂北廊东端　　　　　狮子林小方厅北廊东端

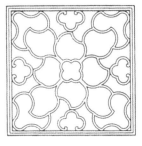
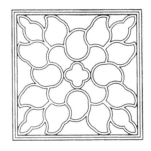
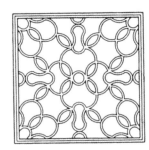

狮子林燕誉堂北院走廊　　　　　狮子林燕誉堂北院走廊　　　　　狮子林燕誉堂北院走廊

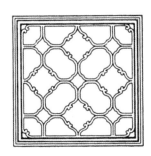

狮子林燕誉堂北院走廊　　　　　留园古木交柯前走廊　　　　　留园古木交柯前走廊

沧浪亭瑶华境界东走廊　　　　　沧浪亭瑶华境界西走廊

图 4.2-6　漏窗实测图

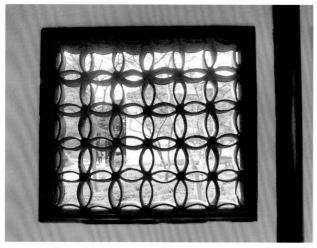

图 4.2-7　何园漏窗

图 4.2-8　煦园漏窗

图 4.2-9　瞻园漏窗

图 4.2-10　何园漏窗

图 4.2-11　汪氏小苑漏窗

图 4.2-12　个园漏窗

图 4.2-13　狮子林漏窗

江南园林建筑设计

图 4.2-14 留园漏窗

图 4.2-15 狮子林漏窗

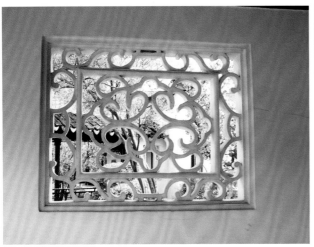

图 4.2-16 瞻园漏窗

图 4.2-17 拙政园漏窗

图 4.2-18 沧浪亭漏窗

图 4.2-19 豫园漏窗

图 4.2-20 耦园漏窗

图 4.2-21 狮子林漏窗

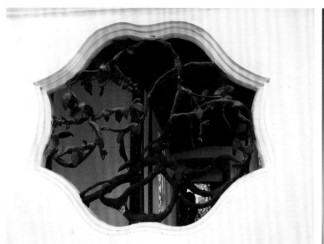

图 4.2-22 狮子林漏窗

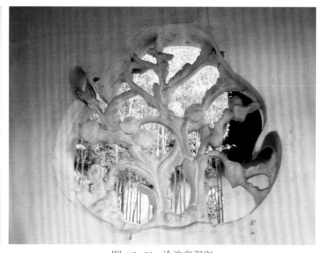

图 4.2-23 沧浪亭漏窗

门窗洞的形式和比例尺度要根据建筑、墙面、空间环境与用途等来决定。如在主要景区的游览路线上的门洞，宜用简洁而较大的圆和八角等形式，以利通行，构成的画面也较大。在走廊、小院等处可采用尺度较小的直长、圭角、长八角等形式以及其他轻巧、玲珑的式样。连续排列的窗洞，需注意式样的变化、排列的疏密等，以免重复、单调。窗洞的高度应根据人体尺度决定，以利于眺望、观赏。

门窗洞的边框用灰黑色的细清水方砖镶砌，与白墙配合，显得朴素明净。宽度为一墙之厚，有时为包络两端宽度甚至达到 1.3 m，如拙政园别有洞天之洞门（图 4.3-24）。厚为方砖厚，约 50 mm。其边缘突出墙面约 30 mm。扬州的边框有时做贴脸，显得厚实、稳重，但不如苏州工巧细腻。边框的线脚宜简单，有木角线、亚面、混面、文武面等（图 4.3-25），窗洞的边框相对更为简洁。在《园冶》里记载门窗洞之边框，

就俱用砖细，所谓"门窗磨空，制式时裁"。这些线脚用专用工具刨出。多种曲线组成的门窗洞，因边框形状复杂，常不用砖细，仅做粉刷。

门景据《营造法原》记载，"凡门户框宕，满嵌做细清水者，则称门景。"地穴与月洞（即门洞和窗洞）"边缘起线宜简单"，而"门景边缘，起缘不妨华丽。"因此门景与地穴、月洞之框虽有相同之处，严格地讲还是有区别的，门景应为有门户的砖细边框，它要比门窗洞边框华丽。也有把所有用细清水砖的门窗框宕，无论是否有门窗扇，都称为门景。我们这里遵从《营造法原》，因为所强调的是门户框宕。门景顶部可作水平直线，也可作弯曲弧线，门洞的上角，可作海棠纹、云纹或回纹，还可加形似雀替的角花。用回纹的称作贡式门景。门景使门洞更富装饰性，更具观赏性（图4.3-26）。

江南园林建筑设计

砖细边框的安装，两侧需在方砖的背面做鸽尾卯口，称扎口。用柏木做扎子，扎子后部砌入墙内，前端为鸽尾榫，用扎子将方砖与墙体拉结。顶部须设具有较高强度的厚木方，通过雀瑛将顶部的方砖与顶板连结，顶板的两端搁置于墙上。为防顶板上墙体荷载的影响，或在顶板往上约 50 mm 处再设置木过梁。安装完毕后，用油灰嵌缝，并用猪血砖屑灰填补砖面和

线脚上的隙洞，待干后再用砂砖打磨平滑（图4.3-27）。

门洞上方与院墙上常有砖细做的门额，也可称作砖额。额上可刻题字，实际上也是一种砖刻。其形式有书卷形、扇形、长方形等。砖额体现了江南园林浓厚的文学气息（图4.3-28）。扬州的匾额却很少用砖，多用石刻（图4.3-29）。

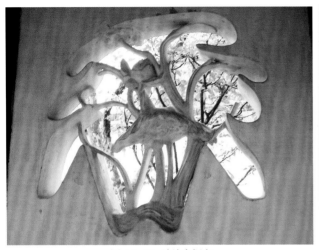

图 4.2-24　沧浪亭漏窗

图 4.2-25　沧浪亭漏窗

图 4.2-26　醉白池漏窗

图 4.2-27　豫园漏窗

图 4.2-28　豫园漏窗

图 4.2-29　豫园漏窗

图 4.2-30　豫园漏窗

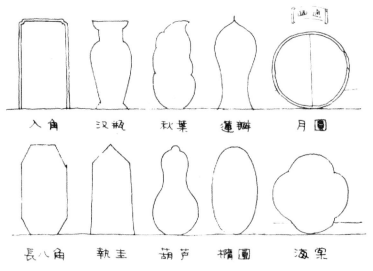

图 4.3-1 《营造法原》插图十三—七——地穴式样图

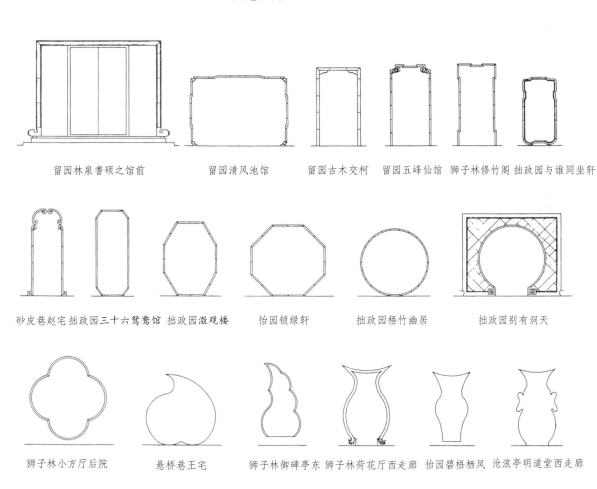

留园林泉耆硕之馆前　　留园清风池馆　　留园古木交柯　留园五峰仙馆　狮子林修竹阁　拙政园与谁同坐轩

砂皮巷赵宅 拙政园三十六鸳鸯馆 拙政园澂观楼　　怡园锁绿轩　　　拙政园梧竹幽居　　　拙政园别有洞天

狮子林小方厅后院　　悬桥巷王宅　　狮子林御碑亭东 狮子林荷花厅西走廊 怡园碧梧栖凤 沧浪亭明道堂西走廊

鹤园　　沧浪亭御碑亭　史家巷庞宅　狮子林小方厅　　　　　　　　图 4.3-2　门洞实测图

江南园林建筑设计

1	2	
3	4	5
6	7	

1 4.3-3　沧浪亭门洞
2 4.3-4　狮子林门洞
3 4.3-5　瞻园门洞
4 4.3-6　个园门洞
5 4.3-7　豫园门洞
6 4.3-8　耦园门洞
7 4.3-9　沧浪亭门洞

图 4.3-10　小盘谷门洞 　　　　　　　　　　图 4.3-11　二分明月楼门洞

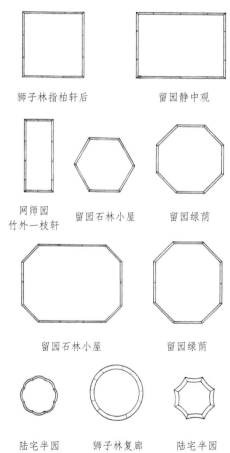

狮子林指柏轩后　　　　　留园静中观

网师园
竹外一枝轩　　　留园石林小屋　　　留园绿荫

留园石林小屋　　　　　　留园绿荫

陆宅半园　　　狮子林复廊　　　陆宅半园

图 4.3-12　窗洞实测图

图 4.3-13　瞻园窗洞

图 4.3-14　留园窗洞

图 4.3-15　留园窗洞

图 4.3-16　豫园窗洞

图 4.3-17　瞻园窗洞

图 4.3-18　郭庄窗洞

图 4.3-19　何园窗洞

图 4.3-20 何园窗洞

图 4.3-21 何园窗洞

图 4.3-22 拙政园窗洞

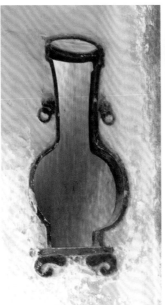

图 4.3-23 留园窗洞

图 4.3-24 拙政园别有洞天门洞之墙

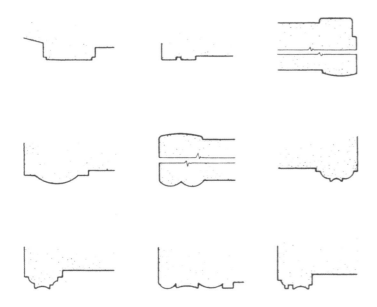

图 4.3-25 砖细线脚

江南园林建筑设计

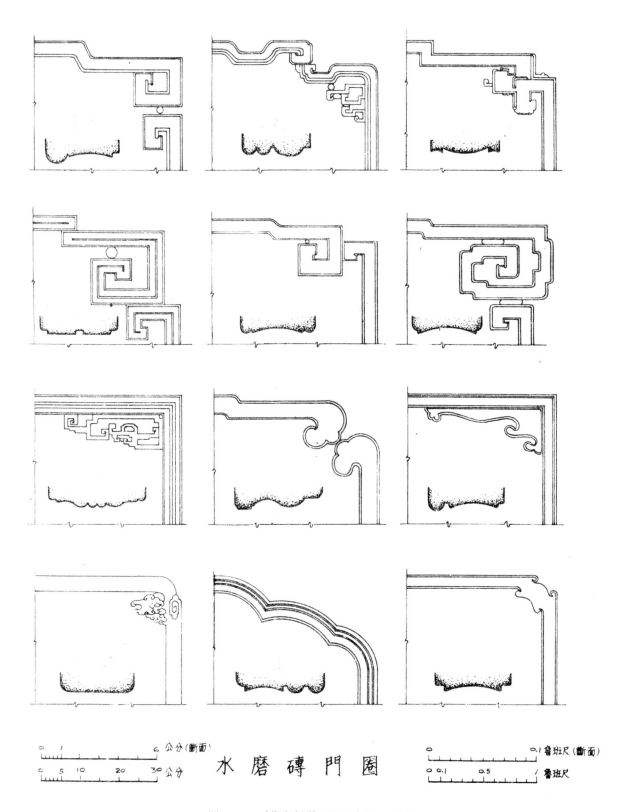

水磨磚門圈

图 4.3-26 《营造法原》图版四十四——门景

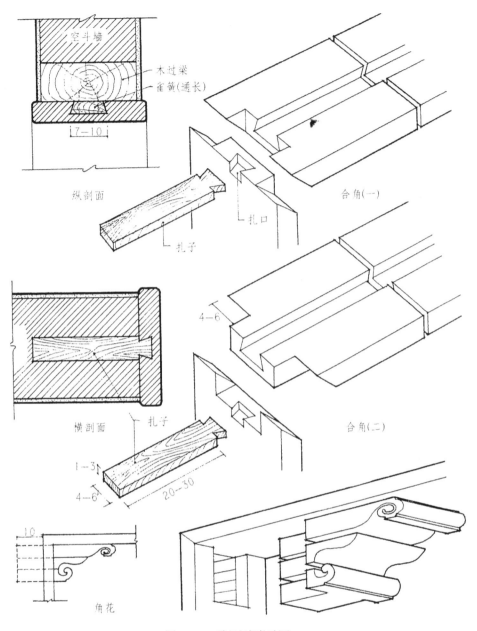

图 4.3-27 砖细门框构造图

图 4.3-28 海棠春坞砖刻

图 4.3-29 寄啸山庄石刻

（四）铺地

室外铺地指室外露天的庭院、道路等的铺地。江南园林的铺地丰富多彩，善用各种废弃材料砌成图案精美、色彩丰富的各种地纹，成为江南园林的一大艺术特色。明末江南园林中就已有各色铺地，《园冶》就记载有乱石路、鹅子地、冰裂地、砖地等铺地，共十五种式样图。铺地按面层所用的材料分有石铺地、砖铺地以及砖、瓦、石等混合铺地等。

1. 石铺地

石材铺地可用石板、石块、鹅卵石等。石板有规则的与碎石板两种，规则的条石多用在主要入口处、主建筑前的庭院或路面，主要为配合环境，显示庄重（图4.4.1-1）。碎石板可用来砌筑冰裂纹地面，园林中各处皆可用（图4.4.1-2），正如《园冶》所记："乱青板石，斗冰裂纹，宜于山堂、水坡、台端、亭际……意随人活，砌法似无拘格。"石块指弹石又称弹街石，是一种不太规整的花岗石或青石小块，用来铺设路面（图4.4.1-3）。鹅卵石即《园冶》所称的鹅子石，"鹅子石，宜铺于不常走处"（图4.4.1-4）。

2. 砖铺地

室外砖铺地分两种，一种用整砖侧砌，就是《园冶》说的"庭下，宜仄砌"，图案为规则的蓆纹、人字纹、间方、斗纹等（图4.4.2-1）。另一种是用破方砖砌冰裂纹。砖铺地不宜用于潮湿、阴暗处，因日久易生青苔，湿滑行走不便。

3. 混合铺地

用石、砖、瓦、瓷、缸等碎片与卵石等混合砌筑成各种图案，俗称花街铺地，在江南园林中运用很广泛，有意识地利用色彩、图案的变化，体现造园艺术之美。

图案纹样分两类，一类是几何图案，有六角、套六方、套八方、海棠、十字灯景、冰纹、球纹、套钱、芝花等（图4.4.3-1～图4.4.3-4）。一类是自由图案，即鹤、鹿、鱼、蝙蝠、灵芝、荷花等动、植物图案，或一些吉祥图案，如暗八仙、松鹤长寿、六合同春、五福捧寿、梅开五福等（图4.4.3-5～图4.4.3-7），寓意福禄寿、平升三级等。虽然计成在《园冶》中认为"如嵌鹤、鹿、狮球，犹类狗者可笑。"但江南园林中仍不乏此类图案，有的水平不低，尚可观。如留园、狮子林，扬州何园、匏庐等处（图4.4.3-8～图4.4.3-27）。铺地可随其所在位置、周围环境而采取不同的形式。以色彩、式样以及与环境协调为佳，优美的铺地还可衬托建筑与环境。如拙政园海棠春坞的庭院，采用海棠图案铺地，表示春天的气息，密切配合了庭院主题，并与建筑装饰之海棠母题呼应（图4.4.3-28）。又如扬州何园静香轩船厅庭院，铺设成波浪水纹，喻示船厅航行在水中（图3.2.0-14）。豫园船舫前也铺成水波纹，与何园的又不同（图3.2.0-15）。

图4.4.1-1 沧浪亭整石铺地

图4.4.1-2 汪氏小苑碎石铺地

图4.4.1-3 惠山弹街石铺地

图4.4.1-4 豫园鹅卵石铺地

图4.4.2-1 豫园整砖人字纹铺地

o 10　　50　　　100 公分

0　　1　　2　　3　　4　　5 鲁班尺

花 街 铺 地

破六方式 （青石卵　黄石卵）

海棠芝花式 （瓦片　黄石　青石）

卍字式 （砖　黄石）

长八方式 （青石　黄石）

球门式 （黄石卵　青石卵）

葵花式 （黄石卵　青石卵）

席纹式

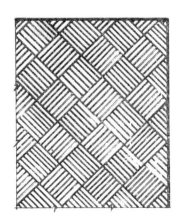

间方式

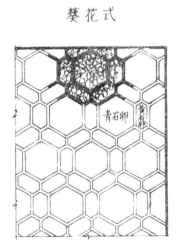

攒六方式 （青石卵　黄石卵）

图 4.4.3-1 《营造法原》图版四十九——花街铺地

江南园林建筑设计

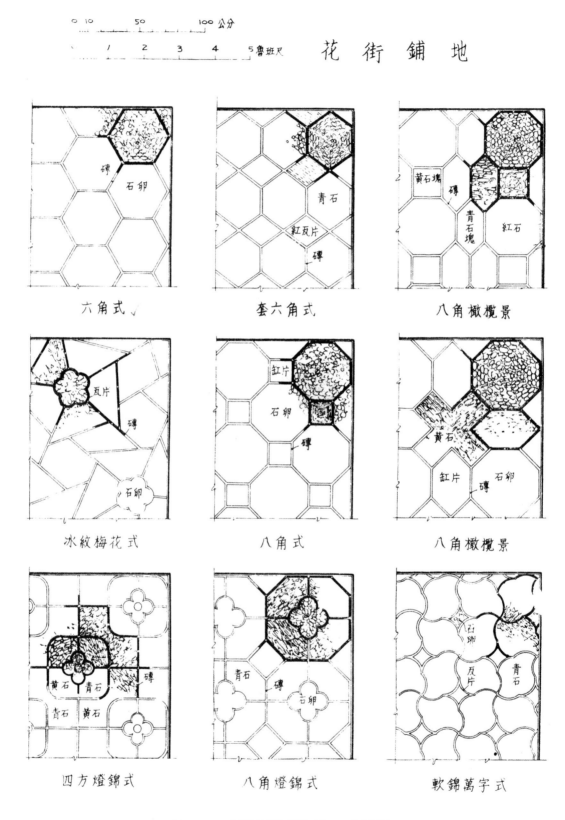

花 街 铺 地

0 10　50　100公分

1　2　3　4　5 鲁班尺

六角式

套六角式

八角橄榄景

冰纹梅花式

八角式

八角橄榄景

四方灯锦式

八角灯锦式

软锦万字式

图 4.4.3-2　《营造法原》图版五十——花街铺地

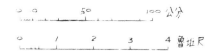

花街铺地

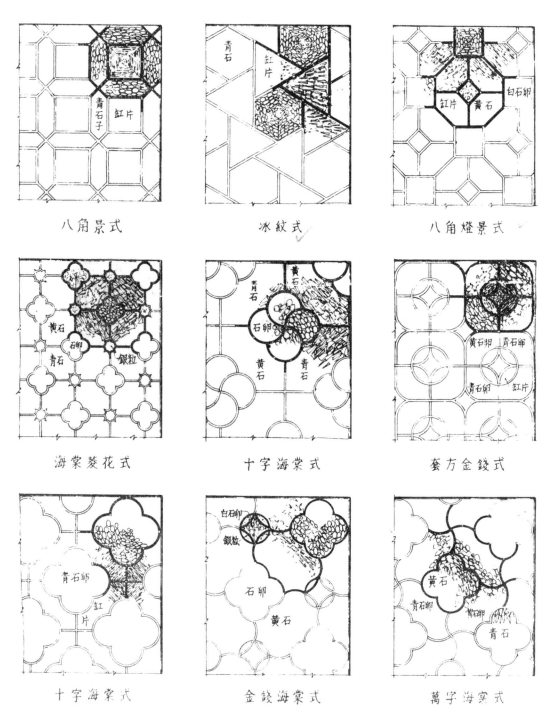

八角景式　　　　　　　冰纹式　　　　　　八角灯景式

海棠菱花式　　　　十字海棠式　　　　套方金钱式

十字海棠式　　　　金钱海棠式　　　　萬字海棠式

图 4.4.3-3　《营造法原》图版五十一——花街铺地

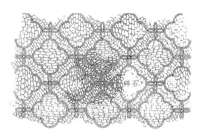

狮子林修竹阁　　　　　　　　　　　狮子林燕誉堂

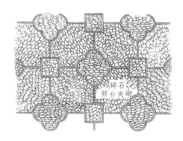

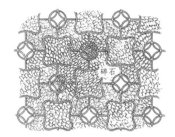

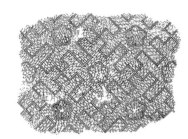

狮子林指柏轩　　　　　狮子林古五松园　　　　　狮子林荷花厅

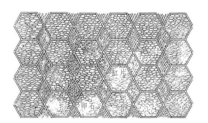

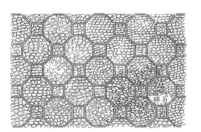

留园东园一角　　　　　　　　　　　狮子林小方厅

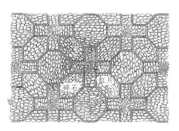

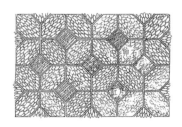

狮子林燕誉堂　　　　　　留园东园一角　　　　　　拙政园枇杷园

图 4.4.3-4　花街铺地图案实测图

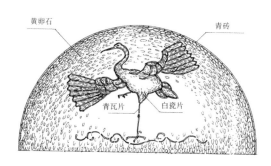

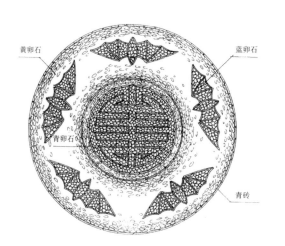

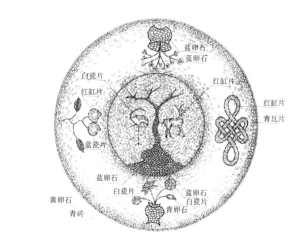

图 4.4.3-5 各式花街铺地

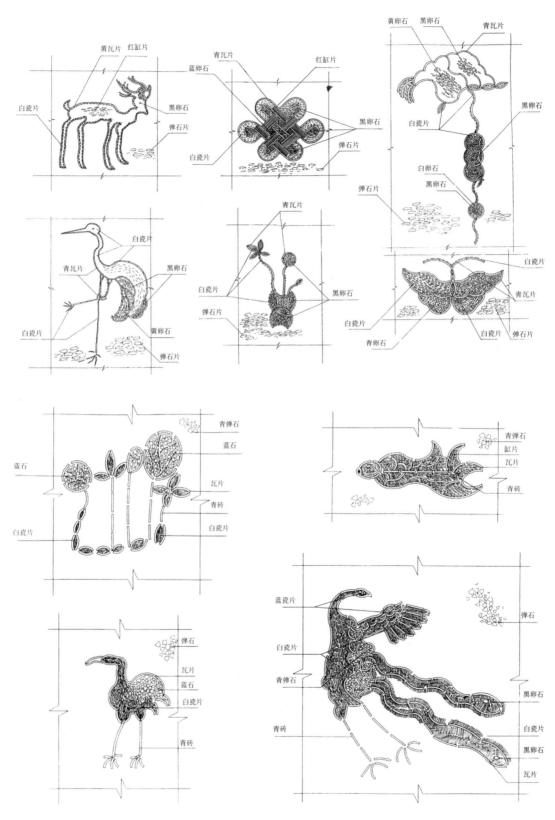

图 4.4.3-6 各式花街铺地

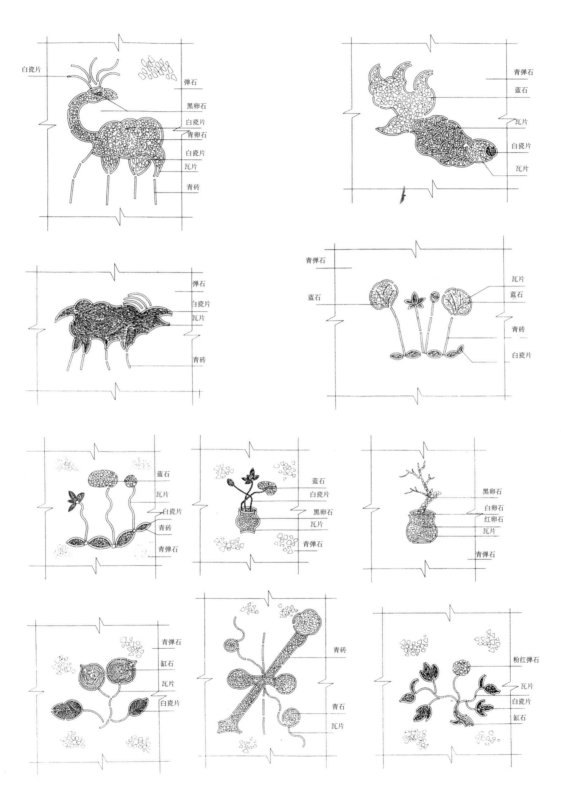

图 4.4.3-7　各式花街铺地

图 4.4.3-8 瞻园铺地

图 4.4.3-9 留园铺地

图 4.4.3-10 沧浪亭铺地

图 4.4.3-11 何园铺地

图 4.4.3-12 西园铺地

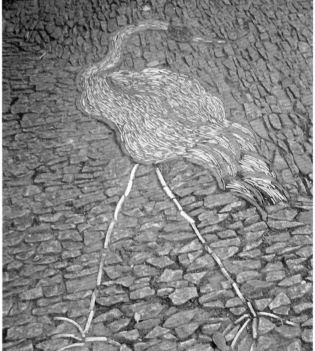

图 4.4.3-13 留园铺地

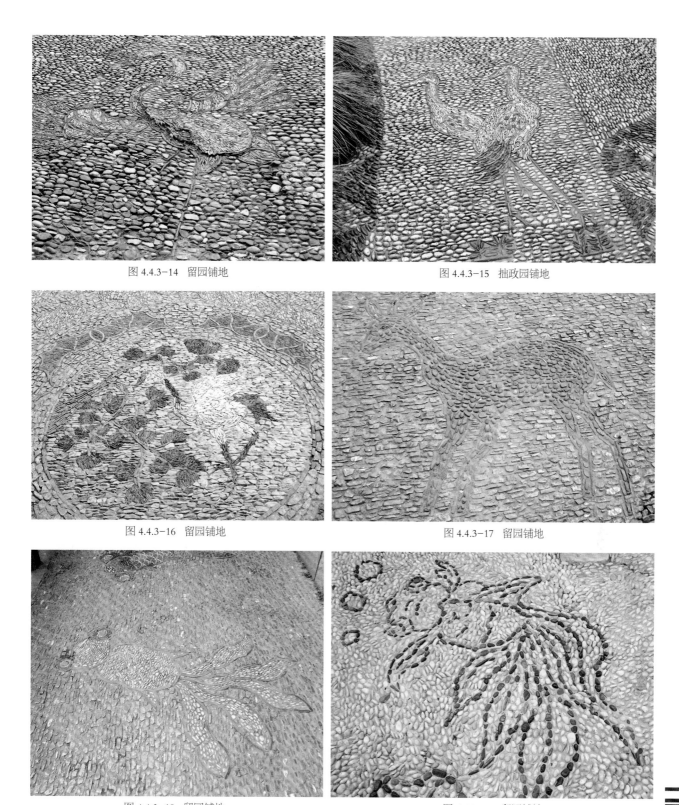

图 4.4.3-14　留园铺地

图 4.4.3-15　拙政园铺地

图 4.4.3-16　留园铺地

图 4.4.3-17　留园铺地

图 4.4.3-18　留园铺地

图 4.4.3-19　留园铺地

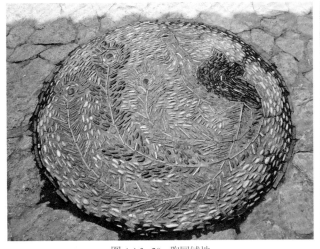

图 4.4.3-20　煦园铺地

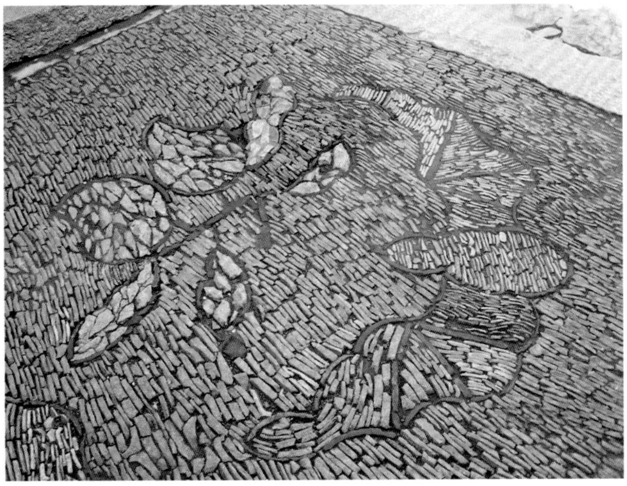

图 4.4.3-21　豫园铺地

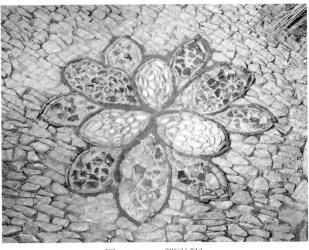

图 4.4.3-22　留园铺地

图 4.4.3-23　留园铺地

图 4.4.3-24　留园铺地

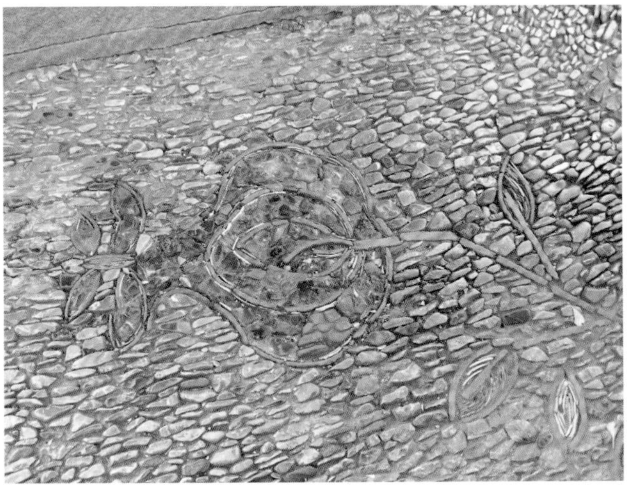

图 4.4.3-25　留园铺地

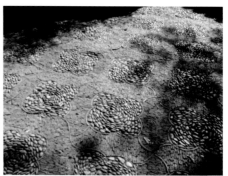

图 4.4.3-26　福禄寿财铺地　　　　　图 4.4.3-27　中国结铺地　　　　　图 4.4.3-28　拙政园海棠春坞铺地

铺地施工，旧法是将原土夯实后垫细土约50 mm，再在上面铺设各种砖石图案。现在一般在素土夯实后浇筑混凝土垫层，然后以水泥砂浆固定以瓦片、望砖为主的框宕，最后以水泥砂浆镶嵌卵石等。面层材料的选择与施工应注意表面要稍平坦，凹凸不可太大，以免行走有不适之感。

（五）桥与栏杆

1. 桥

江南园林多是私家园林，面积较小，池沼较狭，故无宽阔的大桥。构桥材料以石为主，木桥较少见，因木料用于室外易腐不耐久。石桥多采用梁式平板桥，桥较小者仅一石板跨于水面（图4.5.1-1），石板或略向上弯，如怡园画舫斋前小石桥（图4.5.1-2），曾园柳风桥拱起较大（图4.5.1-3），多跨之桥，常作曲桥（图4.5.1-4），折数多者，俗谓九曲桥（图4.5.1-5）。为免过于板滞，不采用平直的长桥，寄畅园的七星桥仍略有弯曲（图4.5.1-6）。拱桥相对较少，常用跨度很小的石拱桥，如网师园位于池之一角的引静桥（图4.5.1-7）、曲水园清泉桥（图4.5.1-8）、二分明月楼的月牙桥（图4.5.1-9）。拙政园、狮子林、豫园、曲水园、绮园等都有略大的单孔石拱桥（图4.5.1-10～图4.5.1-14），半园为砖拱桥（图4.5.1-15）。江南园林较少用又高又长的石拱桥，原因是若连续拱桥桥身较高，不易和私家园林较小的池面相称。艺圃用湖石做桥（图4.5.1-16），何园与醉白池均有用湖石垒成拱桥（图4.5.1-17、图4.5.1-18）的实例。

桥身离水面的高度视水池大小而定。较大水池桥可稍高，使桥下空透，能使水面空间互相贯通，达到似分非分和增加水面层次、产生倒影的效果。如拙政园曲桥（图4.5.1-19），小水池则尽量使桥面贴水，既便于观赏游鳞、莲蕖，又能使人感到池水比实际更

为广阔。如附近有假山、岩壁，则更可衬托出山势的高峻。如艺圃（图4.5.1-20）、豫园（图4.5.1-21）等处的曲桥。

桥宽约 600 ～ 1300 mm，由宽约 300 ～ 400 mm的数块条石拼成。条石长约2000 mm，一般不超过3000 mm，厚约150 mm。

2. 栏杆

桥窄者，可不设栏杆，两面临空。桥宽者，可设桥栏，桥栏可两面亦可单面设置，桥栏因用于室外，不宜过于雕饰，一般是很简单的石条栏杆，仅以石墩搁置石条，形象简洁、比例低平，与环境很和谐（图4.5.2-1、图4.5.2-2）。有的设有栏板，简单的就一石板，如拙政园与谁同坐轩傍石桥（图4.5.2-3），复杂一些的做成望柱荷叶净瓶式，如依虹亭前小石桥（图4.5.2-4）、曾园石桥（图4.5.2-5）。桥栏高约300 ～ 400 mm，宽约200 mm，可作坐息。亦有较高的桥栏，需立石望柱，贯穿铁管数根（图4.5.2-6），有的纯用铁栏杆（图4.5.2-7），但不如石桥能与环境贴合。木栏较少，因不耐久，如三潭印月有水平之木栏（图4.5.2-8）。有的用湖石垒成桥栏，亦别具一格（图4.5.2-9）。

平台临水或一侧做栏杆，较多采用的如桥栏一样的石条栏杆（图4.5.2-10），有时将石墩做成矮望柱形式，如留园浣云沼、拙政园浮翠阁、耦园织帘老屋等（图4.5.2-11），稍为复杂的做成上下两道石条，见豫园石栏（图4.5.2-12），醉白池石栏（图4.5.2-13）。玉兰堂北面平台栏杆则做成与依虹亭一样的荷叶净瓶式（图4.5.2-14），它们的时代较早。此种式样的石栏还可见于豫园（图4.5.2-15）、网师园梯云室（图4.5.2-16）、绮园（图4.5.2-17）。扬州寄啸山庄水心亭四周平台石矮栏，高约600 mm，上透雕花纹图案（图4.5.2-18）。

江南园林建筑设计

图 4.5.1-1　寄畅园小石桥

图 4.5.1-2　怡园画舫斋小石桥

图 4.5.1-3　曾园柳风桥

图 4.5.1-4　瞻园曲桥

图 4.5.1-5　拙政园曲桥

图 4.5.1-6　寄畅园七星桥

江南园林建筑设计

图 4.5.1-7　网师园引静桥

图 4.5.1-8　曲水园清泉桥

图 4.5.1-9　二分明月楼月牙桥

图 4.5.1-10　拙政园拱桥

图 4.5.1-11　狮子林拱桥

图 4.5.1-12　豫园环龙桥

江南园林建筑设计

图 4.5.1-13　曲水园喜雨桥

图 4.5.1-14　绮园拱桥

图 4.5.1-15　北半园砖拱桥

图 4.5.1-16　艺圃湖石桥

图 4.5.1-17　何园湖石拱桥

图 4.5.1-18　醉白池湖石拱桥

图 4.5.1-19　拙政园曲桥

图 4.5.1-20　艺圃小桥

图 4.5.1-21　豫园小桥

图 4.5.2-1　豫园曲桥双面石栏

图 4.5.2-2　曾园石桥单面石栏

图 4.5.2-3　拙政园与谁同坐轩旁桥栏

图 4.5.2-4 拙政园依虹亭前桥栏

图 4.5.2-5 曾园桥栏

图 4.5.2-6 寄畅园七星桥桥栏

图 4.5.2-7 拙政园三十六鸳鸯馆旁桥栏

图 4.5.2-8 三潭印月桥栏

图 4.5.2-9 醉白池桥栏

图 4.5.2-10 豫园平台栏杆

图 4.5.2-12 豫园平台栏杆

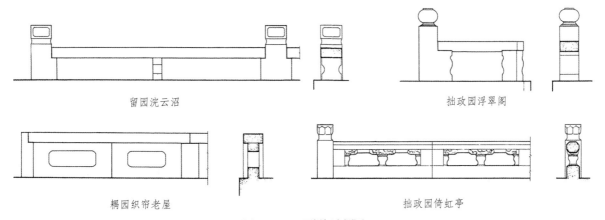

留园浣云沼　　　　　　　　　　　　　　　拙政园浮翠阁

耦园织帘老屋　　　　　　　　　　　　　拙政园倚虹亭

图 4.5.2-11 石栏杆实测图

图 4.5.2-13 醉白池平台栏杆

图 4.5.2-14 拙政园玉兰堂北平台栏杆

江南园林建筑设计

图 4.5.2-15　豫园平台栏杆

图 4.5.2-16　网师园梯云室前栏杆

图 4.5.2-17　绮园栏杆

图 4.5.2-18　何园水心亭平台栏杆

五、江南园林的地方风格

　　江南地区区域较广，各地的建筑有着当地的地方风格，园林建筑亦不可避免。尤以苏州和扬州最为突出。本书前文所述都是以苏州园林为主，仅提及扬州园林的个别特点，下面就扬州园林建筑的特点做一些简略的探讨。

　　扬州位于长江下游，大运河与长江的交汇点上，介于我国南北之间。交通畅达，盐业、商业和手工业发达，徽商、赣商、湖广商、粤商等云集，各地匠师、建筑材料也随之而来，再加上清帝康熙、乾隆南巡，形成了扬州独特的建筑风格。《扬州画舫录》内《工段营造录》一卷，就是摘录于工部《工程做法则例》与《内廷圆明园内工诸作现行则例》诸书。扬州建筑风格也就介于北方官式与江南民间建筑之间。

　　扬州园林显著的特色便是利用楼层，大的园林如个园、何园均有七间长楼，何园北面为蝴蝶厅长楼，东、南两面更有楼廊连通，形成水池三面环楼。小的园林如二分明月楼，也用了七间长楼。

　　扬州园林建筑的组合比苏州园林规则，没有苏州园林自由。建筑布局比较方正，廊也较平直，"之"字曲不多，与北方园林较相近，可见小盘谷平面（图2.1-19）。

　　园林的主要建筑厅堂，比苏州高敞、华丽，如个园宜雨轩檐高近 4.3 m，轴线面积 132 m²，何园静香轩檐高 4.3 m 许，面积 126.04 m²。而拙政园远香堂檐高 3.35 m，面积 129.01 m²，留园五峰仙馆檐高 3.6 m，面积 339.2 m²，沧浪亭明道堂曾作讲学之处，面积达

208.5 m²，檐高 4.4 m。

厅堂平面一般为三间或五间，进深为内四界加前后廊。轩只用于廊下，以船篷轩为多。内四界前极少加用轩，因此很少用草架，所以总进深比苏州大型厅堂浅。如个园宜雨轩进深 8.9 m，何园牡丹厅 10.8 m，静香轩 9.1 m，而留园林泉耆硕之馆 13.34 m，沧浪亭明道堂 12.95 m，网师园万卷堂 12.33 m，拙政园三十六鸳鸯馆 11.74 m（表 3）。

柱础既有北方式的古镜（图 5-1），也有南方的鼓磴（图 5-2）。梁架多于步柱间施四界大梁，上立童柱，再安山界梁、脊童柱、布桁、椽，也有用五界回顶者。梁多用圆料，扁作较少，桁下常不做花机（图 3.2.2-3）。

扬州建筑外观上最大的特色：① 翼角之檐椽沿檐口斜批向外，尖锐如矛，别处皆无，且不用遮檐板（图 5-3）。屋角起翘虽不似苏州的嫩戗发戗翘得高，较低平，但比北方的要高，个园鹤亭（见图 3.2.7-28）。② 屋面多用通花脊，戗脊端部不再外挑起翘或挑出很少（图 5-4）。不用花脊时也有起翘，但不像苏州园林用朝板瓦层层挑出，外面只是一弧形（图 5-5）。

厅堂用和合窗较多，长窗有时仅用于正间，甚至只用一扇（图 5-6）。檐下挂落多平直，与北方接近（图 5-7），不像苏州多曲折变化。栏杆用料较苏州略大，显得壮硕（图 5-8）。外墙面常用清水砖墙，虽无苏州粉墙的明快与光影的微妙变化，但比较稳重、大方，各有千秋（图 5-9）。门洞、窗洞边框之砖细，不像苏州那样薄薄的一层，显得轻巧，而是用较宽的贴脸，显得厚重（图 5-10、图 5-11）。漏窗也常做砖细边框，用薄砖垒出图案，不刷白（图 5-12），与苏州漏窗不做边框、刷白不同。建筑上用砖雕较多，歇山山尖常用砖雕装饰，花纹图案有卷草、花卉、松竹、龙凤、麒麟、笔定胜、山水等（图 5-13），亭之宝顶也多用砖雕（图 5-14），而苏州山尖除做博风、垂鱼外，其他装饰用灰塑比较多。

扬州的建筑虽不如苏州的轻盈、玲珑，但比较稳重，又比北方建筑轻巧。

杭州的园林建筑外观与苏州接近，但做工不如苏州精细，木构件上雕花较多，趋于烦琐（图 5-15）。与安徽园林建筑一样，常在柱上用雕花的高大梁头和牛腿支撑屋顶挑出（图 5-16）。有的建筑做法不太合理，如杭州某六角亭，金桁下无任何支撑，反而悬挂在角梁上，完全不符合传统建筑的构造原理（图 5-17）。曾园竹里馆六角亭也有同样的问题，将细小的垂莲柱装在粗大的桁条下（图 5-18）。

图 5-1　个园古镜柱础

图 5-2　何园赏月楼鼓磴与复盆柱础

江南园林建筑设计

图5-3　个园鹤亭椽头

图5-4　小盘谷桐韵山房水戗

图5-5　片石山房水戗

图5-6　何园静香轩和合窗

图5-7　个园清漪亭挂落

图5-8　个园宜雨轩栏杆

图 5-9　乔园围墙（1）

图 5-9　水绘园围墙（2）

图 5-10　个园砖细门洞

图 5-11　小盘谷砖细窗洞

图 5-12　小盘谷漏窗

图 5-13　何园牡丹厅山尖凤吹牡丹砖雕

图 5-14　小盘谷风亭亭砖雕宝顶

图 5-15　杭州平湖秋月水碧一天楼廊轩

图 5-16　西泠印社柏堂一角

图 5-17　西湖某亭屋顶结构　　　　　　　　　　　图 5-18　曾园竹里馆屋顶结构

参考文献

［1］姚承祖 . 营造法原［M］. 北京：中国建筑工业出版社，1986.

［2］刘敦桢 . 苏州古典园林［M］. 北京：中国建筑工业出版社，2005.

［3］潘谷西 . 江南理景艺术［M］. 南京：东南大学出版社，2001.

［4］（明）计成 . 园冶［M］. 北京：中国建筑工业出版社，1981.

［5］苏州民族建筑学会，苏州园林发展股份有限公司 . 苏州古典园林营造录［M］.

　　北京：中国建筑工业出版社，2003.

［6］过汉泉，陈家俊 . 古建筑装折［M］. 北京：中国建筑工业出版社，2006.

［7］梁思成 . 营造则例［M］. 北京：中国建筑工业出版社，1981.

江南园林建筑设计

图纸目录

江南园林建筑设计

345

图号	名称	来源
3.2.7-29	瓦件	《江南理景艺术》
3.2.7-30	《营造法原》图版三十九——厅堂用脊	
3.2.7-31	各种纹头脊	《江苏传统建筑工艺》（未刊稿）
3.2.7-32	网师园集虚斋凤回头屋脊	同上
3.2.7-33	水绘园壹默斋哺龙脊	
3.2.7-34	煦园忘飞阁龙吻	
3.2.7-35	豫园还云楼龙吻	
3.2.7-36	瘦西湖某屋脊	
3.2.7-37	耦园山水间竖带	
3.2.7-38	豫园屋面塑像	
3.2.7-39	豫园屋面塑像	
3.2.7-40	豫园屋面塑像	
3.2.7-41	水戗剖面	《苏州古典园林》
3.2.7-42	艺圃朝爽亭（水戗发戗）	
3.2.7-43	各式水戗头	《江南古建筑装饰装修图典》
3.2.7-44	何园月亭水戗	
3.2.7-45	拙政园远香堂水戗	
3.2.7-46	拙政园荷风四面亭水戗	
3.3-1	拙政园见山楼	图《苏州古典园林营造录》照互联网
3.3-2	拙政园倒影楼	同上
3.3-3	拙政园浮翠阁	图《苏州古典园林营造录》
3.3-4	留园曲溪楼	图《苏州古典园林营造录》照互联网
3.3-5	留园明瑟楼	图《苏州古典园林营造录》
3.3-6	留园冠云楼	图《苏州古典园林营造录》照互联网
3.3-7	留园还我读书处	图《苏州古典园林营造录》
3.3-8	留园远翠阁	图《苏州古典园林营造录》照互联网
3.3-9	狮子林卧云室	图《苏州古典园林营造录》
3.3-10	沧浪亭看山楼	图《苏州古典园林营造录》照互联网
3.3-11	网师园五峰书屋、集虚斋	同上
3.3-12	网师园撷秀楼	同上
3.3-13	耦园城曲草堂	同上
3.3-14	北半园后楼	图《苏州古典园林营造录》

图号	名称	来源
3.3-15	退思园辛台	图《苏州古典园林营造录》照互联网
3.3-16	莫愁湖胜棋楼	图《江南理景艺术》
3.3-17	煦园夕佳楼	同上
3.3-18	乔园来青阁	
3.3-19	寄畅园凌虚阁	
3.3-20	惠山云起楼	《江南理景艺术》
3.3-21	郭庄锦苏楼	同上
3.3-22	豫园观涛楼	
3.3-23	乔园松吹阁	互联网
3.3-24	狮子林见山楼	
3.3-25	秋霞圃凝霞阁	
3.3-26	耦园听橹楼	互联网
3.3-27	狮子林暗香疏影楼	
3.3-28	何园蝴蝶厅	
3.3-29	扬州二分明月楼	
3.3-30	拙政园见山楼楼廊	
3.3-31	耦园听橹楼廊	
3.3-32	二分明月楼夕楼假山登楼	
3.3-33	《营造法原》插图二一六——楼房贴式图	
3.3-34	豫园观涛楼出挑阳台	
3.3-35	狮子林暗香疏影楼梁下铸铁花牛腿	
3.3-36	古漪园玩石斋承重、搁栅	
3.3-37	（1）狮子林指柏轩楼梯	
	（2）寄畅园凌虚阁楼梯	
3.3-38	曾园清风明月阁	
3.3-39	豫园耸翠亭	
3.3-40	古漪园微音阁	
3.3-41	水绘园湘中阁	
3.3-42	豫园藏书楼装饰	
3.3-43	惠山云起楼装饰	
3.4-1	北京颐和园清宴舫	互联网
3.4-2	承德避暑山庄云帆月舫	《清代园林图录》
3.4-3	北京淑春园（北京大学）石舫遗迹	《园林水景》
3.4-4	拙政园香洲	图《苏州古典园林》
3.4-5	怡园画舫斋	同上
3.4-6	古漪园不系舟	
3.4-7	常熟兴福寺团瓢舫	《园林水景》

江南园林建筑设计

图号	名称	来源
3.4-8	曲水园舟居非水	
3.4-9	瘦西湖西园曲水翔凫舫	互联网
3.4-10	乔园文桂之舫	
3.4-11	曾园似舫	
3.4-12	瘦西湖春流画舫	互联网
3.4-13	燕园天际归舟	
3.4-14	煦园不系舟	图《江南理景艺术》
3.4-15	豫园亦舫	
3.4-16	退思园闹红一舸	
3.4-17	杭州曲院风荷不系舟	《园林水景》
3.4-18	瘦西湖静香书院莳玉舫	《园林水景》
3.4-19	狮子林石舫	
3.5.1-1	《园冶》梅花亭地图式	
3.5.1-2	上海学圃园一柱亭	《江南园林志》
3.5.1-3	拙政园梧竹幽居亭	图《苏州古典园林营造录》
3.5.1-4	滁州琅琊山醉翁亭	互联网
3.5.1-5	何园水心亭	图《江南理景艺术》
3.5.1-6	拙政园别有洞天亭	图《江南理景艺术》
3.5.1-7	兰亭"小兰亭"碑亭	互联网
3.5.1-8	沧浪亭沧浪亭	图《苏州古典园林》照 互联网
3.5.1-8	艺圃乳鱼亭	同上
3.5.1-10	拙政园雪香云蔚亭	图《江南理景艺术》照 互联网
3.5.1-11	拙政园绣绮亭	图《苏州古典园林营造录》
3.5.1-12	寄畅园梅亭	互联网
3.5.1-13	个园拂云亭	图《江南理景艺术》照 互联网
3.5.1-14	绮园滴翠亭	
3.5.1-15	曲水园佛谷亭	
3.5.1-16	西湖三潭映月开网亭	图《江南理景艺术》
3.5.1-17	兰亭鹅池碑亭	
3.5.1-18	水绘园小三吾亭	
3.5.1-19	古漪园白鹤亭	
3.5.1-20	水绘园波烟玉亭	
3.5.1-21	拙政园荷风四面亭	图《江南理景艺术》
3.5.1-22	怡园小沧浪亭	图《苏州古典园林》
3.5.1-23	网师园月到风来亭	图《苏州古典园林营造录》
3.5.1-24	小盘谷风亭	图《江南理景艺术》
3.5.1-25	豫园望江亭	

图号	名称	来源
3.5.1-26	拙政园塔影亭	图《苏州古典园林营造录》
3.5.1-27	留园东部八角小亭	
3.5.1-28	曲水园石鼓亭	
3.5.1-29	燕园赏诗阁	
3.5.1-30	拙政园笠亭	图《苏州古典园林营造录》
3.5.1-31	留园舒啸亭	
3.5.1-32	何园月亭	图《江南理景艺术》
3.5.1-33	小莲庄圆亭	
3.5.1-34	古漪园圆亭	
3.5.1-35	杭州龙井江湖一勺亭	互联网
3.5.1-36	环秀山庄海棠亭	图《江苏建筑》未刊稿 照 互联网
3.5.1-37	留园至乐亭	
3.5.1-38	苏州天平山四仙亭	图《苏州古典园林》
3.5.1-39	拙政园与谁同坐轩	图《苏州古典园林营造录》
3.5.1-40	狮子林扇亭	互联网
3.5.1-41	瞻园扇亭	
3.5.1-42	郭庄扇亭	
3.5.1-43	小莲庄扇亭	
3.5.1-44	二分明月楼梅溪吟榭	
3.5.1-45	杭州曲院风荷折亭	
3.5.1-46	滁州琅琊山折亭	互联网
3.5.1-47	煦园鸳鸯亭	
3.5.1-48	曲水园机云亭	
3.5.1-49	天平山白云亭	《苏州古典园林》
3.5.1-50	南京中山植物园鸳鸯亭	
3.5.1-51	瘦西湖桥亭	图《江南理景艺术》
3.5.1-52	小莲庄廊亭	
3.5.1-53	网师园冷泉亭	图《苏州古典园林营造录》
3.5.1-54	拙政园倚虹亭	图《苏州古典园林》
3.5.1-55	北半园依云亭	图《苏州古典园林营造录》
3.5.1-56	残粒园栝苍亭	图《苏州古典园林》照 互联网
3.5.1-57	沧浪亭仰止亭	
3.5.1-58	小莲庄半圆亭	
3.5.1-59	怡园玉延亭	
3.5.1-60	拙政园天泉亭	图《苏州古典园林营造录》
3.5.1-61	南京清凉山还阳井亭	
3.5.1-62	扬州二分明月楼伴月亭	
3.5.1-63	瘦西湖小金山吹台	

图号	名称	来源
3.5.1-64	豫园鱼乐榭	
3.5.1-65	瞻园小方亭	
3.5.1-66	水绘园镜阁	
3.5.1-67	天平山御碑亭	图《江南理景艺术》照 互联网
3.5.1-68	瞻园延辉亭	
3.5.1-69	马鞍山清风亭	互联网
3.5.1-70	滁州琅琊山某亭	互联网
3.5.1-71	水绘园镜阁梁架	
3.5.1-72	二分明月楼伴月亭梁架	
3.5.1-73	莫愁湖某亭梁架	
3.5.1-74	曲水园佛谷亭梁架	
3.5.1-75	留园可亭剖面	《中国古亭》
3.5.1-76	秋霞圃即山亭	
3.5.1-77	水绘园小三吾亭梁架	
3.5.1-78	《营造法式注释》之簇角梁图	
3.5.1-79	拥翠山庄月驾轩	
3.5.1-80	怡园螺髻亭	《苏州古典园林营造录》
3.5.1-81	寄畅园知鱼槛	
3.5.1-82	镇江金山白龙洞盔顶浮玉亭	
3.5.1-83	平山堂西园井亭	《江南理景艺术》
3.5.1-84	惠山愚公谷井亭	
3.5.1-85	曲水园机云亭梁架	
3.5.1-86	南京中山植物园鸳鸯厅梁架	
3.5.1-87	艺圃乳鱼亭搭角梁	
3.5.1-88	沧浪亭内轩	
3.5.1-89	水绘园波烟玉亭天花	
3.5.1-90	郭庄扇亭屋面	
3.5.1-91	拙政园塔影亭砖雕宝顶	
3.5.1-92	几何形宝顶	
3.5.1-93	动物形宝顶	
3.5.1-94	瘦西湖小金山吹台门洞景观	《江南理景艺术》
3.5.1-95	水绘园镜阁门洞景观	
3.5.1-96	寄畅园碑亭天花	
3.5.1-97	小莲庄方亭内轩	
3.5.2-1	（1）《营造法原》插图四——十字牌科桁向栱图式、四—二十字牌科枫栱图式	
	（2）昂的式样	

图号	名称	来源
3.5.2-2	《营造法原》图版十八——一斗三升、一斗六升桁间牌科	
3.5.2-3	艺圃乳鱼亭桁间牌科	
3.5.2-4	拙政园三十六鸳鸯馆柱头牌科	
3.5.2-5	豫园玉华堂柱头牌科	
3.5.2-6	豫园九狮轩柱头牌科	
3.5.2-7	豫园会景楼柱头牌科	
3.5.2-8	拙政园别有洞天亭转角牌科	
3.5.2-9	拙政园塔影亭转角牌科	
3.5.2-10	艺圃乳鱼亭转角牌科	
3.5.2-11	拙政园卅六鸳鸯馆暖阁转角牌科	
3.5.2-12	环秀山庄问泉亭转角牌科	
3.5.2-13	寄畅园梅亭转角牌科	
3.5.2-14	豫园九狮轩转角牌科	
3.5.2-15	豫园九狮轩转角牌科里转	
3.5.2-16	豫园三穗堂牌科	
3.5.2-17	豫园还云楼牌科	
3.5.2-18	水绘园湘中阁牌科	
3.5.2-19	豫园打唱台牌科	
3.5.2-20	《营造法原》图版十九——丁字、十字桁间牌科	
3.5.2-21	曾园清风明月阁牌科	
3.5.2-22	曾园清风明月阁牌科里转	
3.5.2-23	曾园清风明月阁转角牌科	
3.5.2-24	豫园涵碧楼转角牌科	
3.5.2-25	豫园听鹂亭转角牌科	
3.5.2-26	寄畅园碑亭转角牌科	
3.5.2-27	寄畅园碑亭转角牌科里转	
3.5.2-28	沧浪亭沧浪亭转角牌科	
3.5.2-29	沧浪亭沧浪亭转角牌科里转	
3.5.2-30	豫园耸翠亭转角牌科	
3.5.2-31	小莲庄方亭转角牌科	
3.5.2-32	小莲庄方亭转角牌科里转	
3.5.2-33	小莲庄廊亭转角牌科	
3.5.2-34	小莲庄廊亭转角牌科里转	
3.5.2-35	瞻园岁寒亭转角牌科	
3.5.2-36	十字科桁间牌科用枫栱（1）	
3.5.2-37	十字科桁间牌科用枫栱（2）	
3.5.2-38	十字科桁间牌科用桁向栱	
3.5.2-39	十字科柱头牌科用枫栱（1）	

江南园林建筑设计

图号	名称	来源
3.5.2-40	十字科柱头牌科用枫栱(2)	
3.5.2-41	十字科柱头牌科用桁向栱	
3.5.2-42	十字科转角牌科用枫栱(1)	
3.5.2-43	十字科转角牌科用枫栱(2)	
3.5.2-44	十字科转角牌科用桁向栱	
3.5.2-45	《营造法原》牌科分件图	
3.5.2-46	水绘园波烟玉亭牌科	
3.5.2-47	水绘园波烟玉亭牌科里转	
3.6-1	燕园直廊	
3.6-2	拙政园柳荫路曲曲廊	互联网
3.6-3	狮子林沿墙廊	
3.6-4	留园沿墙曲廊小院	
3.6-5	怡园沿墙曲廊小院	
3.6-6	拙政园水廊	图《苏州古典园林》
3.6-7	豫园积玉水廊	
3.6-8	拙政园小飞虹	
3.6-9	郭庄桥廊	
3.6-10	燕园绿转廊	
3.6-11	留园闻木樨香轩爬山廊	
3.6-12	拙政园见山楼西爬山廊	互联网
3.6-13	沧浪亭看山楼爬山廊	
3.6-14	曾园琼玉楼爬山廊	
3.6-15	小盘谷风亭爬山廊	互联网
3.6-16	瞻园爬山廊	
3.6-17	惠山爬山廊	
3.6-18	沧浪亭复廊内、外侧	
3.6-19	怡园复廊	互联网
3.6-20	何园复廊	
3.6-21	豫园复廊	
3.6-22	小盘谷复廊	
3.6-23	拙政园见山楼边楼廊	
3.6-24	环秀山庄楼廊	
3.6-25	退思园辛台天桥	互联网
3.6-26	何园楼廊	
3.6-27	拙政园中部东廊	
3.6-28	廊的平面实测图	《苏州古典园林》
3.6-29	廊的剖面实测图	《苏州古典园林》
3.6-30	沧浪亭复廊剖面	《苏州古典园林营造录》
3.6-31	何园阶梯式廊	

图号	名称	来源
3.7.1.1-1	《营造法原》图版二十七——装折	
3.7.1.1-2	夹堂板花纹图案	《古建筑装折》
3.7.1.1-3	裙板花纹图案	《古建筑装折》
3.7.1.1-4	曲水园裙板花纹	
3.7.1.1-5	《营造法原》图版二十八——长窗	
3.7.1.1-6	《营造法原》图版二十九——长窗	
3.7.1.1-7	《营造法原》图版三十——长窗	
3.7.1.1-8	《营造法原》图版三十一——长窗	
3.7.1.1-9	《营造法原》图版三十二——长窗	
3.7.1.1-10	边挺与横头料线脚	
3.7.1.1-11	长窗开启中缝	
3.7.1.1-12	豫园窗拉手、吊扣	
3.7.1.1-13	长窗实测图	《苏州古典园林》
3.7.1.1-14	留园揖峰轩长窗实测图	《苏州古典园林》
3.7.1.2-1	豫园地坪窗	
3.7.1.2-2	曾园归耕课读庐地坪窗	
3.7.1.2-3	留园揖峰轩地坪窗实测图	《苏州古典园林》
3.7.1.2-4	拙政园玲珑馆地坪窗	
3.7.1.2-5	拙政园松风亭地坪窗	
3.7.2.1-6	郭庄两宜轩地坪窗	
3.7.1.3-1	《营造法原》图版三十三——半窗	
3.7.1.3-2	半窗及地坪窗实测图	《苏州古典园林》
3.7.1.3-3	寄畅园凌虚阁半窗及吴王靠	
3.7.1.3-4	杭州曲院风荷半窗及吴王靠	
3.7.1.5-1	《营造法原》图版二十七、三十三——和合窗	
3.7.1.5-2	和合窗实测图	《苏州古典园林》
3.7.1.5-3	小莲庄净香诗窟和合窗	
3.7.1.5-4	个园透风漏月轩和合窗	
3.7.1.6-1	《营造法原》图版三十五——木栏杆	
3.7.1.6-2	木栏杆实测图	《苏州古典园林》

图号	名称	来源
3.7.1.6-3	寄畅园秉礼堂木栏	
3.7.1.6-4	豫园木栏	
3.7.1.6-5	何园蝴蝶厅木栏	
3.7.1.6-6	木及砖半栏实测图	《苏州古典园林》
3.7.1.6-7	煦园木半栏	
3.7.1.6-8	留园仁云庵木半栏	
3.7.1.6-9	留园濠濮亭砖细半栏	
3.7.1.6-10	个园砖半栏	
3.7.1.6-11	瘦西湖砖半栏	
3.7.1.7-1	吴王靠实测图	《苏州古典园林》
3.7.1.7-2	瞻园静妙堂吴王靠	
3.7.1.7-3	瞻园观鱼亭吴王靠	
3.7.1.7-4	个园宜雨轩吴王靠	
3.7.1.7-5	瘦西湖小南海吴王靠	
3.7.1.7-6	狮子林真趣亭吴王靠	
3.7.1.7-7	瞻园观鱼亭吴王靠鹅颈柱	
3.7.1.7-8	瞻园岁寒亭吴王靠鹅颈柱	
3.7.1.7-9	豫园古井亭吴王靠鹅颈柱	
3.7.1.7-10	拙政园香洲吴王靠望柱	
3.7.1.8-1	花窗实测图	《苏州古典园林》
3.7.1.8-2	瞻园花窗	
3.7.1.8-3	个园花窗	
3.7.1.8-4	片石山房花窗	
3.7.1.8-5	个园花窗	
3.7.1.8-6	醉白池花窗	
3.7.1.8-7	拙政园花窗	
3.7.1.8-8	狮子林花窗	
3.7.1.8-9	沧浪亭花窗	
3.7.1.8-10	留园花窗	
3.7.1.9-1	《营造法原》图版三十四 挂落	
3.7.1.9-2	挂落图	《苏州古典园林营造录》
3.7.1.9-3	挂落实测图	《苏州古典园林》
3.7.1.9-4	挂落脚头	《古建筑装折》
3.7.1.9-5	花牙子实测图	《苏州古典园林》
3.7.2.1-1	纱槅实测图	《苏州古典园林》
3.7.2.1-2	各色纱槅	《苏州古典园林营造录》

图号	名称	来源
3.7.2.1-3	网师园看松读画轩纱槅	《苏州古典园林营造录》
3.7.2.1	豫园纱槅下细眉座	
3.7.2.2-1	《营造法原》图版 三十四——飞罩	
3.7.2.2-2	耦园山水间落地罩实测图	《苏州古典园林》
3.7.2.2-3	拙政园香洲落地罩实测图	同上
3.7.2.2-4	狮子林古五松园落地罩 实测图	同上
3.7.2.2-5	拙政园留听阁飞罩实测图	同上
3.7.2.2-6	网师园殿春簃飞罩实测图	同上
3.7.2.2-7	留园五峰仙馆挂落飞罩 实测图	同上
3.7.2.3-1	屏门	《苏州古典园林营造录》
4.1-1	拙政园枇杷院院墙	
4.1-2	拙政园西部围墙	
4.1-3	网师园围墙	
4.1-4	醉白池院墙	
4.1-5	耦园围墙	
4.1-6	煦园云墙	
4.1-7	小盘谷云墙	
4.1-8	惠山云墙	
4.1-9	豫园龙墙	
4.1-10	豫园龙墙	
4.1-11	乔园云墙	
4.1-12	寄畅园墙上光影	
4.1-13	留园粉墙	
4.2-1	《营造法原》图版 四十五——漏窗	
4.2-2	《营造法原》图版 四十六——漏窗	
4.2-3	《营造法原》图版 四十七——漏窗	
4.2-4	《营造法原》图版 四十八——漏窗	
4.2-5	漏窗实测图	《苏州古典园林》
4.2-6	漏窗实测图	《苏州古典园林》
4.2-7	何园漏窗	
4.2-8	煦园漏窗	
4.2-9	瞻园漏窗	
4.2-10	何园漏窗	

江南园林建筑设计

图号	名称	来源
4.2-11	汪氏小苑漏窗	
4.2-12	个园漏窗	
4.2-13	狮子林漏窗	
4.2-14	留园漏窗	
4.2-15	狮子林漏窗	
4.2-16	瞻园漏窗	
4.2-17	拙政园漏窗	
4.2-18	沧浪亭漏窗	
4.2-19	豫园漏窗	
4.2-20	耦园漏窗	
4.2-21	狮子林漏窗	
4.2-22	狮子林漏窗	
4.2-23	沧浪亭漏窗	
4.2-24	沧浪亭漏窗	
4.2-25	沧浪亭漏窗	
4.2-26	醉白池漏窗	
4.2-27	豫园漏窗	
4.2-28	豫园漏窗	
4.2-29	豫园漏窗	
4.2-30	豫园漏窗	
4.3-1	《营造法原》插图十三——七地穴式样图	
4.3-2	门洞实测图	《苏州古典园林》
4.3-3	沧浪亭门洞	
4.3-4	狮子林门洞	
4.3-5	瞻园门洞	
4.3-6	个园门洞	
4.3-7	豫园门洞	
4.3-8	耦园门洞	
4.3-9	沧浪亭门洞	
4.3-10	小盘谷门洞	
4.3-11	二分明月楼门洞	
4.3-12	窗洞实测图	《苏州古典园林》
4.3-13	瞻园窗洞	
4.3-14	留园窗洞	
4.3-15	留园窗洞	
4.3-16	豫园窗洞	
4.3-17	瞻园窗洞	
4.3-18	郭庄窗洞	
4.3-19	何园窗洞	

图号	名称	来源
4.3-20	何园窗洞	
4.3-21	何园窗洞	
4.3-22	拙政园窗洞	
4.3-23	留园窗洞	
4.3-24	拙政园别有洞天门洞之墙	
4.3-25	砖细线脚	《苏州古典园林》
4.3-26	《营造法原》图版四十四——门景	
4.3-27	砖细门框构造图	《苏州古典园林》
4.3-28	海棠春坞砖刻	
4.3-29	寄啸山庄石刻	
4.4.1-1	沧浪亭整石铺地	
4.4.1-2	汪氏小苑碎石铺地	
4.4.1-3	惠山弹街石铺地	
4.4.1-4	豫园鹅卵石铺地	
4.4.2-1	豫园整砖人字纹铺地	
4.4.3-1	《营造法原》图版四十九——花街铺地	
4.4.3-2	《营造法原》图版五十——花街铺地	
4.4.3-3	《营造法原》图版五十——花街铺地	
4.4.3-4	花街铺地图案实测图	《苏州古典园林》
4.4.3-5	各式花街铺地	《苏州古典园林营造录》
4.4.3-6	各式花街铺地	同上
4.4.3-7	各式花街铺地	同上
4.4.3-8	瞻园铺地	
4.4.3-9	留园铺地	
4.4.3-10	沧浪亭铺地	
4.4.3-11	何园铺地	
4.4.3-12	西园铺地	
4.4.3-13	留园铺地	
4.4.3-14	留园铺地	
4.4.3-15	拙政园铺地	
4.4.3-16	留园铺地	
4.4.3-17	留园铺地	
4.4.3-18	留园铺地	
4.4.3-19	留园铺地	
4.4.3-20	煦园铺地	

图号	名称	来源
4.4.3–21	豫园铺地	
4.4.3–22	留园铺地	
4.4.3–23	留园铺地	
4.4.3–24	留园铺地	
4.4.3–25	留园铺地	
4.4.3–26	福禄寿财铺地	
4.4.3–27	中国结铺地	
4.4.3–28	拙政园海棠春坞铺地	
4.5.1–1	寄畅园小石桥	
4.5.1–2	怡园画舫斋小石桥	
4.5.1–3	曾园柳风桥	
4.5.1–4	瞻园曲桥	
4.5.1–5	拙政园曲桥	
4.5.1–6	寄畅园七星桥	
4.5.1–7	网师园引静桥	
4.5.1–8	曲水园清泉桥	
4.5.1–9	二分明月楼月牙桥	
4.5.1–10	拙政园拱桥	
4.5.1–11	狮子林拱桥	
4.5.1–12	豫园环龙桥	
4.5.1–13	曲水园喜雨桥	
4.5.1–14	绮园拱桥	
4.5.1–15	北半园砖拱桥	
4.5.1–16	艺圃湖石桥	
4.5.1–17	何园湖石拱桥	
4.5.1–18	醉白池湖石拱桥	
4.5.1–19	拙政园曲桥	
4.5.1–20	艺圃小桥	
4.5.1–21	豫园小桥	
4.5.2–1	豫园曲桥双面石栏	
4.5.2–2	曾园石桥单面石栏	
4.5.2–3	拙政园与谁同坐轩旁桥栏	
4.5.2–4	拙政园依虹亭前桥栏	
4.5.2–5	曾园桥栏	
4.5.2–6	寄畅园七星桥桥栏	
4.5.2–7	拙政园卅六鸳鸯馆旁桥栏	
4.5.2–8	三潭印月桥栏	
4.5.2–9	醉白池桥栏	

图号	名称	来源
4.5.2–10	豫园平台栏杆	
4.5.2–11	石栏杆实测图	《苏州古典园林》
4.5.2–12	豫园平台石栏	
4.5.2–13	醉白池平台石栏	
4.5.2–14	拙政园玉兰堂北平台栏杆	
4.5.2–15	豫园平台栏杆	
4.5.2–16	网师园梯云室前栏杆	
4.5.2–17	绮园栏杆	
4.5.2–18	何园水心亭平台栏杆	
5–1	个园古镜柱础	
5–2	何园赏月楼鼓磴与复盆柱础	
5–3	个园鹤亭椽头	
5–4	小盘谷桐韵山房水戗	
5–5	片石山房水戗	
5–6	何园静香轩和合窗	
5–7	个园清漪亭挂落	
5–8	个园宜雨轩栏杆	
5–9	（1）乔园围墙	
	（2）水绘园围墙	
5–10	个园砖细门洞	
5–11	小盘谷砖细窗洞	
5–12	小盘谷漏窗	
5–13	何园牡丹厅山尖凤吹牡丹砖雕	
5–14	小盘谷风亭亭砖雕宝顶	
5–15	杭州平湖秋月水碧一天楼廊轩	
5–16	西泠印社柏堂一角	
5–17	西湖某亭屋顶结构	
5–18	曾园竹里馆屋顶结构	

江南园林建筑设计

名词解释（括号内为北方称呼）

一画

一斗三升（一斗三升）　牌科之一种，位于桁下连机与斗盘枋之间。斗盘枋上座一斗，斗上架一栱，栱上架三个升。

一斗六升（一斗六升）　牌科之一种，在一斗三升上再加一栱及三升。

一枝香　轩式样之一种，轩之正中置一轩桁。

二画

二料　木栏杆上面第二根横料。

十字科　牌科之一种，内外均出参，与桁向成十字形。

十字栱（翘）　十字科内外出参之栱。

丁字科　牌科之一种，只向外出参，与桁向成丁字形。

丁字栱　丁字科向外出参之栱。

三画

三飞砖　垛头上用砖三皮，逐皮挑出作为装饰。

三出参（三踩）　牌科出一跳者。

三步（三步梁）　深三界之梁。

三板（三瓣）　栱端由垂直面向栱底水平面过渡，而斫成的三个折面，即三板。

土衬石（土衬石）　阶台出土处，四周所砌与地面相平之石。

上槛（上槛）　为安装门窗，需设置与梁、柱等构架连接的槛框，其上部的横槛称上槛。

下料　木栏杆最下一根横料。

下脚　木栏杆下料以下部分。

下槛（下槛）　槛框下部的横槛，又称门槛。

大木（大木）　房屋之木构架，主要包括柱、梁、枋、桁、椽、斗栱等，苏南亦包括装折。

大梁（大梁）　建筑中最长柁梁之简称，架于两步柱上。一般为四界大梁。

川（单步梁）　长一界之柁梁，位于廊者为廊川；位于双步者称短川，或简称川。

川夹底（穿插枋）　位于川下之短枋，仅用于边贴，与北方不同。

川胆机　脊桁与机相连，中用厚约15 mm、高80 mm的木榫，入桁1/3，入机2/3，此法即名川胆机。

川童柱　置于双步上之童柱，上端架川、承桁条。

山花板（山花板）　歇山山尖内所钉之板。

山界梁（三架梁）　位于大梁之上山尖处，进深二界之梁。

山雾云　屋顶山界梁上两侧，斗六升牌科旁之外倾木板，上刻流云仙鹤装饰。

山墙（山墙）　建筑两端呈山形之墙。

门臼（门枕）　钉于下槛，纳门、窗摇梗下端之木块。

门当户对（门框）　将军门两旁的直立之木框。

门环（门钹）　大门上环形金属附件，作拉手用。

门限梁　用于骑廊楼房，梁架于下层廊柱、步柱间，上立上层廊柱。

门景　门户墙洞之边，满做细清水砖者。

门槛（门槛）　钉于上槛，纳门、窗摇梗上端之木块。

弓形轩　轩式之一种，其轩椽上弯如弓，跨度在1.1～1.4 m。

飞椽（飞椽）　为增加屋檐伸出之长度，在出檐椽之上另增钉的短椽。

飞罩（罩）　室内装修之一种，与挂落相似，通身遍雕花纹，两端可下垂但不落地，悬装于大木构架上。

叉角桁　歇山与四合舍屋顶正面与侧面成十字交叉之桁。

小脚　木栏杆下脚部分中间所立之小木支撑。

四画

开间（面阔）　房屋每间之宽，即两柱之中心距。

开刻（桁椀）　① 梁端架桁处，梁背凿成圆槽，桁下凿去寸余，以搁置桁条之构造做法。

② 梁、桁为搁置、搭接所进行的剔凿等加工。

天井（院子）　介于两建筑物之间的封闭院落。

天沟（天沟）　屋面上排水用的沟槽。

云头　凡出跳方向的构件，伸出在外并雕作云形之部分。

木角线　装饰线条之一种，用于角部，使转角处成相连之两小圆线。

厅堂　园林中的主要建筑，一般为单层，开间三、五间，进深六、七界。

太监瓦　嫩戗发戗之水戗滚筒之端作葫芦形曲线，称太监瓦。

瓦口板（瓦口）　按瓦楞数锯成起伏状的木板，钉于檐口，上承底瓦。

瓦条　脊上以望砖或瓦砌出之方形线条，厚近30 mm（一寸）。

车背　老戗、嫩戗及扁担木背面成三角形之部分，便于安钉眠檐或望板。

五七式　牌科规格之一，以斗之宽高命名。斗面宽七寸（约190 mm），高五寸（约140 mm）。

五出参（五踩）　牌科挑出两跳。

中槛（中槛）　窗上设置横风窗时，横风窗下的横槛。

内心仔（槅心）　窗之上部作花格处，安玻璃以采光。

内四界　前后步柱支承跨四界之大梁，此间之地位，即为内四界。

内轩　廊轩后、内四界前所作之轩，较廊轩深。

升（升）　牌科中与斗形状一致但体积较小的木块。

反托势　老戗底面比顶面宽，形成下大上小、侧面成斜面之情形。

长窗（槅扇）　装于上、下槛之间，通长落地之窗。

月兔墙　将军门门当户对木框两旁的下槛之下，所砌的矮墙。

月洞　墙上辟不装窗之空洞。

月梁　回顶用圆料者，三界梁上之短梁。

风圈　钉于窗之上的小金属圈，作拉手。

风潭　一名枫栱，牌科第一出参上的升之两侧，桁向伸出的方形雕花之木板。

　　凤头昂　昂嘴下端向上卷起之昂。

　　文武面　装饰线条之一种，断面为亚面与浑面相接。

　　方砖（方砖）　砖之一种，方形，用以铺地嵌墙。

　　斗（斗）　牌科中最下层、较大的形似斗状的木块。

　　斗口（斗口）　斗之开口处。

　　斗底（斗底）　斗之底面。

　　斗桩榫　斗盘枋上所作的榫头，与斗底的卯口相配合，使斗稳固不移。

　　斗盘枋（平板枋）　外檐廊枋之上，承托坐斗之枋。

　　斗腰（斗耳、斗腰合称）　斗之上、中二部，分称为上、下斗腰。即官式之斗耳、斗腰。

　　心仔（棂子）　窗内心仔上，组成花纹之木条。

　　双步（双步）　廊柱与步柱间跨两界之梁。

　　书卷　垛头式样之一种。

　　水戗（戗脊）　建筑翼角上的屋脊。

　　水戗发戗　戗角的起翘主要不是依靠木架，而是用水戗翘起。

　　水浪机　雕刻水浪花纹之短机。

　　水榭　临水的、较小的建筑，平面常为矩形。

五画

　　正间（明间）　房屋正中之一间。

　　正贴　构架位于正间者。

　　正脊（正脊）　前后屋面相合与屋顶最高处，其上所筑之脊。

　　正阶沿　位于踏步处之尽间阶沿。

　　甘蔗脊　正脊式样之一，脊两端作简单方形回纹。

　　石槛　石制之门槛。

　　龙吻（正吻）　正脊两端，龙头形之饰物。

　　平界　回顶或轩顶界两侧之界。

　　四六式　牌科规格之一，以斗之宽高命名，斗面宽六寸（165 mm），高四寸（110 mm）。

　　四面厅　四周为廊，四面辟窗，屋顶用歇山之厅堂。

　　四界大梁　架于前后步柱上，跨四界的梁，简称大梁。

　　四叙瓦　嫩戗发戗之水戗，滚筒之上的瓦条在戗尖逐皮挑出，即为四叙瓦。

　　出参（出踩）　牌科逐层向外挑出，谓之出参。

　　出檐（出檐）　屋顶伸出墙与桁外之部分。

　　出檐椽（檐椽）　架于步桁与廊桁间，下端挑出之椽。

　　出檐墙（露檐墙）　位于廊柱处，高仅及枋底之墙。屋顶照常出檐。

　　立脚飞椽（翘飞椽）　戗角处之飞椽，作捽网状，从平身起翘处，逐渐立起，至椽头与嫩戗端相平。

　　包檐墙（封檐墙）　墙顶封护椽头者，檐椽不出挑。

　　半栏　低栏杆，上安坐槛，可资坐息。

　　半窗　较长窗为短的窗，安于半墙或坐槛之上。

　　半墙　一种矮墙，高约 400 mm 许，砌于半墙或坐槛之下。

　　半磕头轩　轩梁略低于大梁，而轩与内四界不在同一屋面，仍需做草架之轩。

　　半礩　傍阶沿柱下所用之不完整的礩石。

　　头停椽（脑椽）　安于脊桁与金桁之椽。

　　发戗　戗角的构造做法称发戗，有水戗发戗、嫩戗发戗两种发戗制度。

　　对脊搁栅　楼房仅在对脊处设一根搁栅，用料特大。

　　边挺（边挺）　门窗扇两边的竖框。

　　边贴　位于山墙处的构架。

　　边游礩石　边贴柱下的礩石。

六画

　　地穴　墙垣上开辟的门洞。

　　地坪窗（槛窗）　高度较短、仅及长窗裙板以上，下为栏杆或墙之窗。

　　地板（地板）　楼地面所铺之木板，与隔栅成直角。

　　老瓦头　攀脊之端所置之花边瓦，挑出墙外与勒脚平齐。

　　老戗（老角梁）　房屋转角处所设的角梁，置于戗桁与步桁上。

　　老鼠瓦　嫩戗发戗在摘檐板合角处，两侧滴水瓦之上，与戗角垂直所置之筒瓦，用拐子钉钉于嫩戗尖上。

　　亚面（混）　一种内凹弧形的线脚。

　　机　桁下所设置的木枋，通长者为连机，雕花者称花机。

　　机面　机的顶面。

　　机面线　自机面至梁底的距离。

　　托浑（上枭）　仰置之浑面线条。

　　托檐枋　即梓桁。

　　夹堂　① 房屋外檐桁下连机与枋之间部分。
　　　　　② 槅扇上、中、下三部两根横头料之间部分。
　　　　　③ 木栏杆盖挺与二料之间部分。

　　夹堂板（垫板或绦环板）　房屋或槅扇的夹堂内所镶之板。

　　夹底（穿插枋）　在川或双步之下，与其同向的辅助木梁，称为川夹底或双步夹底。

　　曲势　弯曲的情形。

　　回文　一种花纹。

　　回顶　厅堂屋顶的一种做法，两步柱间的界数成单数，中间顶界用弯椽，有三界回顶及五界回顶。从下看与北方的卷棚相似，但其屋顶不同。

　　光子　窗下裙板与板壁及框档门内所置之横木料。

　　收水（收分）　墙自下而上，逐渐向内倾斜。

　　仰浑（下枭）　复置之浑面线条。

　　后双步　内四界后深两界之区域。

　　合桃线　线条之一种，其断面中部有小圆线，两旁成数圆线似合桃壳者。

　　交子缝　竖带及水戗砌二路瓦条，其间距约 30 mm 并略凹进，称交子缝。

　　次间（次间）　正间两旁之间。

　　阳台　楼房上层挑出下层廊柱部分。

　　阶台（台基）　建筑之下部，以砖、石砌成之平台。

　　阶沿（阶条）　阶台四周之石条，包括踏步。

　　观音兜　山墙顶由檐至脊，在脊处隆起似观音兜状曲线者。有半观音兜及全观音兜两种。

七画

走水　即泛水。

进深（进深）　房屋之深。

贡式厅　厅的式样之一，用矩形木料，仿效圆料做法挖其底，使曲成软带形。

芽头　木栏杆小脚间所镶嵌的木板，或可略施雕刻。

花边（花边）　蝴蝶瓦在檐口处的盖瓦，有翻起的边缘，上印花纹。

花机　雕刻花卉纹的短机。

花架椽（花架椽）　金桁与步桁之间的椽，可分为上、中、下花架椽。

花瓶撑（荷叶净瓶）　石栏中部，雕作花瓶状的扶手支撑物。

花街铺地　以砖、瓦、石、瓷片等拼镶成各种图案的铺地。

花墙洞（花墙）　墙垣上留洞，以砖、瓦、木等构成各种图案，中空以透视线。现一般称漏窗。

花篮厅　厅堂正间步柱不落地而悬挂于通长木枋上，其下端常雕成花篮状，故名花篮厅。

花篮靠背　竖带下端及水戗间用砖砌成靠背状，前置天王、坐狮等饰物。

轩　① 园林内的较次要的建筑或观赏性小建筑，属厅堂类。
　　② 又称翻轩，房屋天花之一种，深一界或两界，也有梁、桁、椽等，椽上铺望砖，下望如屋顶。轩上另做屋顶。

轩机　轩上所用之机。

轩桁　轩内之桁。

轩步柱　厅堂在廊柱与步柱间增做轩，因而加立之柱。

轩步桁　轩步柱上之桁。

轩梁　轩所用之梁。

连机　桁之下所辅之通长小木枋。多用于廊桁、步桁。

连楹（连楹）　门上相连通长之上楹。外缘常作各式曲线。

折角　栱端三板边缘挖去约深 8 mm，成半圆形，称折角。

抛枋　墙上部以砖砌出高约 300～400 mm 的装饰物，外做粉刷。讲究者用砖细抛枋。

步柱（老檐柱、金柱）　廊柱后一排之柱。

步枋（老檐枋）　步柱柱头上之枋。

步桁（老檐桁）　步柱上之桁。

旱船　又名石舫，仿船形的建筑。多临水，少数离水。

里口木（里口木）　位于出檐椽与飞椽之间的木条，以阻出檐椽间的空隙。

吞头　水戗戗根之兽头形饰物，张口作吞物状。

吞金　垛头式样之一种。

坐斗（坐斗）　牌科最下层的大斗。

坐势　嫩戗斜连于老戗，称坐势。

坐盘砖　厅堂用脊的哺鸡、哺龙之下的兽座。

坐槛　半栏或半墙上铺设的木板，供坐息。

角飞椽　老戗上不置嫩戗，而以飞椽取代，厚同飞椽而较宽。

闲游　用厚约 3 mm 的扁铁制成 Π 形小配件，约长 45 mm，宽 30 mm，厚 15 mm，钉入和合窗之木欱，露出约 15 mm 作榫用，使和合窗便于装卸。

间（间）　房屋两榀构架之间的空间，传统建筑的计数单位。

鸡骨　羁骨之俗称，窗用小五金之一。一端有孔，狭长的铁片，为关闭及加锁之用。

纹头脊　正脊两端翘起并作各种花纹者。

纱槅　亦名纱窗，属内檐装修。构造与长窗相似，但内心仔不用芯子图案，用木板或轻纱，上裱书画。

八画

板壁　木板制的隔断。

枫栱　南方牌科所特有，置于出参之栱或昂头上，外端稍高之长方形木板，多雕漏空花卉。

板瓦（板瓦）　中间微凹成圆弧形之瓦，又称小青瓦或蝴蝶瓦。

枋（枋）　尺寸比梁小的矩形木材。

枕头木　回顶鳖壳构造内，固定草脊桁之三角木。

雨挞板　木栏杆及板壁外部为防风雨所钉之木板。

直挺椽（正身椽）　戗角摔网椽以外的檐椽。

顶界　回顶或轩中间之界，上用弯椽。

顶椽　即弯椽。

拍口枋　枋之上直接置桁者。

拈金　厅堂内四界以金柱落地，前部成三界，易廊川为双步，称为拈金。"拈"为杜撰，实应为"攒"，吴语"砖"音。

拐子钉　丁字形之尖钉，用以将老鼠瓦钉于嫩戗尖上。

抬头轩　轩梁底与大梁底相平，轩与内四界非同一屋面，须用重椽草架之一类轩。

抬势　圆料大梁梁中比两端抬高 1 %～1.5 %，称抬势。

抱柱（抱框）　柱旁为安装门窗所设置的木框。

抱梁云　山界梁上之两旁，架于升口，抱于脊桁两边之透空雕花板。

担檐角梁（由戗）　尖顶屋面转角上，老戗以上之角梁。

转角牌科（角科）　角柱上之牌科。

软挑头　楼阁楼面用短木梁由柱向外悬挑，其下支以斜撑的做法谓软挑头。

旺脊木（脊桩）　脊较高者，为稳固脊部在帮脊木上按一定间距竖立之木桩。

昂（昂）　牌科出挑构件之一，外出部分易栱头为下垂、伸长，成靴脚或凤头状。

踏步　即供上下之阶沿。

垂鱼（垂鱼）　博风板上部相合处所作的如意形装饰板。

垂带石（垂带石）　踏步两旁，由阶台至地面斜置之石。

垂莲柱　即花篮厅之步柱不落地，形成的短柱。

和合窗（支摘窗）　与长窗不同的横长形上悬窗，可支起。

侧塘石（陡板石）　塘石即条石，侧塘石即侧砌之塘石。用于阶台四周。

金机　用于金桁下之机。

金柱　脊柱与步柱之间的柱。

金桁（金桁）　步桁与脊桁间的桁。有上、下之分。

金钱如意机　雕刻金钱如意花纹之短机。

金童柱　（金童柱、金瓜柱）　又名金矮柱，金桁下之童柱。

戗山木（枕头木）　角部摔网椽下、廊桁上所置弧形斜木。

戗角（翼角）　歇山或四合舍屋顶之角部。

戗椽（翼角檐椽）　戗角处之檐椽，也即摔网椽。

鱼龙吻（正吻）　正脊两端，呈鱼龙形之饰物。

底瓦（板瓦）　瓦凹面向上，层层叠压连接成沟者。

放叉　戗角摔网椽自正身出檐逐根向外叉出成曲线至老戗端部，此做法称放叉。

闸椽　桁中心上，封堵椽间的空隙之独立木板。

卷戗板　戗角部分的摘檐板。又有说为立脚飞椽上的望板。

单檐（单檐）　房屋仅有一层出檐者。

泼水　建筑部件的向外倾斜程度，又称泼势。

泼势　即泼水。

宝瓶　牌科最上层的斜栱或斜昂上，所设置支顶老戗的瓶形木块。

宕子　门窗框宕之总称。

实栱（足材栱）　柱头牌科之出参栱，为增加承载力，使栱料高下升腰相平。

实叠　梁的一种用材做法，梁用二木叠拼。

细眉（须弥座）　即细眉座，有时用于内檐装修如纱槅、落地罩之基座。

九画

帮脊木（扶脊木）　安在脊桁上之通长木条，以助桁负重。

柱（柱）　直立承受上部荷载之材。

柱头牌科（柱头科）　柱上之牌科。

栏杆（栏杆）　用木、石、金属等材料制成的遮拦物，有时亦用于窗下。

草架（草架）　凡轩及内四界，铺重椽，作假屋时，介于真假两重屋面间之构架，内外均不能见，加工较粗率，故称为草架。各构件的名称也要冠以"草"字。

草搁梁　花篮厅内为悬吊垂莲柱而在草架内所设之大木料。

茶壶档轩　轩式之一，其轩椽弯曲如茶壶档。

垛头（墀头）　山墙伸出廊柱以外之部分。

面阔（面阔）　建筑物正面之长度，亦名开间。

挂落（挂落）　柱间枋下用木条拼成漏空格子形之装饰物。

挂落飞罩　与挂落同，但更精致，只用于室内。

垫栱板（栱垫板）　两牌科间所填充雕刻漏空花卉之木板。

按椽头　钉于头停椽上端之通长木板，板厚约 15 mm。如有帮脊木，则不用。

挖底　梁底按一定长度挖去一小部分。

竖带（垂脊）　自正脊沿屋面下垂之脊。

界（步架）　两桁间之水平距离。

界墙　分隔邻居界限之墙垣。

贴式　建筑物柱、梁等构架之结构式样。

看面　构件露在正面之一个平面。主要指装折部分，如门窗的边挺、横头料等组成构件之向外一面。

重檐（重檐）　单层建筑有两重出檐者。

钩头筒（勾头）　檐口处之筒瓦，有圆形瓦当者。

钩子头　使攀脊端部砌高翘起，而中部微凹，此即钩子头。

胖势　石鼓磴中间向外鼓出之程度。

独木　梁的一种用材做法，即梁用一根整木制成。用于较小的梁。

弯椽（罗锅椽、顶椽）　轩及回顶顶界上所用之椽，向上弯起界深之 1/10。又名顶椽。

亭（亭）　园林中大量应用的供游息观景和被观赏之小型建筑。

亮栱（单材栱）　牌科中高仅及升底之栱，因此在两层栱或栱与牌条、连机之间留有空隙。

阁（阁）　平面常作方形或正多边形，可登临，比楼更开敞。

卷篷　厅堂式样之一，构造同圆料回顶，但在桁下满钉木板，不露桁条，成卷篷状。

总宕　木栏杆二料与三料之间部分。

浑面　线脚之一种，其断面突出成半圆形。

宫式　装折所用装饰花纹之一，花纹均以简单之直条相连。

扁担木　嫩戗与老戗之间最上一块弯曲木料，其上需做车背。

扁作厅　用矩形木料作梁之厅。

屏门　装于厅堂后步柱间的，作隔断用的一种框档门。

眉川　扁作后双步上之短川，外形似眉状弯曲，亦称骆驼川。

结子　用于栏杆及窗之空挡，雕成花卉之木块。

孩儿木　联系嫩戗上端与扁担木之木榫，一端露于嫩戗之外。

十画

栱（栱、翘）　牌科上似弓形之短木，与斗、升、昂、云头、牌条等叠合组成牌科。

栱眼（栱眼）　栱上部两个弯下之部分。

桁（桁或檩）　顺建筑开间方向搁置，上承椽之屋面承重构件，常为圆形。

桁向栱（外拽瓜栱、万栱）　牌科位于廊桁中心外，与桁平行之栱。

桁间牌科（平身科）　置于两柱间，廊枋之上、廊桁之下之牌科。

梽　①　和合窗两边及中间之竖框。中间的称中梽，两边靠柱的称边梽。

②　装于墙上的门窗框之竖框。

赶宕脊（博脊）　歇山侧面屋顶上与水戗成 45°相连之脊。

壶细口　凡砖之逐皮抛出，砌成葫芦形之曲线者。

莲柱（望柱）　石栏杆中之石柱。

莲花头（望柱头）　雕成莲花之莲柱柱头。

荷花柱（垂莲柱）　亦称垂莲柱，柱不落地成短柱，柱下端雕莲荷花或花花篮。

荷叶凳（荷叶凳）　梁上坐斗之下填以木块，两边并雕成翻转荷叶状。

荷包梁　扁作轩梁及回顶山界梁上之短梁，中弯起作荷包状。

眠檐（连檐）　用于出檐椽或飞椽头上，厚同望砖之扁方木条，以防望砖下滑。

圆势　扁作梁底作成圆弧形。

脊（脊）　屋面梁斜坡相交处。

脊机　脊桁下之机。

脊柱（中柱或山柱）　房屋纵中线上，支承脊桁之柱。

脊桁（脊桁或脊檩）　脊部之桁。

脊童柱（脊瓜柱）　支撑脊桁的短柱，常用于正贴。

脐　荷包梁梁底中间的小缺口。

鸳鸯厅　厅堂较深，脊柱前后梁架构造对称，一边用扁作，一边用圆料。

留胆　梁端开刻，中间留下高宽约 30 mm 榫头，称留胆。须与桁下所凿去部分相咬合。

高里口木　戗角摔网檐椽上之里口木。

宽（宽）　房屋之长边。

十一画

菱角木　嫩戗与老戗之间所填之最下方一块三角木。

菱角石（象眼）　踏步两旁，垂带下部之三角形部分。

菱角轩　轩式之一，其弯椽有突出之尖角，形似菱角。

黄瓜环　瓦之一种，弯曲如黄瓜状，用于屋脊处。园林中多用，其上不再做正脊。

黄道砖　砖之一种，常用于各处铺地、单壁。

勒脚（勒脚）　墙下部离地约 800 mm 许，且宽比上部放出约 30 mm 者。

勒望　大小同眠檐，钉于上下椽交接处之木条，作用为防止望砖下滑，以使望砖排列均匀。

梓桁（挑檐桁或挑檐檩）　挑出廊桁之外，位在牌科或云头上之桁。

副阶沿石（踏跺）　阶台下供上下通行之各级踏步。

副檐　楼房前廊或后廊仅为一层，上复屋顶，俯贴于楼房之做法。

副檐轩　副檐内之轩。

厢房（厢）　设于正房两侧、左右相对、较小的房屋。

捺脚木　钉于立脚飞椽根部之短木，以拉结、固定立脚飞椽。

捺槛（寻杖或榻板）　木栏杆上所置横木。栏杆上如用和合窗时，即作窗之下槛。

排山（排山勾滴）　两坡屋面于竖带之外，博风板之上，将瓦垂直于竖带铺设，称为排山。

虚軿　梁的一种用材做法，梁仅两边用木板拚高，而中间仍空，只是外观显得高大而已。

悬山（悬山）　屋顶各桁悬挑于边贴之外的构造做法。

堂　即《营造法原》谓用圆料作梁者。但园林中无厅与堂之分，统称厅堂。

雀宿檐　楼房底层用短枋连于楼面，支以斜撑，弯曲若鹤颈，上复屋面者，谓之雀宿檐。

船厅　船厅指外形不一定似舟船，也无论是否位于池畔，但又部分具有舟船特点的建筑。如平面作长方形，多在短边设长窗，长边两面设半窗，内部或作船篷顶。

船篷轩　轩式之一，其轩椽或顶椽弯曲如船篷者。

船篷三弯椽　船篷轩所用顶椽及两旁之椽皆为弯椽，称船篷三弯椽。

铲口　门窗框于装门窗扇处，刨去约 15 mm 之部分。

斜栱（斜翘）　位于转角牌科上、在 45° 方向上之栱。

斜势　构件加工面之倾斜程度。

斜昂（斜昂）　位于转角牌科上、在 45° 方向上之昂。

兜肚　垛头之中部，成方或长方形，上雕各种花纹。

廊（廊）　① 用于通行、狭而长且独立之建筑。

　　　　② 房屋前后部分或四周，通常深一界，可左右通行。

廊轩　房屋廊上所作之轩。

廊枋（额枋或檐枋）　廊柱间之枋。

廊柱（檐柱）　房屋檐下之柱。

廊桁（正心桁或檐檩）　廊柱上之桁。

望板　椽上所铺，以承屋瓦之木板。北方多用。

望砖　一种薄砖，铺于椽上，作用如同望板，南方多用。

盖瓦　俯复于两底瓦上之瓦。

盖头灰　厅堂筑脊瓦上施用的一层灰浆。

盖挺　木栏杆、吴王靠、挂落等最上一根横料。

深　矩形房屋之侧面。

梁　由柱支撑，上承荷载之横木。

梁垫　从柱内伸出，垫于梁端下之方木。

剥腮　亦称拔亥，即将扁作梁头两面按梁宽各去 1/5，称为剥腮。使梁头变薄，插入坐斗或柱中。

骑廊　楼房上层廊柱立在下层廊柱与步柱间之梁上的做法。

骑廊轩　楼房底层廊柱与步柱间筑轩，而此贴式名为骑廊轩。

十二画

落地罩（罩）　与飞罩同，惟两端下垂及地，内缘作方、圆、八角等形式。

落翼　①（梢间）殿庭两端头间。但硬山仍称边间。

　　　　② 歇山建筑侧面、上连山尖的屋顶。

葵式　装折所用装饰花纹之一，装饰木条之端多作钩形。

朝式　垛头式样之一种。

棹木　在大梁两旁，架安于蒲鞋头上之雕花木板，稍为倾斜。

搁栅（龙骨木）　垂直搁置于承重上，上钉楼板之方木。

硬挑头　以梁或承重的一端挑出，承阳台或雨搭，谓之硬挑头。

提栈（举架）　为使屋顶斜坡成曲面，从檐至脊每层桁条，按桁水平间距不同比例逐层加高之方法。

插角　① 用于纱槅内心仔边条与方宕间，转角处之装饰物。

　　　　② 廊枋两端下之不承重的雕花装饰物。用插角即不用挂落。

插枝　挂芽、花篮内所插花枝。

搭角梁（抹角梁）　成 45° 斜架于转角廊桁上之梁。

搭钮　门窗小五金，钉于槛上之钉圈，与鸡骨配对。

博风板（博风板）　悬山或歇山屋顶山尖处，随斜坡并钉于桁端之宽木板。

博风砖（博风砖）　硬山山尖砖砌之博风。

跌脚　窗下裙板内所置垂直木档，以钉裙板。

短川（抱头梁）　川或作穿，长一界，一端承桁，是两柱间的连系梁。

短机　桁下之小木枋，长仅及开间之 1/10。常雕以花纹，如水浪、蝠云、金钱如意、花卉等。

筑脊　厅堂将瓦竖立排于攀脊之上，称筑脊。

御猫瓦　嫩戗发戗之水戗戗座尽头所置之钩头筒，又名蟹脐瓦。

锁口石　石栏杆下地面上的石条。

狲猊面　嫩戗头作斜面，似狲猊面者。

童柱（瓜柱）　置于梁上之短柱，又名矮柱。

游脊　正脊上用瓦斜铺相叠者。

裙板　① 长窗下部，中夹堂与下夹堂之间。

　　　② 窗下之木板壁。

寒梢栱　梁端下之梁垫，不做蜂头，另一端作栱，上承梁头，称寒梢栱。用于山界梁下。

窗槛（风槛）　装置窗户之下槛。

十三画

鼓磴　柱下之鼓形石础，安于磉石之上。

靴脚昂（昂）　昂端如靴脚状者。

蒲鞋头　直接插在柱上之栱，其下无斗或升。

楞（陇）　屋面盖瓦一排称楞。

楣板　边贴川或双步至夹底间所镶之木板，厚约 15 mm。

楼下轩　轩在楼房之下层者。

楼厅　上下层均筑轩之楼房。

楼板（楼板）　楼面所铺，与隔栅成直角之木板。

椽（橼）　垂直架于桁上之木料，或圆或方，上承望砖或望板。

椽稳板　椽与椽之间的木板，立于桁中心稍后，下部在椽与桁的空隙处，得以通长相连。

椽豁　两椽间的净距。

雷文　装饰花纹之一种。

摇梗（转轴）　门窗开关之旋转轴。

歇山（歇山）　在江南园林建筑中，歇山就是正面两坡顶，两侧有落翼，其后有山尖之屋顶。

罩亮　墙上加刷煤灰及上蜡等，使其光亮。

蜀柱　分隔夹堂板的短木柱。

蜂头　① 雕有花卉、植物之梁垫前部。

　　　② 云头前端削成的尖形。

牌条（拽枋）　架于桁向栱上的升口上，与栱料规格相同的木枋。

牌科（斗栱）　在柱、额与屋顶间之构件，由斗形与弓形木块层叠组合而成。

满轩　厅堂的做法之一，其整个内部连数轩构成。

塞口墙　厅堂天井之前及两旁之墙。

十四画

墙（墙）　用砖石等砌筑物，功用为围护建筑以分隔内外或作分划内部的隔断。

摘钩　① 和合窗开启时的支撑物。

　　　② 吴王靠与柱等的拉结物。

摘檐板　檐口瓦下，钉于飞椽头上之木板。

摔网椽（翼角椽）　檐部至转角处，檐椽与飞椽之上端以步桁或金桁为中心，逐根成放射状叉出，椽头亦逐根伸长，平面上呈弧形，似摔网状，称摔网椽。

雌毛脊　两端有上翘如鸥尾之正脊，又名鸥尾脊。

算（举）　提栈每界之坡度。

遮轩板　磕头轩后，轩顶旁所用遮没顶上草架之木板。

遮檐板　即摘檐板。

滴水（滴水）　檐口之底瓦，瓦下端下垂成如意形。

滚机　即花机，雕花卉之短机。

滚筒　脊下成圆弧形之底座，用两筒瓦相对筑成。

嫩戗　斜立于老戗上之角梁。

嫩戗发戗　用嫩戗斜立在老戗上，使屋角高高翘起。

十五画

鞋麻板　亮栱空隙处所镶透空雕花木板。

横头料（抹头）　窗框之横向木料，框档门之上下两端的横木料。

横风窗（横披）　装于中槛与上槛之间，成横长形之窗。

整纹乱纹　均为装饰花纹，花纹式样通长相连者为整纹，断续者为乱纹。

磕头轩　轩梁底低于大梁底，轩与内四界为同一屋面之一类轩。

磉石（柱顶石）　鼓磴下所用之方石，与阶沿石平。而柱顶石包括古镜在内。

影身（踢板）　楼梯阶级之垂直面。

蝙云机　雕刻蝙蝠、流云花纹之短机。

篦木　嫩戗与老戗之间所填设之第二块木料。

鹤颈轩　轩式之一，轩椽弯曲似鹤颈。

十七画

檐瓦槽　嫩戗与老戗相交处，老戗面上所开之槽，用以纳嫩戗根。

檐高　自地面至廊桁底面之高度。

螳螂肚（托泥当沟）　屋面竖带下端花篮底下，瓦楞间螳螂形之饰物。

羁骨　俗称鸡骨，见鸡骨。

豁　两瓦楞或椽间的距离。

篾片混　老戗底所作之圆弧。

十九画

攀脊　前后屋面合角之处所筑之脊，高出盖瓦 60 ～ 80 mm，上筑正脊。

蟹脐瓦　即御猫瓦。

二十画

鳖壳　回顶建筑顶椽以上之局部屋面结构。"鳖"似应为"别"。

图书在版编目（CIP）数据

江南园林建筑设计 / 何建中著 . —— 南京 : 江苏
人民出版社 , 2014.6
ISBN 978-7-214-12640-5

Ⅰ . ①江… Ⅱ . ①何… Ⅲ . ①古典园林—园林设计—
华东地区 Ⅳ . ① TU986.625

中国版本图书馆 CIP 数据核字 (2014) 第 083586 号

江南园林建筑设计

何建中　著

责 任 编 辑	汪意云
特 约 编 辑	高雅婷
出 版 发 行	凤凰出版传媒股份有限公司
	江苏人民出版社
	天津凤凰空间文化传媒有限公司
销 售 电 话	022-87893668
总经销网址	http://www.ifengspace.cn
经　　　销	全国新华书店
印　　　刷	北京博海升彩色印刷有限公司
开　　　本	889 mm×1 194 mm　1／16
印　　　张	22.5
字　　　数	639.3千字
版　　　次	2014年6月第1版
印　　　次	2014年6月第1次印刷
标 准 书 号	ISBN 978-7-214-12640-5
定　　　价	338.00元